高品质切削过程的智能
感知与预测技术

孙惠斌　等　编著

西北工业大学出版社

西　安

【内容简介】 本书来源于作者在高品质切削过程的智能感知与预测领域取得的研究成果,书中详细介绍了数据驱动的表面粗糙度、表面纹理、刀具磨损在线监测,刀具剩余寿命预测,铣削颤振在线预报,以及刀具监测服务等方面的方法和实例。

本书既可供从事智能制造领域研发和工业应用的工程科技人员、高校院所的研究人员阅读参考,也可作为相关专业本科生及研究生的教学用书。

图书在版编目(CIP)数据

高品质切削过程的智能感知与预测技术 / 孙惠斌等编著. — 西安 : 西北工业大学出版社,2019.2(2020.11 重印)
ISBN 978 - 7 - 5612 - 6454 - 6

Ⅰ.①高… Ⅱ.①孙… Ⅲ.①金属切削—研究 Ⅳ.①TG501

中国版本图书馆 CIP 数据核字(2019)第 018809 号

GAOPINZHI QIEXIAO GUOCHENG DE ZHINENG GANZHI YU YUCE JISHU

高品质切削过程的智能感知与预测技术

责任编辑:胡莉巾	策划编辑:梁 卫	
责任校对:孙 倩	装帧设计:李 飞	

出版发行: 西北工业大学出版社
通信地址: 西安市友谊西路 127 号　　邮编:710072
电　　话: (029)88491757,88493844
网　　址: www.nwpup.com
印 刷 者: 广东虎彩云印刷有限公司
开　　本: 787 mm×1 092 mm　　1/16
印　　张: 12.25
字　　数: 321 千字
版　　次: 2019 年 2 月第 1 版　　2020 年 11 月第 2 次印刷
定　　价: 52.00 元

前　　言

高品质切削过程的智能感知与预测是实现智能制造大闭环的重要环节,是实现自适应加工、切削过程优化控制的必要基础。随着切削加工、先进传感器、信号处理和人工智能等技术的进步和交叉融合,高品质切削过程的智能感知与预测技术迎来了巨大的发展机遇,成为本领域的研究前沿和热点。

本书主要论述高品质切削加工过程的智能感知与预测模式、理论、方法与实现技术,深入阐述工件表面粗糙度、表面纹理、刀具磨损在线监测,刀具剩余寿命在线预测,铣削颤振在线预报,以及基于智能感知的产品服务系统等内容,系统性地介绍笔者在该领域近几年的研究成果,以期促进高品质切削过程的智能感知与预测技术的进一步发展。全书涉及的内容主要来源于先进设计与智能制造课题组(以下简称为"本课题组")2012年以来的研究成果,部分内容分别来源于孙小光、田国良、牛伟龙、王俊阳、唐鑫、徐升、康霞、赵紫东的硕士论文,张栋梁的博士论文,以及本课题组共同发表的学术论文等。

全书共由八章组成。其中,第一章主要介绍高品质切削过程的智能感知与预测技术的相关概念、原理等;第二章论述基于切削力和振动信号的工件表面粗糙度在线监测技术;第三章论述平面立铣工件表面纹理在线监测技术;第四章论述基于机器学习的铣削刀具磨损在线监测技术;第五章和第六章分别论述基于机器学习和统计数据驱动的刀具剩余寿命预测技术;第七章论述基于隐马尔科夫模型的铣削颤振在线预报技术;第八章论述基于智能感知与预测的产品服务系统。

全书统稿、定稿工作由孙惠斌负责完成。其中,第一章由孙惠斌编写,第二章由卢延风编写,第三章由杜海雷编写,第四章由潘军林编写,第五、六章由万能、曹大理编写,第七章由李宽宽编写,第八章由王静编写。万能负责全书校阅。

笔者借此机会感谢国家自然科学基金项目(编号:51875475,51775445)、陕西省自然科学基金项目(编号:2013JM7001)、西北工业大学校级"新人新方向"建设项目的支持。

衷心感谢张定华教授引导笔者开启了本研究方向,特别感谢莫蓉教授、常智勇教授和王展博士长期以来的巨大支持,感谢张映锋教授、吴宝海教授、罗明副研究员对相关研究工作的指导和帮助,感谢本课题组相关研究生在读期间所做出的学术贡献。写作本书参阅了相关文献、资料,在此,谨向其作者表示感谢。

由于本书内容涉及面较广,加之水平有限,不足之处在所难免,希望读者不吝赐教,在此谨表示衷心的感谢。

编著者

2018 年 10 月

目　　录

第一章　绪论 ……………………………………………………………………… 1

1.1　高品质切削过程的智能感知与预测概述 …………………………………… 1

1.2　高品质切削过程的智能感知与预测实现模式 ……………………………… 2

1.3　高品质切削过程的智能感知与预测相关技术 ……………………………… 3

1.4　高品质切削过程的智能感知与预测应用领域 ……………………………… 9

1.5　高品质切削过程的智能感知与预测技术展望 ……………………………… 12

第二章　基于切削力和振动信号的工件表面粗糙度在线监测 ………………… 14

2.1　工件表面粗糙度在线监测概述 ……………………………………………… 14

2.2　工件表面粗糙度影响因素分析 ……………………………………………… 16

2.3　切削力、振动信号特征的提取与分析 ……………………………………… 23

2.4　切削力、振动信号特征的降维与压缩 ……………………………………… 29

2.5　基于改进 BP 神经网络的表面粗糙度监测模型 …………………………… 34

2.6　本章小结 ……………………………………………………………………… 39

第三章　平面立铣工件表面纹理在线监测 ……………………………………… 40

3.1　工件表面纹理在线监测概述 ………………………………………………… 40

3.2　表面纹理在线监测系统 ……………………………………………………… 41

3.3　立铣加工信号特征与表面纹理特征的提取 ………………………………… 46

3.4　基于改进 BP 神经网络模型的平面立铣表面纹理监测模型 ……………… 54

3.5　实例验证 ……………………………………………………………………… 57

3.6　本章小结 ……………………………………………………………………… 64

第四章　基于机器学习的铣削刀具磨损在线监测 ……………………………… 65

4.1　刀具磨损监测概述 …………………………………………………………… 65

4.2　刀具磨损监测方案 …………………………………………………………… 67

4.3　刀具磨损信号特征的提取 …………………………………………………… 69

4.4　刀具磨损监测模型 …………………………………………………………… 73

4.5　本章小结 ……………………………………………………………………… 92

第五章　基于机器学习的刀具剩余寿命预测 ················· 93

　5.1　刀具剩余寿命预测概述 ··························· 93

　5.2　基于状态信息的刀具运行可靠性的刀具剩余寿命预测 ······· 95

　5.3　基于深度学习的刀具剩余寿命预测 ················· 112

　5.4　本章小结 ································· 119

第六章　统计数据驱动的刀具剩余寿命预测 ··············· 120

　6.1　基于线性维纳过程的刀具剩余寿命预测模型 ··········· 120

　6.2　基于非线性维纳过程的刀具剩余寿命预测 ············· 129

　6.3　本章小结 ································· 141

第七章　基于隐马尔科夫模型的铣削颤振预报 ············· 142

　7.1　稳定性监测与预报概况 ························· 142

　7.2　铣削颤振动力学分析 ··························· 144

　7.3　铣削颤振信号处理及特征提取技术 ················· 150

　7.4　基于隐马尔科夫模型的颤振状态预测模型 ············· 157

　7.5　实例验证 ································· 160

　7.6　本章小结 ································· 166

第八章　基于感知与预测的产品服务系统 ··············· 167

　8.1　刀具工业产品服务系统概述 ····················· 167

　8.2　刀具工业产品服务系统架构 ····················· 169

　8.3　刀具工业产品服务系统流程 ····················· 172

　8.4　TCM‑iPSS 系统的使能技术 ····················· 180

　8.5　系统原型与验证 ····························· 184

　8.6　本章小结 ································· 187

参考文献 ··· 188

第一章 绪 论

1.1 高品质切削过程的智能感知与预测概述

1.1.1 智能制造中智能感知与预测的提出

制造技术是人类社会发展的基石。纵观其发展和演变历史,从原始的手工制造,到应用机器设备的大规模工业化、自动化制造,再到以数字化建模和数控加工为特点的数字化制造,以及伴随网络技术发展应运而生的网络化制造,制造技术的内涵和外延都发生了巨大的变化。当今,航空、航天等高端装备的复杂零件在几何结构、制造精度、材料性能和成形工艺等方面的要求更加严苛,对制造技术提出了更加严峻的挑战。以满足几何形状为主要目标的制造技术已不能满足高品质制造的需要。具备感知、分析、推理、决策、控制和学习能力的智能制造技术已成为当前的发展新趋势。在此背景下,世界各国纷纷出台了各自的先进制造发展战略,如美国工业互联和德国工业 4.0,其目的之一是借力新一代信息技术,实现制造的物理世界和信息世界的互联互通与智能化操作,进而实现智能制造。为了建设"制造强国",我国也出台了"中国制造 2025"国家发展战略。党的十九大报告也明确提出"加快建设制造强国,加快发展先进制造业,推动互联网、大数据、人工智能和实体经济深度融合"。其核心是促进新一代信息技术和人工智能技术与制造业深度融合,推动实体经济转型升级,大力发展智能制造技术。

实际上,智能制造的核心还是制造,而并非智能。智能制造必须立足于材料、工艺等关键问题,通过智能化的手段保证质量、提高效率、节约成本、降低能耗、创新服务。当前,切削加工仍是零件成形的主要方式。但是,人类对这个动态变化过程的认知还不充分。由于工件毛坯余量不均匀、材料硬度不一致、刀具磨损、机床热变形等加工条件和加工状态的动态变化,加工过程中的参数变化尚不能被精确地预测和计算,导致现有的高端数控设备加工效能低、工艺稳定性差、产品合格率低。在这种情况下,智能制造可通过综合应用金属切削、自动控制、工程力学、信号处理、人工智能等多个学科理论和技术,实现对切削加工过程的监控、预测、优化和智能控制。其目的就是要解决加工过程中诸多不确定的、需要靠人工干预才能解决的问题,从而实现由机器取代或延伸加工过程中人的部分脑力劳动,实现加工过程中决策、监测和控制的自动化、智能化。

可见,在智能制造体系中,发展先进的感知和预测技术,实时、高精度、全场地感知机床、夹具、刀具、零件的瞬时几何和物理状态,并进行分析、预测和优化,从而实现自适应、智能化的调整和优化,是实现高品质制造的重大关键技术。高品质切削过程的智能感知与预测技术以实现高品质切削加工为目标,是典型的多学科交叉的领域前沿,是实现智能制造的巨大推动力。

1.1.2　高品质切削过程的智能感知与预测的技术内涵

切削加工是零件成型的主要形式,是一个非常复杂的非线性耦合过程。由于对工艺-装备交互机理的理解不足,根据理想设计模型产生的数控代码并不能保证加工出高品质的零件。因此,提高对切削过程的认知是人类不懈的追求。其中,有一种思路从理论建模出发,提出关于切削力、切削稳定性等的传递函数、解析模型或有限元模型,用于加工性能的预测和切削参数的优化。这种方法在一定假设和约束下可以得到较为精确的结果,对于工艺过程的调整和优化有重要的指导意义,但难以考虑切削过程中的动态、非线性耦合过程,涉及的变量有限,应对动态、时变切削加工过程的能力不足。

为此,智能感知与预测技术通过获取加工现场的多源信息,综合在线感知、在位感知和离线感知,融合多源异构信息,识别工况特征、发现演变规律、预测发展趋势,为工艺过程智能决策、切削参数调整、补偿指令生成提供依据,是实现切削过程闭环控制的重要环节。智能感知与预测具有"望、闻、问、切"的全方位感知能力,能够获取影响加工过程的各种信息,并辨识所需要的工况特征、预测未来的发展趋势,通过"辨证"为"施治"提供依据,是实现无人干预加工的必要基础,也是实现智能制造"大闭环"的关键。

但是,高品质切削过程中的智能感知与预测也面临巨大挑战。其主要表现在:加工过程中工况变化剧烈,具有典型的强时变特性,导致依赖传统分析优化方法所建立的分析模型精度不高、可信度低;加工过程中存在各种强干扰,如何从大量、复杂、多源、异构数据中发现目标特征的演变规律非常具有挑战性;需要求解的各种工况特征之间紧密耦合,且与多种可感知的信号关联,导致特征解耦难度大。这些问题是影响智能感知预测效果的主要障碍,也是实现智能感知与预测必须解决的关键问题。

综上所述,高品质切削过程的智能感知与预测技术,立足于切削加工过程,是通过与传感器技术、信号处理技术和人工智能技术交叉、融合而产生的新方向,涉及的范围广、内容多,需要开展长期、持续、深入的研究。该技术将推动装备-工艺动态交互机理的深刻认知,促进加工-测量一体化、加工过程全闭环控制技术的实现。该技术面向国家重大需求,瞄准学科发展国际前沿,将为国家重要领域关键零件的高精度、高效率、高品质切削工艺的突破提供基础。

1.2　高品质切削过程的智能感知与预测实现模式

如图 1-1 所示,高品质切削过程的智能感知与预测主要包括数据采集、特征提取和智能决策等几个关键步骤:①在加工现场布置各种类型的传感器,在线、在位、离线感知切削过程中产生的各类信息,对信息进行 A/D 转换、放大、滤波、分割等处理,形成基础数据;②采用多种特征分析方法,分别从时域、频域、时频域等方面提取底层特征,进一步对底层特征进行分类、排序、筛选和组合;③建立人工智能模型,以提取到的关键特征参数为输入,感知或预测切削工况的当前状态和发展趋势,为工艺过程的决策和控制提供依据。

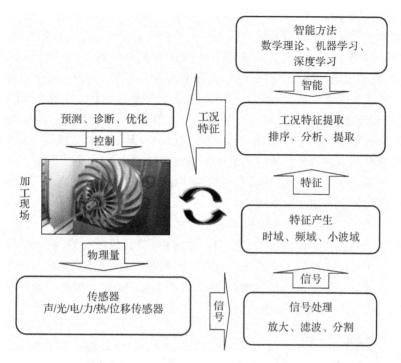

图 1-1　智能感知与预测的技术路线

近几年来,深度学习蓬勃发展,形成了适用不同对象的多种模型和方法。与传统的浅层学习不同,深度学习进一步强化了模型结构的深度,拥有更多的隐含节点层,并通过层与层间特征变换,将样本的原有特征表示变换成新的空间的特征,突出特征提取的自适应性,使得分类或预测更加容易。基于深度学习的感知与预测模型以原始信号作为输入,不仅能够取代传统的人工工况特征提取技术,还可以深度挖掘切削信号中所隐含的更多线索,提高感知和预测的准确性和泛化性能,为切削过程的感知和预测提供新的思路和手段。

1.3　高品质切削过程的智能感知与预测相关技术

1.3.1　数据采集技术

采集数据是状态感知和预测的基础。如图 1-2 所示,高品质切削过程中的智能感知和预测技术需要获取加工现场的多源、异构信息,能够在线、在位和离线地采集数据。其中,在线监测信号是切削过程中各种复杂作用的综合表现。加工现场声/光/电/力/热/位移等各种物理量都是在线监测的对象,而切削力、振动和声发射信号是最常用的输入。

切削力是切削过程状态变化的最直接反映,是切削过程感知与预测最常用、最重要的一种信号。在切削过程中,刀具和工件之间产生动态变化的相互作用力。随着刀具的磨损,刀具与工件之间的摩擦力将会增加,切削力也会增大,体现了刀具磨损或破损状态。但是,切削力也是一种受多种因素共同影响、时变性非常强的信号。刀具装夹、工件材料、机床及电器系统的干扰等,都可能导致切削力发生明显变化,使得从切削力中提取敏感特征难度增大、可解释性减弱,需要一定的经验和技巧。

振动是切削过程中交变力引起物体围绕某个平衡位置做往复运动的现象。切削过程中的振动源有多种,如电机轴的旋转、主轴的旋转、刀齿的周期性切入切出、切屑的周期性形成、进给机构的运动、各类齿轮的啮合、电磁干扰、共振和颤振等。除此之外,切屑形成、冲击等作用也是产生振动的重要原因。由于机床-刀具-工件是一个复杂的动力学整体,各种振动形式并不独立,不同振动源之间的相互作用普遍存在。当切削稳定时,振动的主要形式是由刀齿周期性切入激励的强迫振动,频率主要集中于刀齿切削频率及其倍频处。当颤振发生时,机床固有频率附近的自激振动取代刀齿切入频率而成为激励振动的主要原因。振动信号在颤振频率处的幅值突然上升并占据主导地位,一段时间后整体幅值稳定在某一较高水平。因此,振动信号可作为切削颤振监测和预报的主要线索。

声发射(Acoustic Emission,AE)信号是固体材料发生塑性变形或断裂时内部迅速释放应变能量而产生的一种瞬态弹性应力波。在切削过程中,刀具的磨损、破损,切屑的断裂都会产生声发射信号。声发射信号直接来源于刀具与工具的接触点,属于高频弹性应力波信号,避开了加工过程中振动和声音等低频信号的污染,具有灵敏度高、抗干扰能力强、响应速度快和使用安装方便的优点,是刀具磨损监测的常用信号。

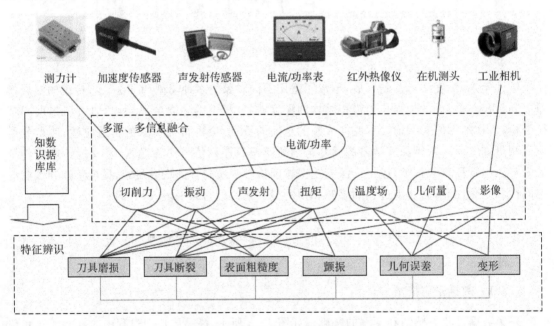

图1-2 切削过程的多源数据感知

切削力、振动和声发射信号需要分别通过力传感器、加速度传感器和声发射传感器采集。传感器的安装位置有工作台上、主轴上、夹具上和工件上四种。为了不影响切削加工,安装的部位要遵循以下原则:①在切削过程中不能与刀具的走刀轨迹发生干涉,损坏传感器或干扰信号的采集;②选择的位置要尽量靠近切削点,防止距离太远造成信号的采集不足和不准确;③传感器安装时必须与监测的表面有着良好的接触,避免由于接触不良造成采集的信号失真和泄露。

综合考虑以上问题,一种较为常见的安装方案是:将力传感器置于工件的垂直下方,将声发射传感器、加速度传感器安装于工件的侧面,如图1-3所示。

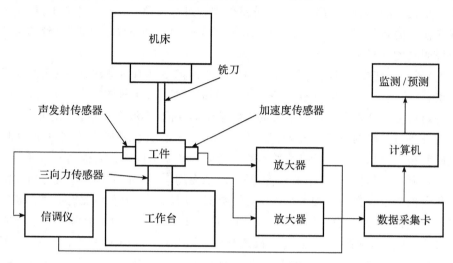

图1-3 传感器的安装方案

在位信息是指切削加工暂停时,工件、刀具、工艺装备等尚未卸下,在机床上测量得到的数据。例如,利用在机测头进行工件几何特征的测量。

离线信息是指切削加工完成,工件、刀具、工艺装备从机床卸下,采用相关设备测量得到的数据。例如,加工完成后采用残余应力测试仪测量工件的残余应力,采用三坐标测量机获取工件的几何精度等。

1.3.2 信号处理与特征提取

采集到的信号中蕴含着丰富的切削状态信息。然而,这些信息并不是可以直接使用的,必须经过一定的分解和处理,提取为敏感特征才能用于进一步的分析和决策。人工提取的特征有多种,可以分为时域特征、频域特征、时频特征等。

时域特征是指信号在各时间点表现的统计参数。常用的时域特征有均值、方差、均方根、绝对均值、三阶中心矩、峰值因子、峭度等。时域特征是最基本的一类信号特征,但抗干扰能力弱。频域特征可以从频域揭示信号的构成,让人们了解到信号在不同频率或频段的幅值变化信息。最经典的频域分析方法是傅里叶变换。但是,对非线性非平稳信号的特征提取,傅里叶变换已不再适用。

近年来,小波变换是一种发展较为迅速的非平稳信号处理方法。小波变换从基函数的角度出发,吸取了短时傅里叶变换中时移窗函数的特点,形成了振荡、衰减的基函数,可以实现信号的不同时刻、不同频域的合理分离,在时域及频域都具有描述信号局部特征的能力。与傅里叶变换只考虑时域对频域的一对一映射不同,小波联合时间-尺度函数分析非平稳信号,可以对信号进行多尺度的分解,从而提供更精细的频率分辨率。小波变换后可以提取子频段的峰值、均方根、能量等作为候选特征。

然而,小波变换也存在很多的缺点。其中,小波基函数的选择是一个难题,对于具体的信号,难以选择波形相似度较高的小波基,对同一信号选用不同的小波基分析的结果可能相差较大。此外,小波基一旦选定,在整个分解过程中不可改变。切削过程中采集到的振动信号是多种振动源的综合反映,来源不同的振动信号具有不同的特点。一个小波基可能对于某种振动分量的拟合是最好的,但是对于其他振动分量的拟合可能很差。从算法原理上讲,小波变换和傅里叶变换使用的是相同的思想,只不过基函数不再是单一的正弦函数,其分解结果往往不能从理论上说明其物理意义。

实际上,傅里叶变换、短时傅里叶变换和小波变换都不具有自适应性,一旦选定了基函数和分解尺度,就只能得到在某一固定频率时段下的时域波形,而与信号本身无关,不能确切地反映出被分解信号的特性。傅里叶变换的频率是全局性的,小波变换是区域性的,不能用于对信号局部特征进行精确的分析。此外,受 Heisenberg 测不准原理制约,如果要提高频率精度就要牺牲时间精度,反之亦然。因此,并不能在时间和频率上同时达到很高的精度。

实际上,切削加工是一个复杂的过程,需要对采集的信号进行局部的精确分析才能找出最为敏感和显著的特征。在切削加工过程中,采集到的振动、切削力和声发射信号都是非线性非平稳信号。希尔伯特-黄变换(Hilbert - Huang Transform, HHT)是分解这类信号的一种有效方法。HHT 方法包含两种过程:经验模态分解(EMD)和 Hilbert 变换。其中,EMD 是一种自适应的信号分解方法,它与小波及傅里叶变换的本质区别是不依赖于事先选好的"基函数",而是由特定的算法对信号本身进行自适应分解,将原信号分解为多个本征模函数(Intrinsic Mode Function,IMF),并对每一个 IMF 进行 Hilbert 变换求出瞬时频率和瞬时幅值,从而得到原信号在各个频段上的时频分布。

希尔伯特-黄变换能够自适应地产生"基",不受 Heisenberg 测不准原理制约,可以在时间和频率同时达到很高的精度。借助 HHT 变换可求得相位函数,再求导可产生瞬时频率。这样的瞬时频率是局部性的,对局部特征反映更为准确。HHT 从很大程度上弥补了切削加工过程中传统信号分析方法的不足,使得它比传统的时频分析方法更优越。采用希尔伯特-黄变换可以提取 IMF 的振幅最大值、均值、边际谱、能量、熵等特征。

局部均值分解(Local Mean Decomposition,LMD)是类似于 EMD 的一种自适应信号分解方法。LMD 将一个复杂信号逐层分解为多个 PF 分量之和。其中每个 PF 分量又可分为一个纯调频信号和一个幅值信号的乘积。通过对调频信号求瞬时频率,LMD 可以得到信号完整的时频分布特性。LMD 分解后可提取峰值、局部峭度、固有频率等特征。

1.3.3　基于机器学习的模型

从信号中提取到的特征可作为智能感知或预测模型的输入,进行分类、聚类、回归等分析。其中,最常见的机器学习方法采用历史数据训练模型,采用现场采集到的数据进行判断或预测。机器学习方法有人工神经网络、模糊理论、贝叶斯网络、马尔科夫模型、灰色模型(GM)和支持向量机(SVM)等。

人工神经网络方法被广泛应用到切削过程的智能感知和预测研究中。人工神经网络是由多个简单的处理单元彼此按照某种方式进行连接的计算系统,是对人脑简单的抽象和模拟。人工神经网络具有并行信息处理、分布式信息存储的特点,具有良好的非线性、容错性,以及强大的自组织、自学习、自适应性。根据信息流动方向,人工神经网络主要分为前馈型神经网络和反馈型神经网络。前馈型神经网络的各神经元只接收前一层的输入,并且将自己输出到下一层,整个网络中没有反馈。而反馈型神经网络的神经元有可能接收其他神经元的反馈信息。其中,应用广泛的 BP(Back Propagation)神经网络是一种信息正向传播,误差反向传播的多层前馈型网络。相比于其他类型的神经网络,BP 神经网络具有较强的泛化能力,可以保证对所需分类进行正确分类,在网络经过训练后,也能对未见过的模式或者被噪声污染的模式进行正确归类,而且其具有很强的自学习和自适应能力。BP 神经网络的典型应用如刀具磨损监测和剩余寿命的预测。

马尔科夫过程最初由俄罗斯数学家安德烈·马尔科夫提出。20 世纪 60 年代 Leonard E. Baum 发表了一系列统计学论文,论述了隐马尔科夫模型的基本原理。20 世纪 70 年代以来,隐马尔科夫模型开始应用于语音识别领域,并获得了较大成功。对于一个随机过程,如果当前的状态仅仅与其前一个状态有关,而与更早些的状态无关,那么该过程被称为马尔科夫过程。马尔科夫过程的状态变化称为马尔科夫链。隐马尔科夫模型就是同时包含未知状态的马尔科夫过程和可见参数表达的模型。在隐马尔科夫模型中,马尔科夫链的状态被隐藏起来了,所能获取的信息仅是当前隐含状态所表达出的特征。

隐马尔科夫模型(Hidden Markov Model,HMM)是一种动态模式识别工具,它能够对一定时间段内的信息进行统计。类似语音识别中不同单词的音节和音素,不同切削状态的切削信号也存在不同的切削行为转化形式。刀齿切削周期和刀具旋转周期是切削中两个最主要的周期运动形式。在每个周期内,刀齿的切入切出、切屑的形成,都将产生按照一定周期规律变化的信号。如图 1-4 所示,若将每个周期细分为多个"帧暂态",则在不同的切削状态中同一个周期内各切削暂态的表现肯定是不同的。而 HMM 具有较强的时序建模能力,利用 HMM 可将每段取样信号划分成若干个切削暂态所对应的"帧",这样就相比其他智能算法有着更加精细的时间分辨率,更容易捕捉到信号特征的快速变化。HMM 基于时间序列转化规律的概率统计,在一个动态的环境中监测信号的转化规律,从而做出相应评估和识别,适合于切削状态的识别与预报。

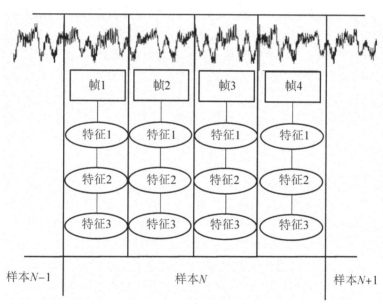

图 1-4 帧、样本和特征的关系示意

近几年来,深度学习在多个领域快速发展,形成了完整的理论支撑和适用对象不同的多种深度学习模型体系。与传统的浅层学习不同,深度学习进一步强化了模型结构的深度。深度学习结构拥有更多的隐含节点层,并通过更多的层与层间特征变换,将样本的原有特征表示变换成新的空间的特征,突出重要特征挖掘隐含特征,使得分类或预测更加容易。深度学习能够利用空间相对位置关系作为特征处理,进而减少参数数量来提高训练性能。深度学习方法通过组合、提取低层特征用更加抽象的高层特征表示属性类别等,以发现数据的分布式特征表示。凭借自身的优越性,深度学习在图像、声音和自然语言识别等领域中取得了令人瞩目的成果。

在机械行业内,深度学习技术虽然并未被广泛应用,但是也已经迈出了前进的步伐。例如,基于深度学习的工业机器人视觉识别和定位方法,实现了工业机器人高效率完成分拣、搬运、检测、加工等工作。在切削过程的状态监测中,深度学习技术可以挖掘数据深层隐含特征,可以在短时间内完成准确的分类、回归或状态识别。例如,在刀具磨损在线实时监测系统中,基于深度学习的模型可以做出刀具准确的判断,泛化性能更好。深度学习在切削过程的感知和预测中的应用前景极为广阔。未来几年,将会有更多实例被开发出来,带来深刻的变革。

1.3.4　统计数据驱动的模型

在切削过程中,一些状态的演变具有典型的随机性,适合用随机过程模型进行建模和描述。统计数据驱动的方法是根据概率统计以及随机过程的理论,依据概率密度函数(PDF)对监测对象的状态进行估计,体现了预测的不确定性。在观测对象特征已知的情况下,统计数据驱动的方法假定状态演变遵循一定的分布,并通过遵循分布的法则确定与状态有关的未知变量。一旦概率分布确定,未来的状态就可以通过分布的估计预测出来。统计数据驱动的模型能够得出预测的概率分布而不是确定的值,所得的预测结果有置信度,从而增加了预测结果的可信度。伽马过程和维纳过程是常见的两种数据统计驱动方法。

伽马过程是一个非单调过程,适合于状态变量随着时间的推移不断累积的过程,如磨损过程等。伽马过程假定该状态变量的累积服从伽马分布。使用伽马过程预测方法的优点就是数学计算直接。然而,其不足之处就是伽马过程需要很严格的假设:状态演变过程必须是单调的,预测的结果与历史退化状态无关。伽马过程已被应用于刀具寿命的预测中,得出刀具可靠性及刀具寿命的计算方法。

维纳过程是一种带有随机噪声的随机回归模型。该方法已被广泛应用于航空发动机、金属化膜脉冲电容器等的退化过程建模和剩余寿命预测。基于维纳过程的切削过程建模和预测不是很多。

基于经验模型的预测方法以概率分布作为计算公式,考虑所有相关变量(例如状态变量和测量值)的分布,建立状态演变模型及测量模型,然后利用新的测量值,通过后验概率密度函数(PDF)对状态进行推断。基于经验模型的预测方法一般分为两类,即卡尔曼滤波及粒子滤波方法。卡尔曼滤波是一种有效的迭代数据处理方法,通过对预测结果的均方误差的最小化处理,从一系列包含测量噪声的数据中估计动态系统的隐藏状态,实现现场采集数据的实时更新和处理。与卡尔曼滤波相比,在贝叶斯推断方法下,粒子滤波没有要求严格的模型假设(如线性或高斯假设),是通过一系列有相应权重的随机采样去估计后概率密度函数,进而通过预测更新步骤完成状态的预测。

1.3.5　混合模型

实际上,基于机器学习的模型和统计数据驱动的模型都是数据驱动的方法。除此之外,基于物理模型的方法和基于经验模型的方法也是切削过程感知和预测可选用的方法。但是,这几种方法都有其不足之处。

(1)基于物理模型的方法理论上可以得到准确的预测结果,但实际上,切削过程的完整、精确物理模型难以建立。建模过程需要有完备知识,并且模型中的大量系数或者参数需要通过试验来标定,建模结果与真实状态之间会有一定的偏差,限制了其应用。

(2)虽然基于数据驱动的模型不全依赖物理原理,但大量的数据用于模型训练,预测结果的准确度依赖于数据的可用性。

(3)基于经验模型的误差积累导致其精度降低,计算量大,不能全面考虑实际加工过程中的所有因素影响。

可见,每一种方法都具有一定适用范围与固有的缺点。因此,可以通过相互融合进行取长补短、发挥优势,构造基于两种或者两种以上的混合方法。混合预测方法分为如图 1-5 所示的 5 个类型。

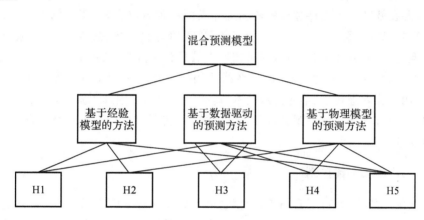

图 1-5　混合预测模型

H1——基于经验模型的方法＋基于数据驱动的方法;

H2——基于经验模型的方法＋基于物理模型的方法;

H3——基于数据驱动的方法＋基于数据驱动的方法;

H4——基于数据驱动的方法＋基于物理模型的方法;

H5——基于经验模型的方法＋基于数据驱动的方法＋基于物理模型的方法

1.4　高品质切削过程的智能感知与预测应用领域

1.4.1　表面粗糙度在线监测

切削加工所得的零件表面不是理想的光滑表面,总是存在一定的微观几何波动,如表面粗糙度。大量理论和试验研究表明,表面粗糙度与零件的耐磨性、配合精度、疲劳强度、耐腐蚀性以及结合密封性等性能有着很密切的关系。因此,采用适当的方法监测工件表面粗糙度对于提高加工质量、加工效率有重要的意义。然而,工件表面粗糙度一般采用先加工、再测量的方法,不能在加工过程中及时发现表面粗糙度的恶化征兆。虽然可以根据工艺参数大致预判工件表面粗糙度的范围,但是表面粗糙度的形成是一个动态过程。各种时变因素和干扰对表面粗糙度的形成有重要的影响,预判的结果不能反映切削过程的动态性。可见,工件表面粗糙度在线监测技术能够有效提高工件的加工品质、减少工件的报废率、提高切削的效率,对于实现切削加工自动化有重要意义。

1.4.2　表面纹理在线监测

工件表面纹理是指零件在加工过程中诸多因素综合作用而残留在零件表面的各种不同形貌和尺寸的微观几何形态。表面纹理对零件的配合状态、摩擦磨损和传动精度等机械性能影响较大,进而影响机器的使用寿命。表面纹理主要由刀具和工件之间的相互干涉产生,也是铣刀的几何参数(如齿数、螺旋角、悬伸量、铣刀角度等)、切削参数(如进给量、切削深度、切削速度等)、刀具的装夹和磨损程度等因素在加工中作用结果的综合反映。在加工过程中,如果不能及时发现表面纹理的演变趋势,就不能及时发现加工中的问题,导致表面纹理恶化现象被忽略,造成零件报废、生产成本增加。

因此,需要在铣削加工工件过程中监测工件表面纹理,以确保加工后的零件合格。通常,有经验的工程技术人员可以通过识别切削声音,观察切屑的形状、颜色和大小,综合判断表面纹理状态。但是,这种方法主观性强,要求技术人员具有丰富的经验,不利于知识共享和传承,并且有时存在较大误差。因此,表面纹理在线监测研究逐渐受到了国内外专家学者的重视。因此,综合运用图像处理技术、信号处理技术、传感器技术和切削加工知识,研究工件表面纹理的形成过程,发现纹理特征与可观测特征之间的关系,实现纹理状态的在线监测,对于提高加工质量有重要意义。

1.4.3　刀具磨损在线监测

作为切削加工的执行者,刀具与工件直接接触,磨损或者破损等现象不可能避免。刀具的失效会导致切削能力减弱、加工质量下降。如果不能及时发现刀具磨损失效,会导致工件报废、生产成本增加,甚至损坏机床。另外,进行换刀并重新调整,也会增加非正常的停机时间。

为了尽可能减少因刀具突然失效造成的损失,及时发现刀具的磨损状态成为一个急需解决的问题。有时候,技术人员依靠观察切削声音、切屑颜色、切削时间等现象综合判断刀具磨损状态,这种方法主观性较强,对技术人员的要求高。近年来,随着现代制造业向全自动化、无人化的方向发展,生产过程对操作者的要求越来越低,对设备自动化的要求越来越高,刀具状态监控(Tool Condition Monitoring,TCM)获得广泛关注。TCM 技术通过观察各种信号特征及时掌握刀具磨损状态,对于提高加工质量,节约加工辅助时间以及提高生产效率具有重要的意义。

1.4.4　刀具剩余寿命预测

刀具是"机床的牙齿",其性能直接影响切削的效率、质量、成本和能耗。随着刀具的磨损退化,切削力增大、温度升高、振动加剧,可能导致尺寸超差、零件报废或意外停机,造成巨大损失。然而,过早、频繁换刀会降低生产的连续性,增加停机时间,严重影响切削效率和成本。据有关估计,我国每年上百亿的刀具支出虽然只占制造成本的 2.4%～4%,却影响占制造成本 20% 的机床费用和 38% 的人工费用。可见,更加精准地利用刀具不仅能节约刀具支出,而且对于提高切削效率、节约制造成本也有深远的影响。

为此,不仅要精确地估算刀具的寿命,还要准确地预测其在当前时刻的剩余寿命。然而,这一极具挑战性的问题严重制约了刀具选用、更换的决策和优化。所谓刀具寿命是指一把新刀具从开始加工工件算起,直到刀具磨损量到达规定的磨钝标准的切削时间总和,而刀具的剩余寿命(RUL)所指的是从当前刀具工作时间算起,一直到刀具磨损量达到磨钝标准的运行时间。准确估计刀具(剩余)寿命对提高计算机集成制造系统的生产率比其他技术都重要。因此,刀具剩余寿命的预测具有很大的经济效益,已被各国公认为重大的关键技术。

然而,刀具磨损退化和剩余寿命衰减过程的演变规律尚不清楚。由于受切削参数、工件材料、工况条件、刀具悬伸、刀具涂层、刀刃偏差、切削振动等多种因素的交互作用,刀具磨损退化过程涉及复杂的物理行为和化学变化,精确、完整的机理模型难以建立。现有的刀具磨损曲线具有示意性,难以定量、准确地描述一把刀具的剩余寿命。通过观察切削振动、声音和切屑,靠经验性判断刀具剩余寿命主观性强。基于刀具失效数据的统计方法和 Taylor 公式反映了一类刀具的整体特征,难以反映个体差异性和退化过程的时变性。

不可忽视的是,制造大数据已成为审视制造问题的一个新视角。由于切削信号、退化数据中隐藏着刀具磨损退化和剩余寿命衰减过程的演变规律,利用这些数据进行剩余寿命预测是一个具有重要理论意义与工程应用价值的问题,对于刀具的精准利用、提高加工产品精度和表面质量以及提高产品经济效益有重要而深远的意义。

1.4.5　切削颤振在线预报

自激振动是切削加工中广泛存在的一种振动形式。其中,对加工质量有重要影响的是刀具和工件之间强烈的自激振动,即颤振。颤振会导致加工表面质量的恶化,加剧刀具磨损,并增大刀具破损的可能性。此外,颤振时产生的噪声也会危害操作人员身体健康。广义地讲,颤振属于切削加工中的一类故障。随着加工品质的提高,切削过程中闭环控制反馈信息不仅包括加工误差、刀具补偿、刀具磨损等,对于颤振的发生也应做出及时的判断,并反馈给能够做出响应的控制机构。

实际上,颤振是切削过程中摩擦、再生效应和模态耦合等多因素共同引发的一种不稳定加工状态。颤振的发生具有一定的不确定性。虽然大量的研究已经从理论角度通过优化加工用量,预先选择稳定加工条件来避免颤振,但实际试验结果往往不能很好地与理论模型吻合。加工过程中工件的硬质点、气泡,以及外界的冲击干扰等都有可能破坏原有的稳定状态。

颤振具有高度的非线性,其预测、监测和控制都是现代工业生产中亟待解决的难题。研究表明,可以通过实时改变主轴转速、进给速度等参数,在不影响加工精度和效率的前提下将切削加工中的颤振将抑制于萌芽状态。因此,对颤振萌芽的及时检测,及早预报可能发生的颤振,将为颤振的抑制赢得宝贵的时间,避免加工质量进一步恶化。

1.4.6　工业产品服务系统

在服务型制造的大背景下,以服务与产品融合为特征的产品服务系统(Product - Service System,PSS)成为重要的发展趋势。大数据、物联网等技术的发展更推动了传统制造模式向服务型制造模式的转变。以工业产品为物理载体的 PSS 被称为工业产品服务系统(industrial Product – Service System,iPSS)。

刀具就是切削加工领域的一项重要的工业产品。实际上,切削加工企业真正需要的并不是刀具本身,而是通过刀具传递的切削服务。因此,以刀具为载体的工业产品服务系统应运而生。其基本的理念是将有形的刀具和无形的服务有机地结合在一起以满足用户的需要,使切削企业以更低廉的成本获得更加专业的刀具服务。这样,切削加工企业可以将更多的注意力放在自己的核心业务上面,而刀具服务提供商也可以从中创造新的价值增长点。基于刀具的工业产品服务系统可以降低切削加工企业的成本,增加刀具服务提供商的收益,减少刀具的浪费,具有显著的经济和环保意义。

由于刀具实物的所有权不发生转移,服务提供商需要在风险可控的前提下精准地利用每把刀具。因此,服务提供商需要采集刀具在切削过程中的数据,监测刀具的磨损退化状态,预测其剩余寿命,并为刀具需求预测、供应计划、配送/回收提供依据。可见,切削过程中的智能感知与预测是创造刀具服务的重要基础。对于服务提供商来说,从切削现场采集的数据就是一座"金矿"。其核心竞争力来源于充分利用数据,做出正确的预测和决策。

1.4.7 更多应用领域

切削过程的感知与预测适合于复杂程度高、机理模型难以建立的问题。由于这类问题影响因素多、动态特征显著、时变性和非线性强,机理研究只能在合理的假设下,考虑有限的变量,建立理想模型,这虽然可以在一定程度上反映物理世界的规律,但与实际情况存在明显差距。在切削加工中,机床精度退化、零件质量演变、残余应力分布等都是值得采用感知与预测手段深入研究的问题。实际上,通过感知来发现规律也是人类认识世界的一种有效手段。随着切削加工、先进传感器、信号处理和人工智能等技术的发展,这种手段将在切削过程中物理量的形成和演变过程中有更加广阔的应用空间。

1.5 高品质切削过程的智能感知与预测技术展望

随着智能制造的蓬勃发展,高品质切削过程的智能感知与预测技术也取得了巨大进步。但是,考虑到切削过程的复杂性、感知与预测的强烈需求,当前的技术水平还处于初级阶段。巨大的潜力和机遇召唤着更多高水平的研究。通过与以下技术的交叉和融合,高品质切削过程中的智能感知与预测技术也将迎来更大的发展机遇。

(1)传感器是人类获取信息的工具。随着先进传感器技术的发展,更加高、精、尖的传感器不断涌现。未来的传感器不仅具有更高的精度、灵敏度和数据处理能力,能够测量目前测不到、测不准的信息,而且能够实现多参数混合测量,相互之间能够进行联网、协同和交互。先进传感器技术的进步将给切削过程中的感知与预测技术带来巨大的推动力,使得计算机对切削过程中的几何、物理、化学变化的掌握更加及时和准确,帮助做出更加精准的监测和预测,更加逼近切削过程的物理实际。

(2)信息物理系统(Cyber – Physical System,CPS)是工业 4.0 重要组成部分和支撑技术。在信息物理系统的框架下,切削过程的理论建模面向虚拟世界,感知和监测面向物理世界。这两部分都是对切削过程的认知和表达,二者的紧密结合将实现数字世界和物理世界的高度融合。切削过程的感知与预测正是二者之间的纽带。用实际数据驱动、更新、修正理论模型,能使理论模型变成物理加工过程的数字化镜像,进而更加精确地预测切削加工行为、降低不确定性。

(3)数字孪生(Digital Twin,DT)是以数字化方式创建物理实体的虚拟模型,借助数据模拟物理实体在现实环境中的行为。作为一种充分利用模型、数据、智能,并集成多学科的技术,数字孪生面向产品全生命周期过程,提供更加实时、高效、智能的服务,为解决物理世界与信息世界的交互与共融提供有效的途径。数字孪生可用于产品设计、工艺规划、车间调度、人机交互、质量控制等领域。智能感知和预测是切削过程数字孪生体的重要支撑技术,可更加真实地反映切削过程的真实物理变化,为后续的决策和优化提供依据。

(4)大数据时代的到来使制造业感受到强烈的冲击。制造大数据已成为一种战略资源。无论是德国的工业 4.0、美国的工业互联网,还是中国制造 2025,都把制造大数据作为下一次工业革命的关键技术。可以说,谁拥有制造大数据谁就拥有未来。但是,如何利用大数据技术推动信息化和工业化的深度融合,推动产品研发、生产制造、售后服务等环节的智能化是当前亟须解决的问题。其中,切削过程中产生的多源、异构、海量数据是制造大数据的重要组成部分,也是切削过程中的智能感知与预测的原材料。在制造大数据的时代背景下,切削过程中也会产生更多感知和预测的需求,将激发更多的原始创新。

(5)人工智能时代的大幕已经开启。随着人工智能技术的飞速发展,一系列的新技术和应用随之诞生,机器人能够代替人类所做的事情也越来越多,当今世界的产业格局、经济发展模式、生产生活方式正在被重新书写。除了下棋、翻译、写作、识图、开车外,人工智能在制造领域也将迎来更广阔的发展空间。其中,切削过程的感知与预测可以借助人工智能技术的最新研究成果,进一步提高监测和预测的精度和可靠性,发现更多隐藏在现象背后的规律、创造更多的应用,使切削加工过程发生更加深刻的变革。

(6)由于需要长时间在恶劣的环境中工作,复杂设备性能下降是不可避免的。为了提前预测可能发生的故障时间和位置,故障预测与健康管理(Prognostics and Health Management,PHM)技术成为理论研究和应用的热点。PHM利用各种传感器数据以及数据处理方法对设备健康状况进行评估,并预测设备故障及剩余寿命,从而将传统的事后维修转变为事前维修。在切削过程中,机床和刀具的性能退化都是需要密切关注的问题。切削过程的感知与预测技术可监测机床的精度保持性,评估其健康状态;可以监测刀具的磨损退化状态,预测其剩余寿命。在此基础上,进行切削过程的决策和优化,可以在保证切削质量的同时做到物尽其用,提高切削加工的经济、环境效益。

第二章　基于切削力和振动信号的工件表面粗糙度在线监测

2.1　工件表面粗糙度在线监测概述

2.1.1　工件表面粗糙度监测的意义

切削加工作为零件成形的主要手段,加工所得的零件表面不可能是理想的光滑表面,总是存在一定的微观几何形状误差。大量研究表明,表面质量与零件的耐磨性、配合精度、疲劳强度、耐腐蚀性以及结合密封性等性能有着很密切的联系。

(1)表面粗糙度对工件耐磨性的影响。过大或过小的表面粗糙度都不具有良好的耐磨性。表面粗糙度过大时,表面的凸起处相互挤压、咬合、切断,加剧零件的磨损;表面粗糙度太小时,不容易在接触面间形成保护性的油膜,容易发生分子黏结而使磨损加剧。

(2)表面粗糙度对工件抗疲劳能力的影响。工件抗疲劳破坏的能力随着表面粗糙度的增大而减小。对于承受交变载荷的工件,表面的凹处会产生应力集中现象,使得工件抗疲劳破坏的能力显著减弱。

(3)表面粗糙度对配合精度的影响。较大的表面粗糙度会使工件之间的配合精度降低,甚至有可能会造成配合性质的改变,使得整个系统工作能力的下降。减小工件表面粗糙度会提高零件的接触刚度、结合密封性。

(4)表面粗糙度对工件耐腐蚀性能的影响。工件表面粗糙度越高,越凹凸不平,越容易造成气体或液体的腐蚀性物质聚集,产生化学或者电化学反应。深的凹谷会使工件更容易被腐蚀。

由于工件表面粗糙度的大小对于工件的各种性能有着巨大的影响,因此,采用适当的方法评价工件表面粗糙度对于产品的加工质量、机床寿命的评估以及加工效率的提高有很重要的意义。实现表面粗糙度的在线监测,及时、有效地减少工件的报废率、提高生产效率,是一个非常值得研究的课题。工件表面粗糙度在线监测可提高工件的加工品质,减少人工检测产生的人为误差,保证工件的加工质量,减少工件的次品率,增加企业的效益。

2.1.2　工件表面粗糙度监测的常用方法

制造技术的发展催生了表面粗糙度标准的提出。表面粗糙度对机械表面性能的影响在第一次世界大战期间就已经被注意到。但是,受制于落后的表面粗糙度测量技术,一般只能用目测进行定性的描述,无法用数值做定量的分析。第二次世界大战期间,英国研制出了 Talysurf

表面粗糙度仪,通过触针划过待测工件表面产生的位移跳动表征工件表面粗糙度的大小。到了20世纪50年代,联邦德国和苏联都成功研制出测量表面粗糙度的干涉显微镜。20世纪70年代,英国 Taylor-Hobson 公司研制出能显示15种评定参数结果的表面粗糙度仪。随着光学技术、高能物理技术、电子技术的快速发展,近年来出现的扫描电子显微镜也逐渐被应用于表面粗糙度的测量。目前,常用的表面粗糙度测量方法见表2-1。

表 2-1　常见的表面粗糙度测量方法

检测方法		工作原理	适用的场合	优缺点
接触测量	比较法	采用目测,与样块比较;凭借手摸、指甲滑动的感觉近似评定	生产现场常用	优点:最简便易行;缺点:只能近似地评定表面粗糙度,$Ra<0.1\mu m$ 时不适用
	针描法	利用刚性触针以一定的速度沿着被测工件表面移动,对触针上下移动的位移进行数据处理后,得到表面粗糙度评定参数值	普通精度表面粗糙度的测量	优点:常用、方便、可靠;缺点:受触针半径限制且针尖有可能划伤工件表面,不适用于超高精度的测量
非接触测量	光切法	通过光切显微镜对表面粗糙度进行测量。适用的表面粗糙度参数主要是 Rz	测量范围为 $0.8\sim80\mu m$ 的场合	优点:易操作、成本不高;缺点:超出测量范围无法清晰成像
	光干涉法	利用光波波长作为尺寸衡量工件表面的平面深度	被测表面有一定的反射率且测量范围为 $0.8\sim80\mu m$ 的超精细加工表面	优点:测量精度高;缺点:测量难度较高

2.1.3　工件表面粗糙度在线监测方案

实际上,工件表面粗糙度在线监测是一个模式识别的方法。一套完整的工件表面粗糙度在线监测系统由硬件(工件、机床等)、传感器采集、信号的分析与处理、模式识别等模块组成。硬件主要是提供系统运行所需要的硬件支持;传感器采集模块主要负责安装传感器、采集与表面粗糙度相关的信号特征;信号的分析与处理模块主要是分析信号的多种特征并且提取表征粗糙度的特征量;模式识别模块主要是构建信号特征与表面粗糙度之间的关系,进行在线监测。其中,信号处理模块和智能决策模块是实现表面粗糙度在线监测的关键。

(1)信号处理模块:在铣削加工过程中,加工参数和刀具磨损量的不同使得加工过程中的切削力、振动的程度也不一样。差的加工参数、刀具磨损量的组合就会导致加工过程中振动剧烈,切削力大而且不稳定,造成加工工件的表面质量不高。这些和加工表面质量密切相关的切削力、振动信号就需要通过传感器来接收。但是这些信号无法直接与铣削工件表面粗糙度关联,需对信号的各种特征进行提取,需要在众多的信号特征里找到与工件表面粗糙度有较强相关性的特征,以此作为智能决策模块的输入特征。

（2）智能决策模块：由于表面粗糙度的影响因素多，形成过程的非线性、强耦合特征明显，非常难以建立精确的数学模型。近年来，将人的思维模式模型化并用计算机技术来仿真的智能方法得到快速发展和应用。区别于传统的数学模型，智能方法包含推理、判断、预测、决策、学习等能力。常见的智能方法主要包括专家系统和人工神经网络。

1）简单来说，专家系统就是一个智能程序系统。它是利用人类专家解决问题的思维来解决某个领域的问题。专家系统是融合大量知识和解决问题经验的系统，它通过一个或者多个专家提供的知识和经验进行推理和判断，以解决需要专家做出决策的问题。专家系统一般没有算法解，经常要在不完整的信息基础上做出决定。

2）人工神经网络可对任意复杂的非线性函数进行充分逼近，能够学习不确定的系统的动态特性，能采用并行分布式处理算法快速计算。比较常用类型的人工神经网络有 BP 神经网络、RBF 神经网络、Hopfield 神经网络、Boltzmann 神经网络等等。

鉴于加工过程的多因素、时变性和非线性，工件表面粗糙度在线监测的重点是如何构建表面粗糙度与加工工况之间的关联，如何从众多的信号特征中提取出有用的特征，减少监测模型的数据冗余，提高监测的准确度。

2.2　工件表面粗糙度影响因素分析

铣削加工时，选取合适的切削参数可以让铣削加工的表面质量更高。工况的复杂性、时变性决定了很难用准确的数学模型描述加工参数和工况对工件表面粗糙度的影响。同时，刀具磨损水平的不同也对铣削加工表面粗糙度有较大的影响。因此，本节通过正交试验法研究各因素对表面粗糙度的影响，找出最优、最差加工因素水平。

2.2.1　正交试验设计

正交试验通过设计正交表来达到设计试验和分析数据的目的。正交表的设计原则是：在正交表的任何一列，每一个因素的每个水平数出现的次数相同；在任意的两个因素列之间，每个数对出现的次数相等。

使用正交表进行试验的步骤如下：

（1）明确试验的目的，确定考核的指标。

（2）挑选因素及选择因素的水平，确定因素的水平表。

（3）选用恰当的正交表格。

（4）将因素的水平数排入正交表，做试验，将试验数据填入正交表。

（5）对试验的结果进行分析。

依据正交试验法则，本试验设计了 4 因素 4 水平的方案。根据实际铣削加工的情况确定正交试验的各个因素的水平，综合考虑机床的性能以及工件、刀具的性能，在以下的切削参数下有较好的试验效果：主轴转速为 600～1 200r/min，铣削深度为 0.5～1.2mm，进给速度 10～25mm/min。

因此，选择主轴转速的水平分别为 600r/min，800r/min，1 000 r/min，1 200r/min；铣削深度的水平分别是 0.6mm，0.8mm，1.0mm，1.2mm；进给速度的水平分别是 10mm/min，15mm/min，20mm/min，25mm/min。为了减少机床的冲击现象、减少切削过程中刀具的磨损,本试验采取顺铣的铣削方式。

在铣削加工过程中,后刀面会与工件表面发生强烈的挤压摩擦,会造成刀具磨损,而衡量铣刀磨损的一个标准就是后刀面的磨损宽度VB。根据VB的大小范围定义所处的磨损阶段。$VB<0.1mm$时为初期磨损,在$0.1mm\sim0.5mm$时为正常磨损阶段,大于$0.5mm$时为严重磨损。

为了突出刀具磨损对铣削加工表面粗糙度的影响,限制其他因素的影响,各组试验的刀具直径、刀具类型、工件材料、走刀路线相同。因此,统一选用的直径为$\phi10$的HSS-AL型铣刀,选取4把磨损量VB分别为0.12mm,0.24mm,0.36mm,0.48mm的刀具。其中,第1把铣刀接近于初期磨损,第2,3把铣刀是正常磨损,第4把铣刀是接近于严重磨损。工件材料为45钢,工件尺寸为70mm×50mm×50mm,设计的走刀路线为沿着机床Y轴方向走直线。列出的因素水平表见表2-2。

表2-2　因素水平表

水平	因　素			
	主轴转速 A	铣削深度 B	进给速度 C	刀具磨损量(VB)D
	r/min	mm	mm/min	mm
1	600	0.6	10	0.12
2	800	0.8	15	0.24
3	1 000	1.0	20	0.36
4	1 200	1.2	25	0.48

由于选择正交表需要确定因素水平,此处依据表2-2所列的因素水平,选用正交表$L_{16}(4^5)$,省去一列空列,见表2-3。

表2-3　正交试验计划表

试验号	水平组合	因　素			
		主轴转速 A	铣削深度 B	进给速度 C	刀具磨损量(VB)D
		r/min	mm	mm/min	mm
1	1111	600	0.6	10	0.12
2	1222	600	0.8	15	0.24
3	1333	600	1.0	20	0.36
4	1444	600	1.2	25	0.48
5	2123	800	0.6	15	0.36
6	2214	800	0.8	10	0.48
7	2314	800	1.0	10	0.48
8	2423	800	1.2	15	0.36
9	3134	1 000	0.6	20	0.48
10	3243	1 000	0.8	25	0.36

续表

试验号	水平组合	因　素			
		主轴转速 A	铣削深度 B	进给速度 C	刀具磨损量(VB)D
		r/min	mm	mm/min	mm
11	3312	1 000	1.0	10	0.24
12	3421	1 000	1.2	15	0.12
13	4142	1 200	0.6	25	0.24
14	4231	1 200	0.8	20	0.12
15	4324	1 200	1.0	15	0.48
16	4413	1 200	1.2	10	0.36

　　根据正交试验表的安排采用各因素水平进行铣削加工,测量加工后的工件表面粗糙度。为了减少随机误差,对每组试验加工的表面粗糙度测量 10 次,取其均值,用来分析试验结果。10 次测量粗糙度的均值 Ra 和第 i 次测量粗糙度值 Ra_i 的关系为

$$Ra = \sum_{i=1}^{10} Ra_i / 10 \tag{2-1}$$

2.2.2　试验结果分析

试验结果见表 2-4～表 2-6。

表 2-4　各组铣削加工试验对应的表面粗糙度(一)

试验号	表面粗糙度				
	$Ra_1/\mu m$	$Ra_2/\mu m$	$Ra_3/\mu m$	$Ra_4/\mu m$	$Ra_5/\mu m$
1	1.716	1.845	1.337	1.380	1.509
2	3.430	2.781	2.933	5.520	4.035
3	2.145	1.750	2.198	1.698	1.892
4	2.197	2.149	3.121	3.470	2.243
5	1.562	1.511	1.526	1.646	1.566
6	2.544	2.085	2.396	3.531	2.406
7	3.334	3.250	2.800	2.958	3.458
8	2.875	3.659	5.613	2.594	3.009
9	5.210	4.016	3.423	4.156	1.309
10	1.817	2.003	2.380	1.562	2.588
11	4.362	2.968	3.198	3.320	3.230
12	2.919	3.549	2.301	3.002	4.453
13	2.590	2.377	2.718	2.308	2.971
14	2.514	2.842	2.337	2.339	2.084
15	3.800	3.443	4.732	4.257	4.810
16	1.117	1.310	1.088	1.059	0.876

表 2-5 各组铣削加工试验对应的表面粗糙度(二)

试验号	表面粗糙度				
	$Ra_6/\mu m$	$Ra_7/\mu m$	$Ra_8/\mu m$	$Ra_9/\mu m$	$Ra_{10}/\mu m$
1	1.525	1.177	1.541	1.581	1.515
2	2.840	4.019	2.602	3.694	3.353
3	2.440	1.770	1.937	1.905	1.969
4	4.150	1.982	2.088	2.397	3.612
5	1.406	1.654	1.396	1.342	1.661
6	4.267	2.410	2.130	2.711	2.731
7	2.918	2.734	3.213	2.913	2.767
8	3.976	3.336	2.868	3.473	3.539
9	1.414	3.835	3.571	3.734	3.789
10	1.985	1.750	2.050	2.180	2.478
11	4.311	2.570	3.491	3.270	3.169
12	3.252	4.622	1.726	3.024	3.664
13	2.950	2.716	2.672	2.632	2.588
14	2.524	1.903	2.180	3.007	2.032
15	3.660	3.166	4.605	3.561	3.636
16	1.094	0.939	0.942	0.939	1.185

表 2-6 各组铣削加工试验对应的表面粗糙度均值

试验号	因素				$Ra/\mu m$
	主轴转速 A	铣削深度 B	进给速度 C	刀具磨损量(VB)D	
	r/min	mm	mm/min	mm	
1	600	0.6	10	0.12	1.513
2	600	0.8	15	0.24	3.521
3	600	1.0	20	0.36	1.970
4	600	1.2	25	0.48	2.741
5	800	0.6	15	0.36	1.527
6	800	0.8	10	0.48	2.721
7	800	1.0	10	0.48	3.035
8	800	1.2	15	0.36	3.494
9	1 000	0.6	20	0.48	3.446
10	1 000	0.8	25	0.36	2.079
11	1 000	1.0	10	0.24	3.389
12	1 000	1.2	15	0.12	3.251

续表

试验号	因 素				$Ra/\mu m$
	主轴转速 A	铣削深度 B	进给速度 C	刀具磨损量(VB)D	
	r/min	mm	mm/min	mm	
13	1 200	0.6	25	0.24	2.652
14	1 200	0.8	20	0.12	2.376
15	1 200	1.0	15	0.48	3.967
16	1 200	1.2	10	0.36	1.055

极差分析法是一种直观的分析方法,它的优点是简单、形象、易懂。通过分析试验数据,可以计算出正交表内各元素对考察因素的影响。极差分析法的主要步骤包括:首先,确定同一因素的不同水平对试验指标的影响;其次,进行极差分析,确定各因素对试验指标的影响;最后,确定最佳的组合方案。

设 X 因素共有 k 个因素水平,其在第 i 水平下得到表面粗糙度的值为 k_{Xi},在第 i 水平下各组试验得到表面粗糙度的均值为 $\bar{k}_{Xi}$。则 X 因素的极差值为

$$R_X = \max(\bar{k}_{X1}, \bar{k}_{X2}, \cdots, \bar{y}_{Xk}) - \min(\bar{k}_{X1}, \bar{k}_{X2}, \cdots, \bar{y}_{Xk})$$

R_X 反映了 X 因素水平变化时对试验指标的影响大小,可以用来判断各因素对表面粗糙度影响的主次情况。R_X 的值越小,说明该因素对表面粗糙度的影响就越小,其重要程度就越小。R_X 的值越大,说明该因素对表面粗糙度的影响就越大,其重要程度就越大。

对于主轴转速这个因素来说,其在 1 水平内各组试验得到的表面粗糙度平均值最小,故因素 A 的 1 水平最优。同理,因素 A 的 3 水平最差。因素 A 在 3 水平内各组试验得到的表面粗糙度平均值与因素 A 在 1 水平内各组试验得到的表面粗糙度平均值之差为 A 因素对表面粗糙度的极差。同理求得因素 B,C,D 因素的最优、最差因素水平和极差。通过对比发现,D 因素对表面粗糙度的极差最大,说明 D 因素水平的变化对表面粗糙度的值影响最大。同理,得出影响表面粗糙度的其他主次因素。将各因素的最优水平组合在一起为最优因素水平组合,将各因素的最差水平组合在一起为最差因素水平组合。铣削 45 钢工件极差分析表见表 2-7。

表 2-7 铣削 45 钢工件极差分析表

因 素	i 水平各组试验粗糙度均值				极 差	优水平	差水平
	$\bar{k}_{X1}$	$\bar{k}_{X2}$	$\bar{k}_{X3}$	$\bar{k}_{X4}$	R_X		
主轴转速 A	2.436	2.694	3.041	2.513	0.605	A_1	A_3
铣削深度 B	2.285	2.674	3.090	2.635	0.805	B_1	B_3
进给速度 C	2.170	3.067	2.822	2.627	0.897	C_1	C_2
刀具磨损量 D	2.544	3.264	1.658	3.219	1.606	D_3	D_2
主次因素	D>C>B>A						
最差组合	$A_3 B_3 C_2 D_2$						
最优组合	$A_1 B_1 C_1 D_3$						

为了更加详细地研究主轴转速、铣削深度、进给速度、刀具磨损对表面粗糙度的影响,进一步比较极差,并通过图来描述因素和指标的关系。

对于直径确定的铣刀,主轴转速的大小决定了其铣削速度。主轴转速对表面粗糙度的影响如图2-1所示。在本试验的铣削过程中,由于试验机床的刚性偏小,随着切削速度的提高,机床的振动加剧,表面粗糙度增大;随着切削速度继续提高,被切屑带走的热量增多,传递到工件的热量减少,减少了零件的热变形,这时,切削力反而降低,切削过程更平稳,使表面粗糙度值稍微降低一些。

图2-2为铣削深度对表面粗糙度的影响,可以看出,随着铣削深度的增加,表面粗糙度先增大后减小。其原因是随着铣削深度的增大,走刀方向的力不均匀,机床的振动情况加剧,导致表面粗糙度增大。随着铣削深度继续增大,单位时间内排出的切屑增多,带走的热量也变多,使得工件的热变形减小,粗糙度值降低。

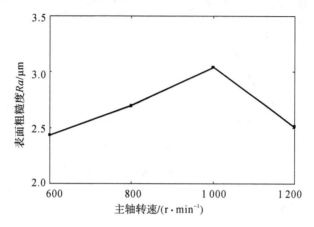

图2-1　主轴转速对表面粗糙度的影响

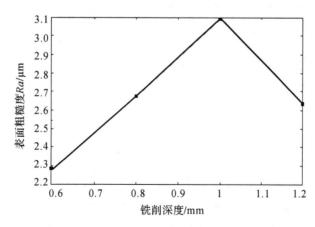

图2-2　铣削深度对表面粗糙度的影响

图2-3为进给速度对表面粗糙度的影响,随着进给速度的增大表面粗糙度先迅速增大,随后缓慢降低。可以理解为随着进给速度的增大,会出现一定的加工硬化现象,表面变硬,切削力变大,走刀不稳定,机床出现冲击现象,导致表面粗糙度的值迅速变大。随着进给速度继

续增大,单位时间内切屑增多,带走的热量多,工件表面的热变形减小,导致表面粗糙度的值缓慢变小。

从图2-4可以看出,随着刀具磨损量的上升,表面粗糙度呈现先缓慢上升,随后快速下降,接着又呈现迅速上升的趋势。这是由于采用新铣刀处在磨合期,后刀面可能会有不平或者微细裂纹等缺陷,但刃口锋利。此时,工件表面压力大而且温度高,工件表面有一定的热变形,表面粗糙度并不是最小的;随着磨损量的增加,进入正常磨损阶段,这时候加工的工件具有较低的表面粗糙度。随着刀具进入严重磨损的阶段,刀具的切削力和表面温度都迅速升高,加工时出现刺耳、尖锐的声音,工件表面粗糙度会快速上升,加工能力逐渐丧失。

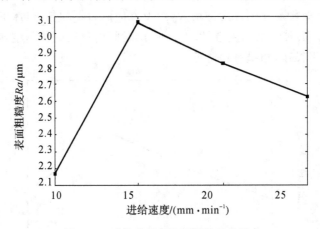

图2-3 进给速度对表面粗糙度的影响

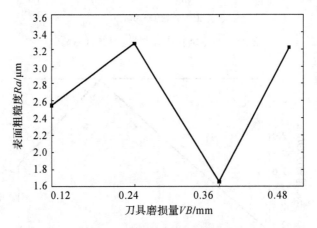

图2-4 刀具磨损量对表面粗糙度的影响

极差分析的结论:通过对正交表的分析,分析各因素对铣削加工45钢表面粗糙度的影响,得出影响从大到小依次是刀具磨损量、进给速度、铣削深度、主轴转速。刀具磨损对铣削工件表面粗糙度的影响比其他因素的影响大得多。

在本试验中,取较小的进给速度、铣削深度、主轴转速和正常磨损的刀具可以得到较低的表面粗糙度。即优选工艺方案为:进给速度为10mm/min、主轴转速为600r/min、铣削深度为0.6mm、刀具磨损量 VB 为0.36mm,差选工艺方案为:进给速度为15mm/min、主轴转速为

1 000r/min、铣削深度为1mm、刀具磨损量 VB 为 0.24mm。

2.3 切削力、振动信号特征的提取与分析

由于加工的最优因素水平、最差因素水平直接影响表面粗糙度,因此,本节汇总所有对最优因素水平、最差因素水平敏感的时域、频域、时频域特征,为冗余信号特征的压缩、加工状态与粗糙度监测模型的关联做准备。接下来,采用主成分分析法对信号特征可能存在的信息重叠、冗余现象进行压缩。

2.3.1 切削力、振动信号的采集

整个工件表面粗糙度监测系统要对加工过程的信号进行采集、分析和处理。本试验选择在先导C000031小型数控铣床上进行,考虑到切削力和振动对铣削加工表面粗糙度有着较大的影响,所以选择力传感器和振动传感器组合起来对表面粗糙度进行监测。

根据本试验选用机床的性能和试验环境综合考虑设定铣削加工试验主轴的最高转速为1 200r/min,刀具转动一圈需要的时间是 $t = 60/1\,200 = 0.05\text{s}$。铣削加工试验主轴的最低转速为600r/min,刀具转动一圈需要的时间是 $t = 60/600 = 0.1\text{s}$。

铣削平面时,刀具会有装夹误差,刀具每转动一圈,切削力、振动就会产生周期变化。切削力、振动和刀具转动一周的时间产生对应关系。信号的采集时长需大于主轴旋转一周的时间,才能将切削力、振动信号的周期性特征完整地描述出来。采样时间 $t_{\text{采}} \geqslant t$。

根据计算机的处理能力,设定切削力和振动信号的采样频率 $f = 10\text{kHz}$。采样个数为采样时间乘以采样频率,因此采样个数需大于1 000,为了达到更好的试验效果,本试验的采样个数取 10^5。

2.3.2 切削力、振动信号的分解

1. 信号的时域特征

时域特征描述信号随着时间的变化而变化的关系。常用的时域特征有均值、均方根、方差、总能量、概率密度、自相关性、互相关性、峭度、脉冲因子、波形因子峰值因数等。其中,后4个都是无量纲量。

均值表示信号的平均值或数学期望值,它主要表征随机信号变化的中心趋势。随着切削用量变化,铣削加工表面粗糙度的状态发生变化,传感器采集到的信号会发生变化,可以用均值来反映工件表面粗糙度的变化,有

$$\mu = \sum_{i=1}^{n} y_i \qquad (2-2)$$

式中,y_i 为信号的幅值;n 为信号采样点数。

信号的均方值也可以称作平均功率,可以有效表达信号的强度。其正平方根称为均方根,又叫有效值,也可以表征信号的平均能量。加工参数的不同会使监控信号有着不同的能量,可以作为工件表面粗糙度监测的一个特征,有

$$\varphi = \sqrt{\dfrac{\sum\limits_{i=1}^{n} y_i^2}{n}} \qquad (2-3)$$

信号的波动程度也是一种重要的时域特征,对于不同的加工参数,监测的波动程度也会呈现不同的状态。标准差可用于描述测量信号的波动程度,有

$$\sigma = \sqrt{\frac{1}{n}\sum_{i=1}^{n}(y_i - \bar{y})^2} \qquad (2-4)$$

式中,$\bar{y}$ 为信号的平均值。

2. 信号的频域特征

频谱分析是通过数学方法将时域描述变换为频域描述的方法。根据信号的性质以及变换方法的差异,有幅值谱、相位谱、功率谱以及幅值谱密度、相位谱密度、功率谱密度等。此处只介绍幅值谱。

幅值谱:在时域上的有限信号,收敛可积,其能量就有限。对这种信号进行傅里叶变换,得到时域、频域变换偶对,则有

$$y(\omega) = \int_{-\infty}^{\infty} y(t)\mathrm{e}^{-\mathrm{j}\omega t}\,\mathrm{d}t \qquad (2-5)$$

$$y(t) = \frac{1}{2\pi}\int_{-\infty}^{\infty} y(\omega)\mathrm{e}^{\mathrm{j}\omega t}\,\mathrm{d}\omega \qquad (2-6)$$

对式(2-5)和式(2-6)进行分析,信号可以分解成不同频率的正弦、余弦分量的组合。

3. 信号的小波和小波包分析

由不确定性原理可知,不可能使得信号在时域、频域上的精确度同时提高。时域上分辨率的提高必然会导致频域上分辨率的降低,反之也一样。而理想的傅里叶变换,只能观察信号在频域上的信息,在时域上的信息就会完全丢失。对于比较平稳的信号,傅里叶变换能够胜任分析要求。但是,铣削加工过程中,环境、机床刚性等都有可能造成信号的突变,傅里叶变换丢失了信号的时间信息,无法得知在什么时间发生了信号的突变,不适合处理非平稳信号。

小波分析方法正好能弥补傅里叶变换的不足,它具有时频分析一体化的优势,具有多分辨率分析的功能,适合对不平稳的突变信号进行分析。

4. 信号小波分解的多分辨率分析

在 Hilbert 空间上如果有满足于下列性质的一系列闭合子空间 $\{V_j\}_{j\in\mathbf{Z}}$,则称之为多分辨率分析:

嵌套性:$V_{j+1} \subseteq V_j$。

隔离性:$\bigcap_{j\in\mathbf{Z}} V_j = \{0\}$。

稠密性:$\bigcup_{j\in\mathbf{Z}} V_j = L^2(R)$。

伸缩规则性:$f(t) \in V_j \Leftrightarrow f(2^j t) \in V_0, j \in \mathbf{Z}$。

平移不变性:对所有的 $k \in \mathbf{Z}$ 存在 $f(t) \in V_0 \Rightarrow f(t+k) \in V_0$。

正交性:存在 $\eta \in V_0$,使得 $\{\eta(t-k)\}, k \in \mathbf{Z}$ 是 V_0 的标准正交基。

根据函数空间概念而引申出多分辨率分析的理论,为快速进行小波变换提供了依据。设离散采样信号 $f(m)$ 有 m 个采样点,$f(m) = c_0(m)$ 表示信号在尺度 $j=0$ 的值,则其离散二进小波变换为

$$\left.\begin{aligned}
c_{j+1}(m) &= \sum_{k\in\mathbf{Z}} h(k-2m)c_j(k) \\
d_{j+1}(m) &= \sum_{k\in\mathbf{Z}} g(k-2m)c_j(k)
\end{aligned}\right\} \qquad (2-7)$$

式中,$h(m)$ 和 $g(m)$ 是由小波函数确定的两列共轭滤波器系数:

尺度函数为

$$\psi(x) = \sum_{k \to -\infty}^{\infty} h(k)\psi(2x - k) \tag{2-8}$$

式中

$$h(k) = \left\langle \frac{\sqrt{2}}{2}\psi\left(\frac{x}{2}\right), \psi(x - k) \right\rangle \tag{2-9}$$

小波函数为

$$\varphi(x) = \sum_{k \to -\infty}^{\infty} g(k)\varphi(2x - k) \tag{2-10}$$

式中

$$g(k) = (-1)^k h(1 - k) \tag{2-11}$$

由式(2-7)、式(2-8)和式(2-10)可以看出,离散信号可以分解成细节部分和近似部分,而上一尺度的近似部分又可以分解为下一尺度的细节部分和近似部分,因此可以分解出从高频到低频的不同频段的信息。

为了将小波分解的多分辨率分析形象化,将一个信号进行 n 层多分辨分析,A 为信号分解的低频频段,D 为信号分解的高频频段。其结构如图 2-5 所示。可以看出,小波分解的多分辨率分析只是对低频部分做进一步的分解,并没有对高频部分进行分解。它对低频部分由远及近的进行放大,能将其更细微的细节特征展现出来。

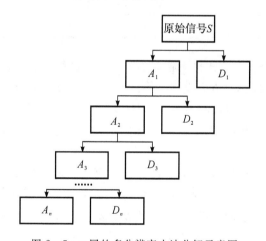

图 2-5 n 层的多分辨率小波分解示意图

2.3.3 切削力、振动信号的时域、频域特征分析

1. 切削力、振动信号的时域特征分析

时域的常用统计特征见表 2-8。

表 2-8　信号的时域统计特征值

信号的时域统计特征	最优因素水平组合	最差因素水平组合
X 方向切削力的均值	-0.119 1	0.157 7
Y 方向切削力的均值	-0.082 9	-0.323 0
Z 方向切削力的均值	0.249 8	-1.193 6
X 方向切削力的均方根	127.459 1	307.726 7
Y 方向切削力的均方根	142.392 6	404.394 8
Z 方向切削力的均方根	44.864 6	327.717 2
X 方向切削力的标准差	40.306 1	97.311 7
Y 方向切削力的标准差	45.028 6	127.880 9
Z 方向切削力的标准差	14.185 2	103.626 8
X 方向振动的均值	-3.979 0e-005	0.001 4
Y 方向振动的均值	-5.947 3e-005	-1.594 7e-005
Z 方向振动的均值	-1.865 2e-005	-1.697 7e-004
X 方向振动的均方根	3.132 1	10.437 9
Y 方向振动的均方根	8.069 2	23.641 4
Z 方向振动的均方根	5.158 4	21.659 4
X 方向振动的标准差	0.990 5	3.300 8
Y 方向振动的标准差	2.551 7	7.476 1
Z 方向振动的标准差	1.631 2	6.849 3

对最优因素水平和最差因素水平下铣削加工的信号进行时域分析,可以得出下述结论:

在不同因素水平下 X,Y,Z 方向上切削力的均值有正、负值的出现,说明切削加工受力十分复杂,与加工状态和加工参数都有关系,铣刀转动时作用于工件的分力并不稳定,所以产生的合力也不稳定,因此,合力在 X,Y,Z 轴上的投影不一定为正或者为负。振动信号也是如此。

在最差因素水平下三个方向切削力幅值大、波动剧烈,其均方根明显比在最优因素水平下的切削力均方根大得多。均方根反映了信号平均强度,可以很好地说明在最差的因素水平下,切削力的绝对值大,对工件表面挤压严重,工件表面粗糙度就大。在最差因素水平下,三个方向切削力的标准差明显比最优因素水平下的切削力标准差大得多,说明在差的因素水平下进行铣削加工时,切削力的波动水平更大,容易造成更强烈的冲击,从而造成工件表面质量很差。

分别采用最差因素水平和最优的因素水平进行铣削加工。采用前者切削参数进行加工时明显幅值偏大,三个方向振动信号的均方值和标准差比后者大,说明采用差的切削参数会导致振动强烈,不利于表面质量的提高。

由于 X,Y,Z 方向上切削力、振动的均方根、标准差特征对采用最差因素水平和最优的因素水平进行加工非常敏感,因此可以提取 X,Y,Z 方向上切削力、振动的均方根、标准差作为铣削加工表面粗糙度监测模型的特征。

2. 切削力、振动信号的频域特征分析

对信号进行时域分析时,尽管一些信号的时域参数相同,这些信号也不是完全相同的,因为信号不仅与时间有关,还与频率、相位信息有关。而频率、相位信息就是在信号的频域参数。因此,通过分析加工信号的频域特征,可以从另外一个角度分析信号的不同之处。

由于信号的采样频率设定为 10 kHz,根据奈奎斯特采样定理,其分析频率最大为 5 000 Hz。通过观察图 2-6~图 2-9 可以得出表 2-9 所列结论。

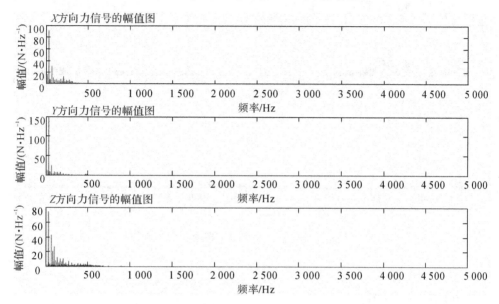

图 2-6 最差因素水平下 X,Y,Z 方向力的振幅谱

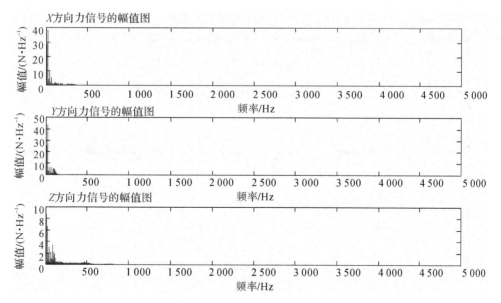

图 2-7 最优因素水平下 X,Y,Z 方向力的振幅谱

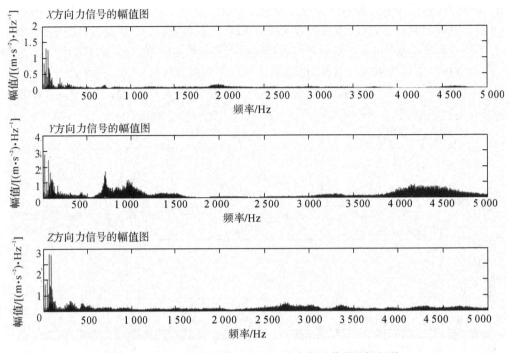

图 2-8　最差因素水平下 X,Y,Z 方向振动信号的振幅谱

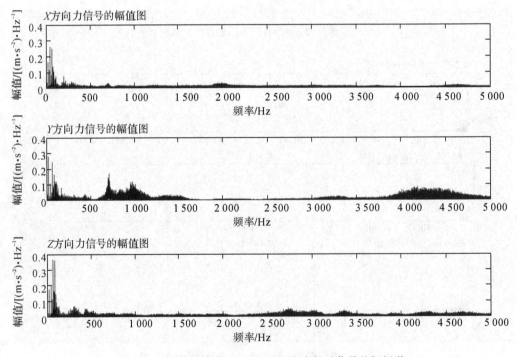

图 2-9　最优因素水平下 X,Y,Z 方向振动信号的振幅谱

表 2-9　信号频域分析的结论

信号类别	在最差因素水平组合下加工	在最优因素水平组合下加工	对比
X 方向力信号	X 方向力信号能量主要集中在 $0 \sim 500 \mathrm{Hz}$，在 $1\,200 \sim 2\,000 \mathrm{Hz}$ 上也有少量的能量，在 $35 \mathrm{Hz}$ 左右信号最强；Y 方向力信号能量主要集中在 $0 \sim 500 \mathrm{Hz}$，$700 \sim 1\,400 \mathrm{Hz}$，在 $35 \mathrm{Hz}$ 左右信号最强；Z 方向力信号能量主要集中在 $0 \sim 500 \mathrm{Hz}$，在 $35 \mathrm{Hz}$ 左右信号最强	X 方向力信号能量主要集中在 $0 \sim 400 \mathrm{Hz}$，在 $22 \mathrm{Hz}$ 左右信号最强；Y 方向力信号能量主要集中在 $0 \sim 200 \mathrm{Hz}$，在 $22 \mathrm{Hz}$ 左右信号最强；Z 方向力信号能量主要集中在 $0 \sim 800 \mathrm{Hz}$，在 $12 \mathrm{Hz}$ 左右信号最强	在 $0 \sim 500 \mathrm{Hz}$ 频段，采用最差因素水平下加工信号的幅值明显比采用最优因素水平下加工信号的幅值大、振动剧烈
Y 方向力信号			
Z 方向力信号			
X 方向振动信号	X 方向振动信号能量主要集中在 $0 \sim 500 \mathrm{Hz}$，在 $35 \mathrm{Hz}$ 左右信号最强；Y 方向力信号能量主要集中在 $0 \sim 200 \mathrm{Hz}$，在 $35 \mathrm{Hz}$ 左右信号最强；Z 方向力信号能量主要集中在 $0 \sim 600 \mathrm{Hz}$，$2\,500 \sim 3\,000 \mathrm{Hz}$，在 $75 \mathrm{Hz}$ 左右信号最强	X 方向振动信号能量主要集中在 $0 \sim 400 \mathrm{Hz}$，在 $44 \mathrm{Hz}$ 左右信号最强；Y 方向力信号能量主要集中在 $0 \sim 400 \mathrm{Hz}$，$700 \sim 1\,500 \mathrm{Hz}$，$4\,000 \sim 5\,000 \mathrm{Hz}$ 三个频段，在 $22 \mathrm{Hz}$ 左右信号最强；Z 方向力信号能量主要集中在 $0 \sim 1\,000 \mathrm{Hz}$，$2\,500 \sim 3\,000 \mathrm{Hz}$，在 $65 \mathrm{Hz}$ 左右信号最强	随着加工参数从最优因素水平到最差因素水平，在信号能量主要分布的 $0 \sim 500 \mathrm{Hz}$ 频段、幅值变大、能量增强，这说明差的加工参数会导致低频的机械振动加强

2.4　切削力、振动信号特征的降维与压缩

2.4.1　主成分分析的原理与步骤

1. 主成分分析原理

利用主成分分析，一个简单直观的二维空间分析示例如图 2-10 所示。

假定有两个变量 x_1，x_2，若有相关性，这两个变量所描述的信息有重叠的地方。这 m 个点在 X_1，X_2 方向上比较离散。分别可以通过计算变量 x_1，x_2 的方差定量地表示。很容易看出，如果只考虑 X_1 上或 X_2 上的信息，就会造成原有的点所描述信息的丢失。不难发现，在 Y_1 方向上，数据点之间的差距较大，在 Y_2 方向上，数据点之间的差距较小。若将原来的 $X_1 - X_2$ 坐标系逆时针转动 α 角度，定义新坐标系为 $Y_1 - Y_2$ 坐标系，这时原来的点 (x_1, x_2) 变换为 (y_1, y_2)，有

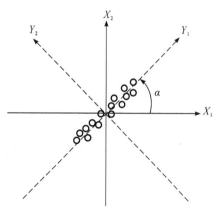

图 2-10　简单的变量压缩例子

$$\left.\begin{array}{l} y_1 = x_1 \cos\alpha + x_2 \sin\alpha \\ y_2 = x_2 \sin\alpha - x_1 \cos\alpha \end{array}\right\}$$

$$(2-12)$$

通过式(2-12)可以发现,旋转变换后,原始数据的大部分信息映射到了 y_1 上, y_2 上的信息几乎可以忽略,可以通过对 y_1 的分析来达到特征压缩的目的。

多个因素的情况也类似,只不过高维的情形无法直观地描述。其实质也是将多维的各个轴找出来,用含大多数数据信息的轴作为新的投影轴,从而完成降维。

对于 p 个 q 维向量的样本, q 维向量为 $\boldsymbol{X}_i = (X_{1i}, X_{2i}, \cdots, X_{qi})^{\mathrm{T}}$ $(i = 1, 2, \cdots, p)$, p 个样本为 $\boldsymbol{X} = (X_1, X_2, \cdots, X_p)$。

在这 p 个向量满足

$$\sum_{i=1}^{p} \boldsymbol{X}_i = \boldsymbol{0} \tag{2-13}$$

的情况下,求协方差矩阵:

$$\boldsymbol{K} = \frac{1}{p} \sum_{j=1}^{p} \boldsymbol{X}_j \boldsymbol{X}_j^{\mathrm{T}} \tag{2-14}$$

根据式(2-14)中的协方差矩阵,求特征方程

$$\boldsymbol{K}\partial = \eta\partial \tag{2-15}$$

式中, η 是协方差矩阵 $\boldsymbol{K}$ 的特征值; ∂ 是与特征值相对应的特征向量。将解出的特征值从大到小排列,并计算每个特征值占总特征值的比例以求其贡献率。

2. 主成分分析步骤

(1)对原始的特征向量进行零均值化和归一化。

原始向量为

$$\boldsymbol{X}_i = (X_{1i}, X_{2i}, \cdots, X_{qi})^{\mathrm{T}} \quad (i = 1, 2, \cdots, p) \tag{2-16}$$

$$\bar{X}_a = \frac{1}{p} \sum_{b=1}^{p} X_{ab} \tag{2-17}$$

$$\sigma_a = \sqrt{\frac{1}{p} \sum_{i=1}^{p} (X_{ai} - \bar{X}_a)^2} \quad (a = 1, 2, \cdots, q) \tag{2-18}$$

$$\widetilde{X}_{ai} = \frac{1}{\sigma_a} (X_{ai} - \bar{X}_a) \quad (i = 1, 2, \cdots, p) \tag{2-19}$$

由式(2-19)得

$$\widetilde{\boldsymbol{X}}_i = (\widetilde{X}_{1i}, \widetilde{X}_{2i}, \cdots, \widetilde{X}_{qi})^{\mathrm{T}} \tag{2-20}$$

(2)计算协方差矩阵

$$\boldsymbol{K} = \frac{1}{p} \sum_{j=1}^{p} \widetilde{\boldsymbol{X}}_j \widetilde{\boldsymbol{X}}_j^{\mathrm{T}} \tag{2-21}$$

(3)对协方差矩阵 $\boldsymbol{K}$,解特征方程,求出特征值及其对应的特征向量。将特征值按照 $\eta_1 \geqslant \eta_2 \geqslant \eta_3 \geqslant \cdots \geqslant \eta_q$ 的顺序排列,同时将其对应的特征向量排列。

(4)确定主成分个数。对于主成分分析,其思想就是采用尽可能少的主成分来描述尽可能多的原始因素的信息。定义第 n 个特征值的贡献率为

$$\lambda_n = \eta_n \Big/ \sum_{j=1}^{q} \eta_j \tag{2-22}$$

则前 n 个特征值的累积贡献率为

$$\lambda = \sum_{m=1}^{n} \eta_n \Big/ \sum_{j=1}^{q} \eta_j \tag{2-23}$$

　　一般并没有规定累计贡献率为多少表明原特征基本无损失。根据实际问题的需要,一般设定累积贡献率达到 85% 以上即可。以此选定压缩维数 R,既可以反映总体因素的大部分信息又可以达到减少因子数量的目的。

　　(5)对于前 R 个特征向量,进行标准化,其公式为

$$\tilde{\partial} = \frac{\partial}{\|\partial\|} \qquad\qquad (2-24)$$

将其作为压缩后新的投影轴。将零值化、归一化后的向量 $\tilde{\boldsymbol{X}}_i = (\tilde{X}_{1i}, \tilde{X}_{2i}, \cdots, \tilde{X}_{qi})^\mathrm{T}$ 投影到新的投影轴上,得到压缩后的新特征,各个坐标轴上的投影为各个主成分的得分。本节采用各个主成分的得分作为压缩后新的特征。

2.4.2　切削力、振动信号特征的降维

　　提取出最优因素水平和最差因素水平条件下进行加工时敏感的信号特征,并对这些特征进行编号,见表 2-10。

表 2-10　特征序号与特征名称对应表

特征序号	特征名称
1	X 方向切削力信号的均方根
2	X 方向切削力信号的标准差
3	Y 方向切削力信号的均方根
4	Y 方向切削力信号的标准差
5	Z 方向切削力信号的均方根
6	Z 方向切削力信号的标准差
7	X 方向振动信号的均方根
8	X 方向振动信号的标准差
9	Y 方向振动信号的均方根
10	Y 方向振动信号的标准差
11	Z 方向振动信号的均方根
12	Z 方向振动信号的标准差
13	Y 方向振动信号在 $0 \sim 625$ Hz 的能量占信号总能量的比例
14	Y 方向振动信号在 $2\,500 \sim 3\,125$ Hz 的能量占信号总能量的比例
15	Y 方向振动信号在 $3\,125 \sim 3\,750$ Hz 的能量占信号总能量的比例
16	Z 方向振动信号在 $0 \sim 625$ Hz 的能量占信号总能量的比例
17	Z 方向振动信号在 $2\,500 \sim 3\,125$ Hz 的能量占信号总能量的比例
18	Z 方向振动信号在 $3\,125 \sim 3\,750$ Hz 的能量占信号总能量的比例
19	Z 方向振动信号在 $3\,750 \sim 4\,375$ Hz 的能量占信号总能量的比例
20	Z 方向振动信号在 $4\,375 \sim 5\,000$ Hz 的能量占信号总能量的比例

　　本节一共做了 24 组试验,分别采用不同的切削因素水平及刀具磨损量的组合,进行切削

加工。将每一组试验对表面粗糙度敏感的特征求出(特征名称见表 2-10,为 12 个时域特征和 8 个时频域特征),再将这 24 组试验的 20 个信号特征进行主成分分析,主成分方差贡献、主成分得分系数矩阵见表 2-11 和表 2-12。

表 2-11　主成分分析方差贡献表

成分	特征值	贡献率/(%)	累积贡献率/(%)
1	9.147	45.734	45.734
2	4.865	24.325	70.058
3	2.370	11.851	81.909
4	1.112	5.561	87.471
5	0.920	4.598	92.069
6	0.531	2.655	94.724
7	0.325	1.625	96.348
8	0.276	1.382	97.730
9	0.218	1.091	98.822
10	0.116	0.580	99.402
11	0.064	0.319	99.720
12	0.044	0.220	99.940
13	0.007	0.034	99.974
14	0.005	0.026	100.000
15	1.053e−008	5.266e−008	100.000
16	2.115e−009	1.058e−008	100.000
17	5.901e−010	2.950e−009	100.000
18	8.229e−013	3.714e−012	100.000
19	5.167e−013	2.184e−012	100.000
20	2.180e−013	6.901e−013	100.000

从表 2-11 可以看出,提取了 4 个主成分,第一个主成分的特征值为 9.147,方差的贡献率为 45.734%。第二个主成分的特征值为 4.865,方差的贡献率为 24.325%。第三个主成分的特征值为 2.370,方差的贡献率为 11.851%。第四个主成分的特征值为 1.112,方差的贡献率为 5.561%。这四个主成分的累计方差贡献率达到了 87.471%,说明可以用 4 个主成分特征代替铣削加工中对表面粗糙度有影响的 20 个信号特征,而且保留了绝大部分的有用信息,极大地减少了铣削加工表面粗糙度在线监测模型的复杂度。

设第 i 个标准化的原始特征为 sx_i,第 j 个主成分对应第 k 个特征的得分系数为 C_{jk},而 t 个主成分得分为 nm_t,有

$$nm_t = \sum_{i=1}^{20} C_{ti}sx_i \qquad (2-25)$$

表 2-12　主成分得分系数矩阵

特征	成分				特征	成分			
	1	2	3	4		1	2	3	4
特征 1	0.088	0.098	0.005	0.196	特征 11	0.085	−0.122	0.014	−0.025
特征 2	0.088	0.098	0.005	0.196	特征 12	0.085	−0.122	0.014	−0.025
特征 3	0.086	0.115	−0.047	0.071	特征 13	−0.002	0.126	−0.154	−0.545
特征 4	0.086	0.115	−0.047	0.071	特征 14	−0.057	0.015	0.058	0.054
特征 5	0.091	0.082	−0.009	0.255	特征 15	−0.084	0.008	−0.024	0.259
特征 6	0.091	0.082	−0.009	0.255	特征 16	0.051	0.159	0.019	−0.318
特征 7	0.075	−0.137	0.079	−0.149	特征 17	−0.035	0.048	0.270	0.153
特征 8	0.075	−0.137	0.079	−0.149	特征 18	−0.019	0.077	0.353	0.021
特征 9	0.090	−0.107	0.050	0.024	特征 19	−0.074	−0.078	−0.150	0.366
特征 10	0.090	−0.107	0.050	0.024	特征 20	−0.023	0.029	0.389	−0.097

表 2-13 所列为各组试验 4 个主成分的得分，一共 24 组，将其与加工参数、刀具磨损量共同作为铣削加工表面粗糙度监测模型的输入。

表 2-13　主成分得分表

样本序号	主成分 1 得分	主成分 2 得分	主成分 3 得分	主成分 4 得分
1	−1.307	0.042	1.174	−0.471
2	0.824	0.513	0.989	0.185
3	−1.347	−0.484	−1.481	0.830
4	0.567	0.210	−0.624	−0.983
5	−1.931	−0.992	−1.249	1.885
6	−0.248	−0.245	0.234	1.208
7	0.198	0.384	−1.576	−1.921
8	0.770	0.477	0.257	−0.101
9	0.816	0.383	−0.934	0.102
10	−0.838	−0.199	−1.399	−0.908
11	0.351	0.224	0.402	−0.256
12	0.083	0.095	−0.761	−1.479
13	1.240	0.594	0.468	0.685
14	−0.405	−0.672	−0.585	1.229
15	1.963	−0.641	−0.011	1.421
16	1.181	−4.035	0.875	−1.270
17	−0.918	0.583	2.029	0.172

续表

样本序号	主成分1得分	主成分2得分	主成分3得分	主成分4得分
18	1.052	0.913	0.857	0.805
19	−0.976	0.490	0.476	−1.031
20	−1.032	0.007	1.600	0.283
21	−0.472	0.556	0.074	−1.188
22	−0.456	0.088	0.274	−0.566
23	1.342	1.083	−1.133	−0.031
24	0.287	0.626	0.044	−0.399

2.5　基于改进 BP 神经网络的表面粗糙度监测模型

2.5.1　BP 神经网络模型的建立与优化

1. BP 神经网络模型的建立

BP 神经网络是一种信息正向传播、误差反向传播的多层前馈型网络。相比于其他类型的神经网络,具有较强的泛化能力,可以保证对所需分类进行正确分类,在网络经过训练后,也能对未见过的模式或者被噪声污染的模式进行正确归类,具有很强的自学习和自适应能力,被选为铣削加工工件表面粗糙度的监测模型。

BP 神经网络的训练步骤如下:

(1)计算隐含层各个神经元的输出值。

(2)计算输出层各个神经元的输出值。

(3)根据实际输出、理想输出、误差函数分别计算输出层与隐含层、隐含层与输入层之间连接权值的修改量。

(4)调节各级神经元之间的权值,直至达到训练的精度要求。

由于本节监测的表面粗糙度值是大于零的,综合考虑 Sigmoid 函数具有较好的光滑性、鲁棒性,处处连续可导,求导的时候可以用自身的某种形式表示,收敛较快,因此本节采用 Sigmoid 型函数作为 BP 神经网络的激活函数。

根据 Kolmogorov 理论,任意的连续非线性函数可以被充分训练的三层 BP 神经网络所逼近,而且随着隐含层层数的增多网络会越复杂,甚至可能会出现过拟合现象,并不利于铣削加工表面粗糙度监测模型精度的提高。因此,本节铣削工件表面粗糙度监测模型采用三层 BP 神经网络,包括一个输入层、一个隐含层、一个输出层。

对于本节铣削工件表面粗糙度监测模型来说,以输入特征的个数作为输入层的神经元数目,将主轴转速、铣削深度、进给速度、刀具磨损量以及通过主成分分析法将信号特征压缩成的 4 个新特征作为监测模型的输入,一共 8 个输入神经元。由于构建铣削加工表面粗糙度监测模型是为了监测表面粗糙度的值,因此 BP 神经网络的输出神经元的个数为 1 个。

隐含层神经元数目的确定比较重要,不能过少也不能过多。少了可能会导致 BP 神经网络难以收敛；多了也会导致 BP 神经网络的泛化能力下降，学习时间很长，误差也不一定是最小。对于隐含层神经元数目的选择，并没有成熟的理论来指导，也没有恰当的解析式描述它，需要根据设计者或者前人的经验找到最优的隐含层单元数。两个设计隐含层单元数的经验公式为

$$\tau = \sqrt{\sigma + \rho} + a \qquad (2-26)$$

$$\tau = \log_2 \sigma \qquad (2-27)$$

式中，τ 为隐含层神经元数；σ 为输入神经元数；ρ 为输出神经元数；a 是在 1～10 之间的常数。

根据经验公式设计隐含层神经元的个数为 13。

因此，本节设计的铣削工件表面粗糙度监测模型的拓扑结构为 $8 \times 13 \times 1$。

2. 遗传算法优化 BP 神经网络模型

遗传算法是一种全局优化的概率算法，它的基本思想是模仿大自然中生物优胜劣汰的进化过程，具有较强的鲁棒性。它可以在可行解的集合里进行搜索，得到最优解和近似最优解，而且它不需要借助于先验的知识，只需要设定搜索的目标函数、适应度函数就能寻优。本节采用遗传算法优化 BP 神经网络的初始权值、阈值来进行寻优，其优化的流程如图 2-11 所示。

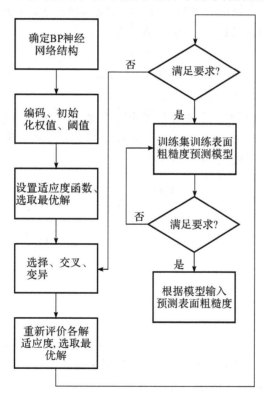

图 2-11　遗传算法优化 BP 神经网络流程

在构建完铣削工件表面粗糙度监测模型之后，就可以对铣削工件表面粗糙度进行监测了。由于遗传算法的鲁棒性较强，对编码的要求并不太高，一般满足非冗余性、健全性、完备性这 3 个原则即可。最常用的编码方式有二进制编码、实数编码、序列编码等。相对于二进制编码来说，实数编码运算速度快，而且对于特定优化问题，采用实数编码可能会有更好的效果。由于

本节构建铣削加工表面粗糙度监测模型,需要进行对 BP 神经网络的初始权值、阈值进行寻优,同时要尽可能地提高寻优效率,因此,选择实数编码的方式来编码。设 BP 神经网络的输入层、隐含层、输出层个数分别为 σ,τ,ρ,根据已经确定的 BP 神经网络的拓扑结构 $8\times13\times1$,对其权值、阈值进行编码为 $C = [v_{11},v_{12},\cdots,v_{\sigma\tau},\omega_{11},\omega_{12},\cdots,\omega_{\tau\rho},\theta_1,\theta_2,\cdots,\theta_\tau,q_1,q_2,\cdots,q_\rho]$。

多个编完码的个体就组成了一个种群,这时就需要设定种群的规模。遗传算法为了使一个群体不断地进化并形成新个体,一直在搜寻最优解,种群规模的设定会对其性能有着很大的影响。种群规模越小,会使搜索空间样本太少,使其在搜索过程中早早地收敛,找不到最优解。但是,过大的种群规模会使计算量过大,计算效率低下,一般取值为数十到数百之间,根据经验设计种群的规模为 200。

因为遗传算法是采用适者生存的学习规则,那么评价每一个个体的适应度就很有必要。一个个体的适应性强,它的生存能力就强,将编码上的输入层到隐含层之间的权值、隐含层到输出层之间的权值、隐含层的阈值、输出层的阈值赋值给 BP 神经网络,输入一个学习样本通过神经网络计算后会得到一个实际的输出。把期望输出和实际输出的误差平方和作为一个指标,希望遗传算法搜索输入层到隐含层之间的权值、隐含层到输出层之间的权值、隐含层的阈值、输出层的阈值时,神经网络的期望输出与实际输出的误差平方和最小。由于遗传算法寻优是沿着适应度增大的方向,可以设定适应度函数为

$$\text{Fit} = \text{es}^{-1/2} \tag{2-28}$$

式中,初始输出:$\mathbf{Z} = (z_1,z_2,\cdots,z_\rho)^T$;期望输出:$\mathbf{Z}_{期望} = (z'_1,z'_2,\cdots,z'_\rho)^T$;误差均方和为

$$\text{es} = (z_1-z'_1)^2 + (z_2-z'_2)^2 + \cdots + (z_\rho-z'_\rho)^2 \tag{2-29}$$

适应度函数确定后,计算种群中所有个体的适应度大小,并对其进行从大到小的排序,适应度大的个体被选择的概率大,适应度小的个体被选择的概率小。采用轮盘法选择进化的父体、母体。群体中第 k 个个体被选中的概率为

$$p_k = \text{Fit}(z_k)/\sum_{l=1}^N \text{Fit}(z_l) \tag{2-30}$$

式中,N 为种群的大小。

累计概率为

$$s_k = \sum_{l=1}^k p_l \quad k = 1,2,\cdots,N \tag{2-31}$$

在区间 $(0,1)$ 内随机产生从大到小的数列 z_k,若 $z_k \in (s_{k-1},s_k)$,则第 k 个个体被选中,成为进入下一代的个体。

将交叉方式设置为单点交叉,在父、母体上的第 m 位上以概率为 p_b 发生交叉操作,未交叉前第 j 代父体、母体的值分别为 $x_m(j),y_m(j)$,其交叉操作后父体、母体的值分别为 $x_m(j+1),y_m(j+1)$,这里 j 为遗传算法迭代的次数,有

$$\left.\begin{array}{l} x_m(j+1) = \alpha x_m(j) + (1-\beta)y_m(j) \\ y_m(j+1) = (1-\alpha)x_m(j) + \beta y_m(j) \end{array}\right\} \tag{2-32}$$

式中,α,β 分别表示在区间 $(0,1)$ 上生成的一个随机数。变异时采用非一致变异算子,使得在 j 较大时可以进行微小的调整,j 较小时可以进行大范围的搜索,可以使算法的收敛速度变得快一些。

在父体上的第 r 位以概率 p_r 发生变异操作,未变异前父体的值为 $x_r(j)$,变异后父体的值

为 $x_r(j+1)$。

$$x_r(j+1) = \begin{cases} x_r(j) + [x_r(j) - p_{\min}]\sin[\frac{\pi}{2}(\frac{j}{M}+2)] & \text{random 是奇数} \\ x_r(j) - [p_{\max} - x_r(j)]\sin[\frac{\pi}{2}(\frac{j}{M}+2)] & \text{random 为偶数} \end{cases} \quad (2-33)$$

式中，random 是随机产生的非负整数；$p_{\min}$，$p_{\max}$ 分别表示区间（$p_{\min}$，$p_{\max}$）的下限和上限值；M 为最大迭代次数。

为了使遗传算法有着较快的搜索速度同时要防止遗传算法可能出现的局部收敛或"早熟"的现象，交叉、变异概率设定的太大、太小都不好。经过多次试验，选定交叉概率为 0.9，变异概率为 0.6。

种群通过不断的进化，使得后代个体的平均适应度逐渐提升，但当达到一定的迭代次数时，种群的平均适应度基本上无明显变化，这时候，迭代过程就结束了。经过多次试验，一般 150 代以内遗传算法可以完成收敛。选取平均适应度最高的那一代中群里的优秀个体作为 BP 神经网络的初始权值、阈值。

对 BP 神经网络的初始权值、阈值进行优化后，就可以通过输入训练样本进行学习了。学习率设为 0.2，误差精度设为 0.001，直到达到误差精度要求时学习结束。这时，铣削工件表面粗糙度监测模型构建完毕。通过将测试样本输入到构建好的铣削工件表面粗糙度监测模型中，就可以对铣削工件表面粗糙度进行监测了。

2.5.2　工件表面粗糙度在线监测实例

为了对工件表面粗糙度模型进行训练和测试，一共做了 24 组铣削加工试验，分别采用不同的加工参数和刀具磨损状态组合，其加工参数和刀具磨损状态的设定见表 2-14。走刀路线的设定为沿着机床 y 轴方向走直线，加工的材料为 45 钢，刀具为 ϕ10mm 的 HSS-AL 型铣刀。由于主轴转速、铣削深度这两项的值远远大于其他项的值，为了防止"大数淹没小数"，将表 2-14 的值归一化。使用前 16 组作为训练样本，后 8 组作为测试样本。

表 2-14　表面粗糙度监测模型试验样本

样本号	因素水平				主成分得分				表面粗糙度 $Ra/\mu m$
	主轴转速	铣削深度	进给速度	刀具磨损量 VB	主成分1得分	主成分2得分	主成分3得分	主成分4得分	
	r/min	mm	mm/min	mm					
1	600	0.6	10	0.12	−1.307	0.042	1.174	−0.471	1.513
2	600	0.8	15	0.24	0.824	0.513	0.989	0.185	3.521
3	600	1.0	20	0.36	−1.347	−0.484	−1.481	0.830	1.970
4	600	1.2	25	0.48	0.567	0.210	−0.624	−0.983	2.741
5	800	0.6	15	0.36	−1.931	−0.992	−1.249	1.885	1.527
6	800	0.8	10	0.48	−0.248	−0.245	0.234	1.208	2.721
7	800	1.0	10	0.48	0.198	0.384	−1.576	−1.921	3.035
8	800	1.2	15	0.36	0.770	0.477	0.257	−0.101	3.494

续表

样本号	因素水平				主成分得分				表面粗糙度 $Ra/\mu m$
	主轴转速	铣削深度	进给速度	刀具磨损量 VB	主成分1得分	主成分2得分	主成分3得分	主成分4得分	
	r/min	mm	mm/min	mm					
9	1 000	0.6	20	0.48	0.816	0.383	−0.934	0.102	3.446
10	1 000	0.8	25	0.36	−0.838	−0.199	−1.399	−0.908	2.079
11	1 000	1.0	10	0.24	0.351	0.224	0.402	−0.256	3.389
12	1 000	1.2	15	0.12	0.083	0.095	−0.761	−1.479	3.251
13	1 200	0.6	25	0.24	1.240	0.594	0.468	0.685	2.652
14	1 200	0.8	20	0.12	−0.405	−0.672	−0.585	1.229	2.376
15	1 200	1.0	48	0.48	1.963	−0.641	−0.011	1.421	3.967
16	1 200	1.2	10	0.36	1.181	−4.035	0.875	−1.270	1.055
17	600	0.6	15	0.24	−0.918	0.583	2.029	0.172	2.935
18	800	0.6	20	0.48	1.052	0.913	0.857	0.805	3.319
19	600	0.8	10	0.12	−0.976	0.490	0.476	−1.031	2.126
20	800	0.6	15	0.36	−1.032	0.007	1.600	0.283	2.100
21	600	1	10	0.12	−0.472	0.556	0.074	−1.188	1.764
22	800	1	15	0.36	−0.456	0.088	0.274	−0.566	2.803
23	600	0.8	25	0.48	1.342	1.083	−1.133	−0.031	3.200
24	800	0.8	20	0.24	0.287	0.626	0.044	−0.399	2.743

在图 2-12 中,经过 50 多代的遗传,不论是群体平均适应度的值还是个体最佳适应度的值都已经趋于稳定,此时遗传算法基本完成对 BP 神经网络初始权值、阈值的优化。优化后的 BP 神经网络开始使用学习样本进行学习,学习后的 BP 神经网络就可以进行铣削加工表面粗糙度的监测了。图 2-13 为优化后的 BP 神经网络的训练误差图,很明显,此时表面粗糙度监测模型通过 6 步训练结束,误差均方值低于指定的 0.001,进入收敛的状态。可以看出,采用遗传算法优化的 BP 神经网络来构建铣削加工表面粗糙度模型,并采用主成分分析法将极少的主成分特征替代众多冗余的特征信号作为模型的输入,此时的训练速度是极快的。

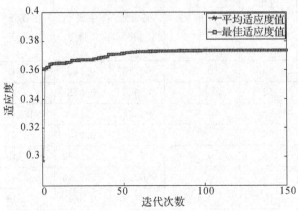

图 2-12 遗传算法优化 BP 神经网络时的适应度变化图

表 2-15 为铣削加工表面粗糙度模型的监测结果,为了验证粗糙度监测是否精确,采用相对误差水平来描述表面粗糙度监测的精确性。可见,8组测试样本只有1组不准确,相对误差较大,其他组都可以认为是准确的。铣削工件粗糙度监测模型的监测准确度达到了87.5%。

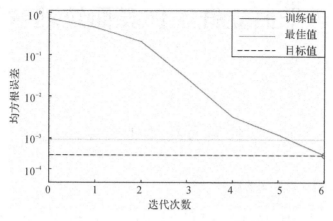

图 2-13　优化后的 BP 神经网络训练图

表 2-15　表面粗糙度监测模型监测效果表

样本号	监测值 $Ra/\mu m$	实测值 $Ra/\mu m$	相对误差/(%)
17	3.238	2.935	10.3
18	3.359	3.319	1.2
19	2.153	2.126	1.3
20	2.259	2.100	7.3
21	2.569	1.764	45.6
22	2.505	2.803	−10.6
23	3.060	3.200	−4.4
24	2.821	2.743	2.8

2.6　本章小结

　　本章主要研究工件表面粗糙度的影响因素和监测方法,提取铣削过程中对表面粗糙度敏感的力、振动信号的特征、刀具磨损量、切削参数,作为铣削工件表面粗糙度监测模型的输入向量。为了使表面粗糙度监测模型监测的速度加快,以便于此模型向实时监测的方向发展,应用主成分分析法压缩重叠、冗余的信号特征。为了使监测模型收敛,使用遗传算法对BP神经网络初始权值、阈值进行寻优。最终,成功地构建了铣削加工表面粗糙度监测模型。试验结果表明,铣削加工表面粗糙度监测精度可以达到87.5%。

第三章 平面立铣工件表面纹理在线监测

3.1 工件表面纹理在线监测概述

3.1.1 工件表面纹理监测的意义

工件表面纹理是指零件在加工过程中因诸多因素综合作用而残留在零件表面的各种不同形貌和尺寸的微观几何形态。加工生成的表面纹理对零件的配合性质、摩擦磨损和传动精度等机械性能影响较大,从而影响机器的性能和寿命。

表面纹理是切削中加工系统变量和切削参数对切削过程影响的综合结果。在机床切削过程中,表面纹理是对铣刀的几何参数(如齿数、螺旋角、悬伸量和铣刀角度等)、铣刀的切削参数(如进给量、切削深度、切削速度等)、铣刀的磨损程度、铣刀的装夹偏移等因素在加工中的作用结果的综合反映。对表面纹理的在线监测可以保证加工工件的合格率,更加节省成本。反之,如果对加工过程中的表面纹理不做监测,就有可能不能及时发现加工中的问题,造成表面纹理超出合格标准,甚至产生废品。可见,研究表面纹理监测技术对于指导切削加工、优化加工工艺参数、提高零件表面质量具有重要意义。

通常情况下,有经验的工程技术人员通过观察加工中的声音,切屑的形状、颜色和大小以及切削时间等因素来综合判断表面纹理的状态。但是,这种方法存在较大的主观性,且对技术人员的经验要求极高。因此,综合运用图像处理技术、信号处理技术、传感器技术和切削加工知识的表面纹理监测技术逐渐受到了国内外专家学者的重视。

3.1.2 工件表面纹理监测的常用方法

表面纹理图像可以直观地显示加工质量。通过纹理的二维图像可以看出纹理方向性、纹理疏密性、纹理周期性、纹理粗细性等信息。利用表面纹理图像特征可以快速、有效地进行表面纹理监测,排除安全隐患。例如,郑建明等学者建立了加工表面图像采集系统,利用工件表面纹理图像对加工刀具的磨损状态进行监测。朱海荣等基于计算机视觉技术对机械加工零件表面纹理缺陷进行自动监测。吴亚春等研究表面磨削表面纹理的特点,建立了磨削表面纹理监测系统。张建对纹理图像进行预处理,运用平均纹理周期法、灰度共生矩阵进行特征提取,以平均纹理周期、能量和熵值作为神经网路输入,采用神经网络对纹理状况进行分类。

可以看出,表面监测技术主要运用数字处理技术和模式识别技术对传感器采集到的信号进行一系列处理,然后间接监测工件的表面缺陷。但是,对于常规加工中的表面纹理特征缺乏监测能力。表面纹理监测相较于表面监测而言,可以直接获取工件表面纹理的信息。不足的地方是需要在离线的方式下进行,且主要面向车削加工,使用范围和使用方式受限。

3.2 表面纹理在线监测系统

3.2.1 平面立铣表面纹理影响因素分析

纹理是图像中难于描述的重要特征。通常,图像在局部区域内表现出来的不规则性,但在整体上表现出来的某种规律性被称为为纹理。

机械零件表面纹理是已经加工出来的零件的表面形貌。在正常的加工条件下可能产生的符合要求的纹理特征,在不正常的加工条件下加工可能产生不符合要求的纹理特征。在机械加工形成表面纹理过程中,刀具运动轨迹、主轴转速、切削速度等因素会对表面纹理产生不同的影响。比如车削结果一般为簧状结构,铣削结果一般为弧形或月牙形结构。不同的机械加工方法与纹理特征的对应关系见表3-1。

表 3-1 机械加工纹理特征对照表

纹理形式	样块加工方法	样块表面形式	表面纹理特征图
直纹理	圆周磨削	平 面 圆柱凸面	
	车	圆柱凸面	
	镗	圆柱凸面	
	平 铣	平 面	
	插	平 面	
	刨	平 面	
弧形纹理	端 铣	平 面	
	端 车	平 面	

续表

纹理形式	样块加工方法	样块表面形式	表面纹理特征图
交叉式 弧形纹理	端　铣	平　面	
	端　磨	平　面	

由表 3-1 可以看出,对于车、铣、刨等按照规定规程加工出来的金属表面,其表面纹理的方向和周期具有较强的规律性。对于非定向加工,比如研磨、抛光等,由于其磨粒分布情况比较随机和磨粒高度不一致,会造成其加工表面纹理不规则,从而使表面纹理呈现出随机性特点。可见,机械加工表面形貌是刀具和工件切削过程的直接反映,不仅与机床结构的动力学特性、刀具和工件的力学特性及材料等因素有关,还与采用何种加工方式和何种加工条件有关。

在平面立铣加工中,表面纹理受到切削速度、走刀行距、每齿进给量、刀具倾角、刀具悬伸量等的影响(见图 3-1)。比如,悬伸量过小会给槽类零件加工带来不便;悬伸量过大则会减小铣刀的刚度,使其在加工过程中容易出现振动影响加工质量。同样地,当切深较小,及刀具本身的变形也不大时,工件的几何因素如残余高度、裂缝等将会是影响加工表面最主要的因素;反之,当切深较大时,在某些情况下,加工表面最初的几何形貌可以被忽略掉,切削参数等成为主要的影响因素。

具体来说,影响平面立铣加工过程中形成表面纹理的因素主要有以下几方面:

(1)切削速度对表面纹理的影响。生产加工中大部分的加工采用的仍是低中速切削。在这种情况下,刀具负前角或负倒棱导致刀具的切削抗力增大,会导致机床振动的加剧,从而导致表面纹理粗糙。随着切削速度的增大,在一定的速度范围内,温度与铣削速度成正比,两者的提高综合作用导致了摩擦因数的下降。切削力也随之下降,使得引起表面纹理波动的塑性流动等因素的影响减小,此时表面纹理一致性较好。

此外,切削速度较低时,积屑瘤的出现和断裂及其对刀刃工作状态的影响次数较高速时多,表面纹理比较粗糙。

当切削速度高时,会出现激振,该频率远高于工件-机床-刀具工艺系统固有频率,会使切削过程平稳。但是,表面纹理并不是随着切削速度而直线变化的,当达到或者超过某一速度后,纹理将会在一个较小的量附近波动,而非继续下降。可以通过有节制地提高切削速度来改善表面纹理质量。

(2)加工倾角对表面纹理的影响。一般情况下,加工倾角对平面加工影响小。理想条件下,铣刀与加工表面呈 90°直角关系。但是对于球头铣刀而言,加工倾角也是对加工质量影响比较大的一个因素。尤其是在三维曲面加工中,有必要确定临界刀轴倾角和最佳的刀轴倾角。

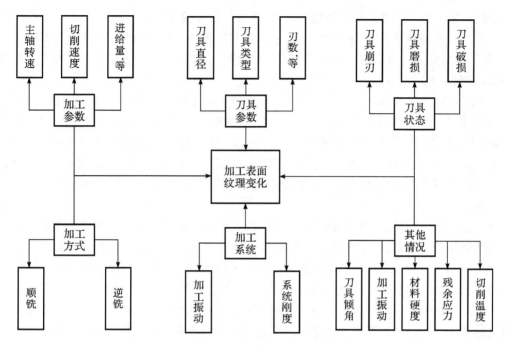

图 3-1 铣削表面纹理形成原因

当加工倾角很小时,球头铣刀刀刃与工件接触点的速度较低,会出现冷硬现象,有严重的刮擦挤压现象发生。此时,由于挤压现象,所以纹理峰值反而不大。

当加工倾角达到一定数值时,表面纹理质量最好。虽然端部不再参与切削,刀刃与工件接触处平均速度增大,切削力主要作用在刀具刚性较好的轴线方向使得切削平稳。当加工倾角继续增大时,表面纹理质量反而会恶化。此时产生的刀具挠曲变形,导致加工过程中产生的振动作用于表面质量。

(3)进给量对表面纹理的影响。单位时间内刀具相对于工件的进给速度称为进给量 f。铣削加工中常用每齿进给量 f_t,也就是在单位时间内铣刀每个切削刃相对于工件的进给速度。进给量与每齿进给量的关系为

$$f = f_t z n \qquad (3-1)$$

式中,n 为主轴转速;z 为铣刀齿数。

铣削进给量对于加工中的表面质量和加工效率都有重要作用。选择适当的进给量,对实际生产加工有着重要的指导意义,而不当的进给量会增大刀具磨损降低刀具的使用寿命,加剧表面纹理质量的恶化。

在切削速度和走刀行距不变的情况下,进给量成为影响表面纹理最主要的因素,而且两者呈现的是正相关。因此,可以通过减小进给量来改善已加工零件表面纹理质量。但是,减小进给量就会降低加工效率。可见,进给量对加工效率和加工表面的纹理质量有着重要影响。确定最佳的进给量对铣削加工特别是高速铣削加工有着重要的意义。

(4)振动对表面纹理的影响。切削加工中的振动可分为强迫振动和自激振动。振动的产生对表面纹理的影响是不容忽视的,它们会造成表面纹理规则性及均匀性的显著下降。一般而言振动是由切削力的径向分量过大或者工件系统的刚度较小造成的。强迫振动是由周期性

变化的外力造成的。如果没有周期性的外力,只由切削系统本身的切削力变化产生的振动称为自激振动。自激振动产生的原因很多,包括切削中各种力的变动、工件中突然出现的硬质点、鳞刺及积屑瘤的随时出现与消失等。刀具的磨损、崩刃等原因都会造成切削力的突变而引起振动,影响表面纹理形态。

(5)积屑瘤对表面纹理的影响。切屑在刀刃与工件之间的分离形式由切削速度决定的。当切速较低时,两者分离不彻底,容易形成鳞刺,进而衍生出积屑瘤。中速状态时,积屑瘤高度达到最大值,从而对表面质量产生影响。一方面,黏附在刀具上的积屑瘤的粗糙突出部分代替切削刃切入工件,会使已加工表面产生断断续续、深浅不一的刮花和沟纹。另一方面,积屑瘤在加工中会在破碎脱落时黏附在已加工表面,造成加工表面不该有的凸起,影响表面的光洁和工件质量。

(6)刀刃磨损和刀刃半径对表面纹理的影响。在铣削加工过程中,刀具磨损会造成工件与刀具的接触作用力增大,切削过程的稳定性变差,有发生颤振的可能。不稳定状态必然导致加工纹理的规则性变差。此外,刀具磨损后刀刃的钝圆半径将不断增大,使得切削区的温度升高,对表面有一定的灼烧作用。接触面积的增大也会造成表面纹理的划擦。

在上述诸多因素作用下零件的表面纹理逐渐形成,其中任何一个因素的变动都会引起纹理质量的变化。在切削加工中纹理按照形成的形式又可分为行距纹理和进给纹理,如图 3-2 所示。

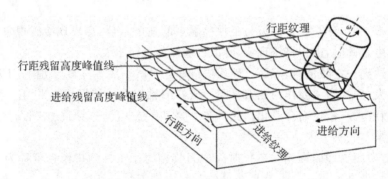

图 3-2 表面纹理形成示意图

由图 3-2 可以看出,表面纹理的形成除了与各种加工参数密切相关外,还与上次切削残留高度有关。通过试验可以观察到,在一次切削加工结束后,所生成的表面形貌在一定程度上仍反映出上次加工结束时所表现出来的纹理轮廓。

3.2.2 平面立铣表面纹理在线监测方案

在加工过程中,在工作台上对表面纹理和加工信号进行采集。采集到的力信号通过放大器、声发射信号通过信调仪之后,随同振动信号一起经过数据采集卡,到达计算机。其中,信号采集是系统的关键所在,对声发射、力和振动传感器的安装有严格要求。

(1)传感器的选取及安装。铣削加工中表面纹理的形成,是由铣刀不停地旋转切入、切出工件形成的。在切入工件时,会产生对所加工材料的弹塑性变形抗力,同时也有刀具对加工表面的摩擦力。随着刀具后刀面磨损量的增加,切削力也会发生较大变化,造成表面纹理的较大变化,因此对切削力信号监测是表面纹理监测的必备环节。

在切削力产生的同时,三个方向的切削力作用于工件表面,在进行加工的过程中必然会遇到刀具磨损、破损、断裂,工件材料的硬质点,不可避免会出现加工过程中的较大波动。即使在切削加工开始时,没有出现刀具或者工件方面的缺陷,仍然会有振动的产生,尤其是铣刀为多刃切削,其力和振动就会表现出一定的规律性和周期性。因此,对铣削过程中的振动加速度信号进行采集也是很有必要的。

刀具的破损,切屑的断裂,工件和刀具之间的摩擦等都会产生声发射现象。声发射信号不易受到外界干扰、响应快、灵敏度高。因此,本试验也采用声发射来采集信号。为了获得与表面纹理高度相关的信号信息,采用多传感同时对加工过程进行信号采集。传感器的安装位置如图3-3所示。

图3-3 传感器安装

(a)加速度传感器;(b)声发射传感器;(c)力传感器

(2)纹理的采集。除对加工中的声发射、切削力、振加速度信号进行监测外,还要建立纹理采集系统,对表面纹理的图像特征进行获取。如图3-4所示,获取表面纹理图像主要采用的是拍照方法,对于加工中的微小纹理采用的借助显微镜等设备的显微成像技术。

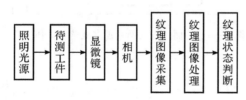

图3-4 纹理采集、处理流程

调整待测件的表面光线,在显微镜下对工件表面成倍数放大后进行拍照或摄像采集纹理图像信息,再通过图像处理方法提取纹理特征后进行纹理状态的判断、识别。

(3)多信息融合及数据分析。传感器信息融合或多传感器信息融合简称为信息融合,又称为数据融合。它通过对单个或多个信息源获取的数据进行综合、相关和关联分析,进行及时而全面的信息处理过程。信息融合技术的优点包括:获得更准确的目标信息,提高空间分辨力,提供稳定的工作性能,获得单个传感器不能获得的目标信息等。除了采用多种信号采集设备对信号进行采集,还需要借助图像处理的手段对纹理图像进行获取和处理,用采集到的声发射、力、振动信号辅助进行特征分析。因此,需要对采集到的信号以及获取的纹理特征进行数据分析。数据分析包括了统计、简单数学运算、平滑和滤波、基线和峰值分析和快速傅里叶变换(FFT)等方法。

综合上述分析,平面立铣表面纹理在线监测的总体方案如图3-5所示。

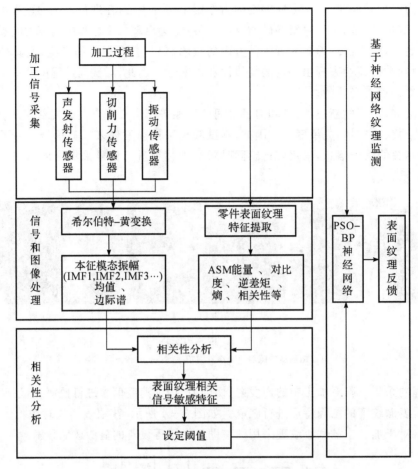

图 3-5 平面立铣表面纹理在线监测总体方案

3.3 立铣加工信号特征与表面纹理特征的提取

3.3.1 基于 EMD 的加工信号特征提取

在实际的切削加工过程中,存在着诸多随机、不可控因素,造成加工中出现非平稳非线性切削状况。实际上,采集到的振动、切削力和声发射信号都是非线性非平稳信号。在处理这类信号方面,传统的傅里叶变换、短时傅里叶变换、小波变换等信号处理方法存在以下不足。

(1)傅里叶变换在一定程度上只能处理线性非平稳信号,小波变换理论上虽然可以处理非线性非平稳信号,但它实际只能处理线性非平稳信号。

(2)不具有自适应性。傅里叶变换的基是三角函数,小波变换的基是小波基。如果选定了基函数,则必须用这种基函数来处理分析所有的数据。如果选定了分解尺度,得到的结果是在某一固定频率时段下的时域波形,只与信号的分解频率有关,而与信号本身无关,不能确切地反映出被分析信号的特性。

(3)根据 Heisenberg 测不准原理,时间窗口与频率窗口的乘积为一个常数。如果要提高频率精度就要牺牲时间精度,反之亦然。因此,不能在时间和频率上同时达到很高的精度。

(4)需要预先选择基函数。由于傅里叶变换的频率是全局性的,小波变换是区域性的,不能对信号局部特征进行精确分析。

希尔伯特-黄变换则不同于这些传统方法,它不受线性和平稳性的束缚,适用于处理非线性非平稳信号,能够自适应地产生"基",即由"筛选"过程产生的 IMF,不受 Heisenberg 测不准原理制约,可以在时间和频率同时达到很高的精度。借助 Hilbert 变换求得相位函数,再对相位函数求导产生瞬时频率,求出的瞬时频率是局部性的,对局部特征反映更为准确。刀具磨损是一个复杂的过程,需要对采集的信号进行局部的精确分析才能找出最为敏感和显著的特征。因此,希尔伯特-黄变换从很大程度上弥补了切削加工过程中传统信号分析方法的不足,使得它比传统的时频分析方法更优越。

Huang 等提出了本征模态函数(IMF)的概念,其中本征模态函数任意一点的瞬时频率都是有意义的。EMD 方法是假设任何信号由多个不同的本征模态函数(IMF)组成,每个 IMF 既可以是线性的,也可以是非线性的。这样,任何一个信号就可以分解为有限个 IMF 之和。

经验模态分解作为希尔伯特-黄变换的重要内容,是基于假设条件提出来的,具体如下:

(1)信号都是由一些不同的 IMF 分量组成,不管每个 IMF 分量描述性质如何,它们都具有相同数量的过零点和极值点,过零点之间相互独立,关于时间轴上、下包络线是局部对称的;

(2)可以通过微分、分解、再积分的方法补充数据中缺乏极值点的情况来获得 IMF;

(3)极值点之间的时间间隔可以用来确定信号的时间尺度。

依据上述假设,对任一信号进行可以进行 EMD 分解:

(1)根据本征模态函数的定义,利用三次样条插值函数连接所有局部极小值构成下包络,在上、下包络之间包含了所有数据。

(2)求出上述区域的平均值记作 m_1,定义分量 h_1 为采集到的原始信号与该均值 m_1 的差值,等式如下:

$$x(t) - m_1 = h_1 \qquad (3-2)$$

按照式(3-2)的规定,若 h_1 是一个本征模函数,h_1 表示第一个 IMF 分量。

(3)若 h_1 不是一个本征模函数,可以继续重复上述步骤(1)(2),此时 h_1 作为原始数据。这样做会得到另一个包络均值 m_{11},有 $h_{11} = h_1 - m_{11}$,此时再重复上述步骤,判断 IMF 的条件是否已经满足。若否,继续上述循环多次,得到 $h_{1(k-1)} - m_{1k} = h_{1k}$,若此时满足 IMF 条件,记 $c_1 = h_{1k}$。此时的 c_1 为信号 $x(t)$ 的第一个满足条件的值。

(4)从原信号中分离出来 c_1,有

$$r_1 = x(t) - c_1 \qquad (3-3)$$

对 r_1 重复步骤(1)~(4),得到 c_2,表示第二个满足 IMF 条件的分量,重复循环 k 次,得到 k 个满足条件的分量。有

$$\left. \begin{array}{l} r_1 - c_2 = r_2 \\ \cdots\cdots \\ r_{n-1} - c_n = r_n \end{array} \right\} \qquad (3-4)$$

直到 r_n 作为一个单调的曲线而不能再提取出满足上述要求的解时,循环结束。此时综合式(3-4),有

$$x(t) = \sum_{i=1}^{n} c_i + r_n \qquad (3-5)$$

式中,残余函数记作 r_n,表示了一种趋势。

  图 3-6 和图 3-7 为加工过程中信号 EMD 分解和原始信号的重构,因为 EMD 分解在原理上是完备的,因此将各个 IMF 以及余量求和便可得到完全一样的原始信号。除此之外,可以在信号的重构中发现,信号的几个高频分量叠加就可以反映与原始信号相同的一系列特征,并不需要将信号经 EMD 分解得到的所有 IMF 进行叠加。从图中就可以看出,当叠加到高频分量 IMF9 时,叠加信号基本上就与原始信号相同了。

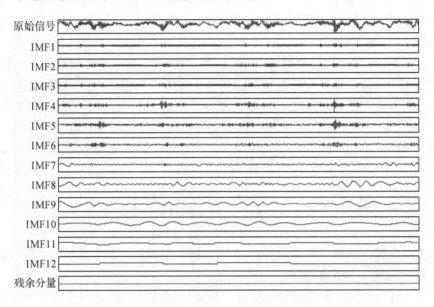

图 3-6　信号的分解

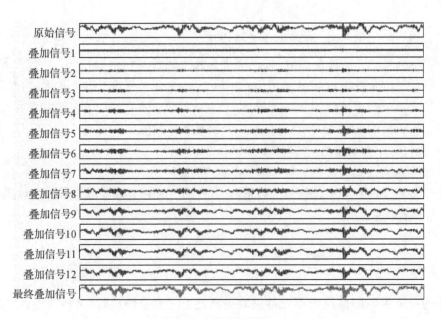

图 3-7　信号的重构

在平面立铣加工过程中，当四刃铣刀与工件接触时，采集的信号外形虽然呈现出周期性，如三向力信号波形接近于正弦波形，但这并不能说明信号就是按照正弦波规律变化的。从实际操作中采集到的波形可以看出，力信号上仍会出现非周期性的波动，在振动信号和声发射信号上这种特征更加明显。因此需要对加工中的信号进行筛选，获取其中的敏感特征以进行表面纹理监测。

EMD 的分解目的就是将切削加工中的信号分解为数个单分量信号。分解出来的这些分量，频率子空间之间不相互重叠且成分范围较窄，易于处理，组成成分"单纯"，并且这些单个分量的相互叠加后会复原出原始的切削信号。

通过 EMD 分解后，加工信号已经分解成为有限个 IMF 和一个残余变量，每个 IMF 都有各自的变化趋势和振幅，这些量都有各自的物理意义与之对应。除去那些与表面纹理无关的 IMF 分量，对 IMF 分别求其均值和标准差等特征。建立表面纹理特征与纹理特征量的映射关系，以此作为表面纹理监测的特征。

振幅均值表示为

$$\overline{E_{\mathrm{IMF}k}} = \frac{1}{n}\sum_{i=1}^{n}\left|c_k(i)\right| \tag{3-6}$$

振幅标准差表示为

$$\sigma(E_{\mathrm{IMF}k}) = \sqrt{\frac{1}{n}\sum_{i=1}^{n}\left[c_k(i)-\overline{E_{\mathrm{IMF}k}}\right]^2} \tag{3-7}$$

式中，c_k 为对切削信号进行 EMD 分解后固有模态函数的第 k 个分量；$\overline{E_{\mathrm{IMF}k}}$ 表示第 k 个固有模态分量的振幅均值；$\sigma(E_{\mathrm{IMF}k})$ 表示第 k 个固有模态分量的振幅标准差。随着加工参数的变化，不同的参数会造成 IMF 分量振幅均值和标准差的不同，同时参数的不同也会造成切削纹理的不同，不是所有的 IMF 分量都和刀具与工件的接触有关，所以在进行表面纹理的相关性分析中需要找出那些与之关系密切的 IMF 分量，可以利用变化明显的几个 $\overline{E_{\mathrm{IMF}k}}$，以及参考 $\sigma(E_{\mathrm{IMF}k})$ 来选择表面纹理的敏感特征。

3.3.2　基于灰度共生矩阵的表面纹理特征提取

在对信号进行处理的同时，也要对纹理图像进行分析处理和特征提取。本节采用灰度共生矩阵法对纹理图像进行处理。灰度在空间位置上反复出现形成纹理，可以通过研究灰度的空间相关特性来描述纹理，灰度共生矩阵（GLCM）是基于像素间空间关系的一种纹理特征统计方法，通过计算图像中特定像素在空间位置中出现的次数来刻画纹理。

设纹理图像垂直和水平方向上各有 $N_c \times N_r$ 个像元，每个像元出现的灰度量化为 N_g 层，设量化灰度层空间集 $G = \{1,2,\cdots,N_g\}$，水平空间域 $L_x = \{1,2,\cdots,N_c\}$，垂直空间域 $L_y = \{1,2,\cdots,N_r\}$，$L_x \times L_y$ 为纹理图像像元集，则纹理图像函数 f 可以表示为：指定每一个像元具有 N_g 个灰度层中的一个值 G，即 f 为 $L_x \times L_y \to G$。灰度共生矩阵定义为在图像域 $L_x \times L_y$ 范围内，两个相距为 d，方向为 θ 的像元在图像中出现的频率，即

$$G(i,j \mid d,\theta) = \{[(k,l),(m,n)] \in L_x \times L_y \mid d,\theta, \\ f(k,l)=i, f(m,n)=j\} \tag{3-8}$$

对铣削加工中的工件表面采用灰度共生矩阵进行纹理特征提取，通过灰度共生矩阵中可

以提取到的信息中含有纹理的间隔、变化幅度、灰度方向等信息。直观上看,若纹理由灰度值相似的像素块构成,则灰度共生矩阵的对角元素值较大,若其灰度值局部发生变化,偏离对角线的元素值较大。

通过灰度共生矩阵获取的纹理特征包括以下几类:

(1)ASM 能量(Angular Second Moment)

$$\text{ASM} = \sum_{i=1}^{k} \left[\sum_{j=1}^{k} G(i,j) \right]^2 \tag{3-9}$$

表示纹理灰度分布的均匀性,较粗的纹理能量矩较大,较细的纹理能量矩较小。

(2)逆差矩(Inverse Different Moment)

$$\text{IDM} = \sum_{i=1}^{k} \sum_{j=1}^{k} \frac{G(i,j)}{1+(i-j)^2} \tag{3-10}$$

反映图像纹理的局部同质性,表示纹理局部变化,如果逆差矩的值较大则说明纹理之间的变化幅度不大,纹理分布均匀。

(3)熵(Entropy)为

$$\text{ENT} = -\sum_{i=1}^{k} \sum_{j=1}^{k} G(i,j) \log_2 G(i,j) \tag{3-11}$$

如果图像几乎不可见纹理,熵值就会接近于零;如果图像上布满细纹理,熵值最大;在一定程度上,熵值与图像区域内的纹理数目成正相关。如果图像基本上是噪声或随机性很大,其灰度矩阵的分布比较均匀,此时熵值较大。熵反映了纹理的复杂程度和非均匀性。

(4)相关性(Correlation)为

$$\text{COR} = \sum_{i=1}^{k} \sum_{j=1}^{k} \frac{(ij)G(i,j) - u_i u_j}{s_i s_j} \tag{3-12}$$

其中

$$\left. \begin{aligned} u_i &= \sum_{i=1}^{k} \sum_{j=1}^{k} iG(i,j) \\ u_j &= \sum_{i=1}^{k} \sum_{j=1}^{k} jG(i,j) \\ s_i^2 &= \sum_{i=1}^{k} \sum_{j=1}^{k} G(i,j)(i-u_i)^2 \\ s_j^2 &= \sum_{i=1}^{k} \sum_{j=1}^{k} G(i,j)(i-u_j)^2 \end{aligned} \right\} \tag{3-13}$$

COR 表示纹理的一致性,相关性度量的是空间灰度共生矩阵元素行列方向的相似程度,当矩阵元素相差很大则相关值小,当元素表现的均匀相等时,相关值大。

(5)对比度(Contrast)

$$\text{CON} = \sum_{i=1}^{n} n^2 \{ \sum_{i=1}^{n} |i-j = nG(i,j) \} \tag{3-14}$$

表示纹理沟纹深浅的程度和图像的清晰度,纹理沟纹越深对比度越大,看起来越清晰;反之,对比度值小,看起来比较模糊。

在获取工件的表面纹理图像以后,对纹理图像分别提取五个特征值,包括其在 0°,45°,

90°,135°方向的值、均值和标准差。在利用灰度共生矩阵进行纹理分析时还需要考虑几个参数,即移动步长、移动方向和移动窗口的大小。合适的窗口对纹理分析很重要,小窗口用来表示细微纹理特征,大窗口用来表示粗糙纹理特征。本章研究的表面纹理机床转速为3 000~36 000r/min,正常加工铣削出来的表面纹理属于细微纹理,据此纹理分析窗口设计为2mm×2mm。借助显微设备,将局部纹理图像放大后得到的不同铣削参数试验下9组加工结果的表面纹理情况如图3-8和图3-9所示。

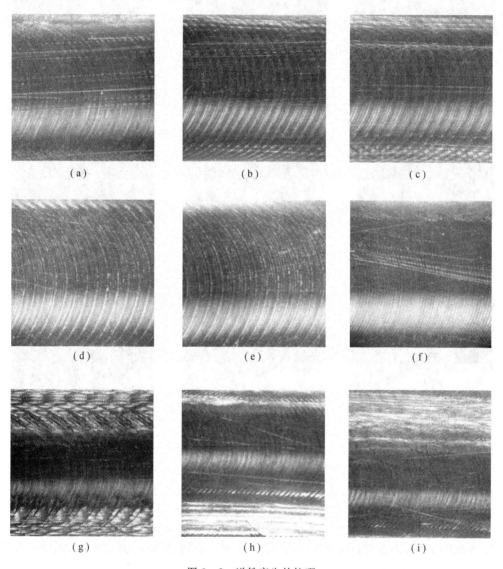

图3-8　逆铣产生的纹理

(a)Test1;(b)Test 2;(c)Test 3;(d)Test 4;(e)Test 5;(f)Test 6;(g)Test 7;(h)Test 8;(i)Test 9

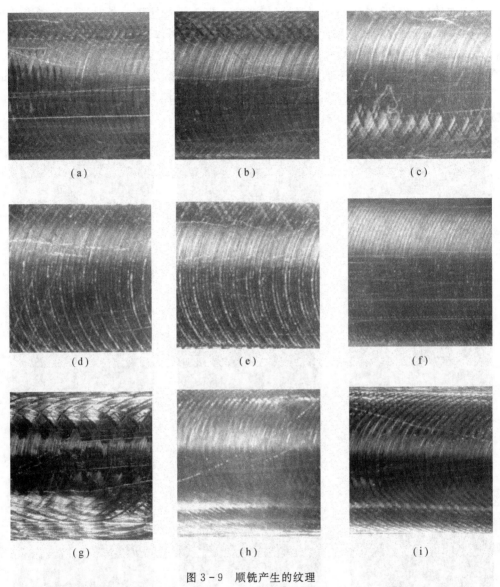

图 3-9　顺铣产生的纹理

(a)Test1;(b)Test 2;(c)Test 3;(d)Test 4;(e)Test 5;(f)Test 6;(g)Test 7;(h)Test 8;(i)Test 9

由图 3-8 和图 3-9 可以看出,在显微设备的放大作用下,工件表面纹理粗细和均匀程度变化反映的是切削加工中加工参数的变化。纹理的走向反映了工件加工方式是逆铣还是顺铣。由图 3-8 和图 3-9 可以大致看出,逆铣的纹理更加清晰一些,也可以利用特征提取来说明这一点,同时可以看出不同参数下的纹理分布不同。

3.3.3　信号特征与表面纹理特征的相关性分析

本试验中,纹理与信号之间的相关性主要指的是特征之间的相关性。由于需要处理的信号特征和纹理特征数据量较大,对两者进行线性相关性分析。线性相关研究变量间线性关系程度,判断规则见表 3-2。

表 3 - 2　相关性判断

相关系数	$|r|<0.3$	$0.3\leqslant|r|<0.5$	$0.5\leqslant|r|<0.8$	$|r|\geqslant0.8$	$|r|>0.95$
相关关系	不相关	低度相关	中度相关	高度相关	显著相关

注:若 $r<0$,变量间变化关系相反,表示负相关;$r=0$ 表示无线性相关关系。

在铣削金属表面时,铣刀刀刃与金属材料相互接触产生作用力与反作用力,此时金属表面形成加工纹理。同时,利用声发射、力、振动传感器采集信号。首先对表面纹理进行离散采样后,获取到表面纹理特征,然后通过纹理与信号在时间上的对应关系,找到出现此段纹理时的信号,利用信号用希尔伯特-黄变换进行特征提取,最后对两者进行相关性分析。

以振动传感器采集到的振动加速度信号为例来说明。因为铣削加工以平行于 X 轴的来回走刀来切削工件,对 X 向振动信号进行希尔伯特-黄变换提取信号特征的多个固有模态分量,对纹理进行图像特征提取,提取出包括能量、熵、惯性矩、相关性、逆差矩的五个纹理特征,对纹理特征进行相关性分析,见表 3 - 3。

表 3 - 3　振动信号与纹理特征的相关性

X 方向振动信号		相关特征值	相关情况
均值	IMF2	相关性	高度相关
	IMF3	能量	高度相关
		逆差矩	高度相关
最小值	IMF3	熵	高度相关
		惯性矩	中度相关

由表 3 - 3 可以看出,加工中的 X 向振动信号经过信号处理及相关性分析后,得到的与表面纹理关系密切的特征量有 IMF2,IMF3 的均值,ZMF2,ZMF3 的均值,IMF3 的最小值。这些特征与纹理特征的 5 个特征(能量、熵、惯性矩、相关性、逆差矩)之间存在相关关系。同时表面纹理监测需要给定一个参考标准,并与纹理特征的物理意义有对应关系,如图 3 - 10 所示。

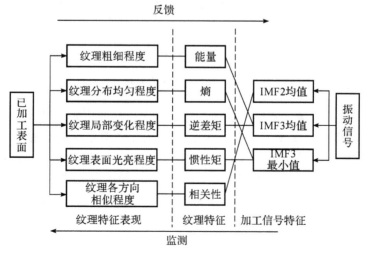

图 3 - 10　纹理信号关系连线图

由图 3-10 可以看出,已加工工件表面纹理的粗细程度、分布均匀程度、局部变化程度、表面光亮度、各方向相似程度分别与纹理特征能量、熵、逆差矩、惯性矩、相关性相对应;而纹理的这些特征值又与信号特征值均值的二阶、三阶固有模态分量、最小值的三阶固有模态分量相对应。将定性的表面纹理表现形式通过图像处理、信号处理等方式转换为定量的数字特征。

3.4　基于改进 BP 神经网络模型的平面立铣表面纹理监测模型

3.4.1　工件表面纹理监测的 BP 神经网络模型

本节选用三层 BP 神经网络进行表面纹理的监测。根据经验公式和研究的需要,将隐含层神经元的个数设定为 8 个。将通过相关性分析后提取的表面纹理的敏感信号特征作为输入,将表面纹理的正常与否作为输出结果。

如图 3-11 所示,对纹理状态的判断标准主要依据纹理的特征值,在铣削加工中对纹理的各个特征值设定相应的阈值,再对加工中的纹理特征进行提取,将提取出来的纹理特征与其相应的阈值进行比较。若各个特征值均小于阈值则表示纹理状态正常,输出为 0;若各特征值中至少有一个大于阈值则表示纹理状态异常,输出为 1。

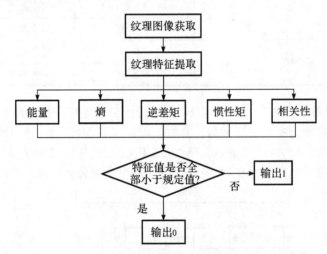

图 3-11　纹理是否异常判断流程

依据表面纹理监测系统的神经网络输入、输出和隐含层的选择,绘制表面纹理的监测系统的神经网络结构,如图 3-12 所示。图中各符号含义:振动信号的平均振幅(X_1)、IMF2 的平均振幅(X_2)、IMF3 的平均振幅(X_3),振动信号的最小振幅(X_4)、IMF3 的最小振幅(X_5)。

BP 神经网络算法是在 Delta 学习规则基础上,借助梯度搜索技术,实现网络输出的实际值与期望值均方差的最小化。学习过程是边向后传播边修正权值,其算法流程如图 3-13 所示。

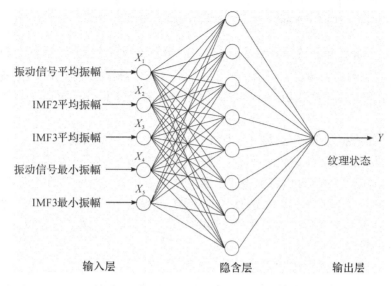

图 3-12　纹理监测系统神经网络结构

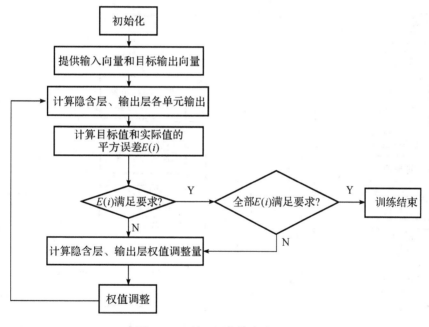

图 3-13　神经网络算法流程图

　　BP 神经网络理论基础严密,就理论而言只要其隐含层和隐节点数目足够多,它就可以逼近任何非线性关系,得到输入、输出向量的函数关系。此外,BP 神经网络自学习能力、自组织能力、自适应能力和容错能力都很强。

　　同时 BP 神经网络也具有不足之处。首先,就是时间上的问题,尤其是在大量样本训练中,收敛速度变得特别慢。其次,当 BP 神经网络是权值收敛于某一值时,不能保证全局性,而是造成局部极小值情况的不断出现。

3.4.2 粒子群算法对 BP 神经网络模型的改进

本节利用粒子群算法独特的共享信息机制对 BP 神经网络进行改进,同时粒子群算法具有隐含并行层。在搜索时,隐含层不是逐个进行,而是并行,提高了算法的效率,并减少了可能误判的局部极小值。将该算法引入 BP 网络优化网络的阈值和权值可以提高模型预测的准确性。

粒子群算法是将生物个体比拟为空间中的点,将个体对环境的适应能力表示为问题目标函数,将优胜劣汰过程类比为迭代过程形成的一种包含生成和检验的人工智能方法。

粒子群算法中每个粒子可以表示为几条运动规则。算法先对一群粒子进行初始化,通过迭代寻优。每迭代一次,粒子可以通过两个极值实现自我更新。第一个极值是粒子本身的最优解,第二个极值是全种群目前的最优解。如图 3-14 所示,算法流程包括以下几方面:

(1) 粒子种群的初始化。

(2) 对种群中粒子的适应度值进行计算。

(3) 对比种群中粒子的目前最优解所在位置与粒子的适应度值,若适应度较好,则成为最优位置,否则不做变化。

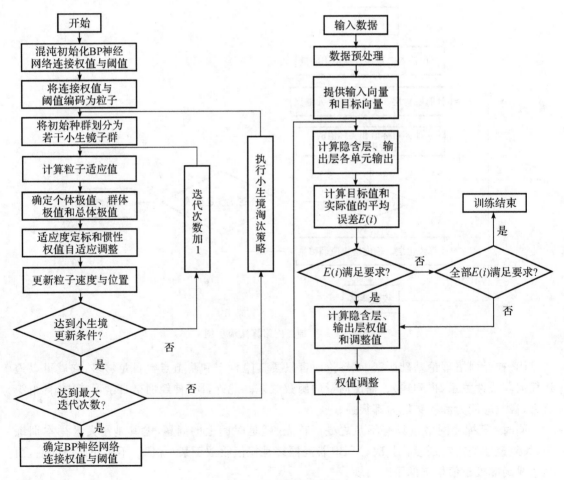

图 3-14 算法流程图

(4)对于种群中的粒子,将全局最优解所在位置与粒子的适应度值进行对比,判断方法同上。

(5)计算粒子的位置速度。

(6)当迭代足够多次或者符合适应值的要求后,停止;若否,回到(2)。

3.5 实例验证

对表面纹理进行监测的目的,是通过加工中的信号判断出表面纹理的所处的状态。试验分为两部分:一是相关性分析部分,通过信号图像处理的有关手段提取出加工信号与表面纹理存在关联的特征;二是表面纹理监测部分,建立表面纹理监测模型对纹理情况进行监测。

3.5.1 试验条件

试验所用工件为调制钢 45,90mm×80mm。其他试验条件见表 3-4。

表 3-4 试验条件

设备名称	型 号	特性备注
数控铣床	Carver PMS_A8	三轴,最大功率 10kW
刀具	ECO-BRGM-4E-D6	4 刃整体 HM 平头硬质合金立铣刀
加速度传感器	Kistler 8766A50	单轴±50g
力传感器	Kistler 9367C	三向拉压 F_z:60kN,F_x,F_y:-30 ~ 30kN
电荷放大器	Kistler 5073	—
数据采集卡	Dewe43A	8 通道,24 bit 分辨率,同步采样
计算机	—	Core i7 4770 16G
工具显微镜	CW0505	

试验平台如图 3-15 所示。

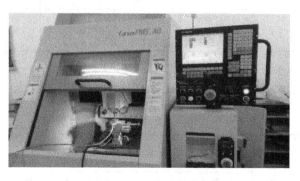

图 3-15 试验平台

3.5.2 试验方案

(1)相关性试验。在主轴转速 3 500r/min,铣削宽度 5mm,铣削深度 0.5mm,进给速度 6mm/min 的情况下,进行逆铣加工。对铣削表面纹理 50mm 长度方向在 CW0505 显微镜作用下进行等距离(间隔 10mm)图像采样,图像采样范围 2mm×2mm。提出图像特征的同时,对相同时间上的信号进行采样,并利用希尔伯特-黄变换进行信号的特征提取,获取该纹理段产生的信号特征。例如,X 向振动信号特征见表 3-5～表 3-9。

表 3-5　10mm 处 X 向振动信号特征

特征分量	振幅均方根		平均振幅		最小振幅		最大振幅	
	标准差	均　值	标准差	均　值	标准差	均　值	标准差	均　值
IMF1	4.285 9 e−004	0.001 1	−5.272 6 e−005	1.342 4 e−004	−5.887 3 e−004	0.003 0	0.001 3	0.003 4
IMF2	−9.766 8 e−005	6.828 8 e−004	1.821 4 e−006	5.127 2 e−005	5.214 0 e−004	0.002 6	3.672 3 e−004	0.001 6
IMF3	−7.157 2 e−004	00.001 8	1.239 7 e−004	2.473 7 e−004	0.003 6	0.007 1	−0.003 7	0.007 5
IMF4	0.006 0	0.002 7	−6.050 0 e−004	3.080 8 e−004	−0.019 2	0.008 4	0.018 0	0.008 8

表 3-6　20mm 处 X 向振动信号特征

特征分量	振幅均方根		平均振幅		最小振幅		最大振幅	
	标准差	均　值	标准差	均　值	标准差	均　值	标准差	均　值
IMF1	2.328 3 e−004	9.900 9 e−004	−4.650 9 e−005	1.067 1 e−004	−0.001 1	0.002 8	0.001 5	0.003 6
IMF2	−1.223 5 e−004	9.254 0 e−004	1.820 7 e−005	8.978 3 e−005	6.334 0 e−004	0.002 0	2.256 3 e−005	0.001 2
IMF3	−6.318 2 e−004	0.001 8	7.276 3 e−005	2.167 4 e−004	0.003 0	0.007 2	−0.001 4	0.003 6
IMF4	0.006 1	0.002 7	−5.676 4 e−004	2.499 6 e−004	−0.017 9	0.008 8	0.015 1	0.006 7

表 3-7　30mm 处 X 向振动信号特征

特征分量	振幅均方根		平均振幅		最小振幅		最大振幅	
	标准差	均　值	标准差	均　值	标准差	均　值	标准差	均　值
IMF1	4.184 2 e−004	0.001 1	−8.968 7 e−005	1.669 9 e−004	−4.127 4 e−004	0.002 4	6.842 5 e−004	0.002 2
IMF2	−2.404 4 e−004	9.844 1 e−004	1.956 4 e−005	6.489 5 e−005	1.967 0 e−004	0.002 0	−4.004 1 e−005	7.113 8 e−004

续表

特征分量	振幅均方根		平均振幅		最小振幅		最大振幅	
	标准差	均　值	标准差	均　值	标准差	均　值	标准差	均　值
IMF3	−7.267 3 e−004	00.002 2	9.871 4 e−005	2.183 8 e−004	7.046 6 e−004	0.003 4	−7.838 8 e−004	0.002 7
IMF4	0.005 8	0.002 6	−5.559 3 e−004	3.276 0 e−004	0.002 5	0.007 5	−0.002 0	0.006 1

图 3 - 8　40mm 处 X 向振动信号特征

特征分量	振幅均方根		平均振幅		最小振幅		最大振幅	
	标准差	均　值	标准差	均　值	标准差	均　值	标准差	均　值
IMF1	4.612 4 e−004	0.001 2	−3.516 9 e−005	9.842 5 e−005	−0.001 6	0.003 4	0.001 0	0.002 8
IMF2	−6.567 9 e−005	4.118 6 e−004	6.896 0 e−006	7.763 0 e−005	−2.758 2 e−004	7.059 3e −004	4.407 5 e−004	0.001 4
IMF3	−6.470 7 e−004	0.001 3	1.002 9 e−004	2.464 5 e−004	0.001 6	0.003 9	−1.447 6 e−005	9.924 5 e−004
IMF4	0.005 6	0.002 0	−6.045 4 e−004	3.051 9 e−004	−0.014 5	0.006 4	−0.001 2	0.003 3

表 3 - 9　50mm 处 X 向振动信号特征

特征分量	振幅均方根		平均振幅		最小振幅		最大振幅	
	标准差	均　值	标准差	均　值	标准差	均　值	标准差	均　值
IMF1	8.821 9 e−004	0.001 3	−3.663 1 e−005	9.521 6 e−005	−9.425 3 e−004	0.002 6	9.399 9 e−004	0.002 7
IMF2	−0.002 7	0.002 3	8.871 0 e−006	4.333 1 e−005	5.691 0 e−004	0.002 1	−3.302 3 e−004	0.001 6
IMF3	0	0	1.334 0 e−005	8.254 7 e−005	0.003 5	0.007 1	−2.590 1 e−004	0.002 3
IMF4	0	0	6.787 6 e−005	1.926 3 e−004	−0.018 5	0.008 7	−0.002 2	0.006 3

表 3-5～表 3-9 所列为加工中 X 向振动信号的特征提取。与力信号相比,振动信号含有更多的加工信息,X 正、负方向为铣刀的往复走刀方向,信号比较明显。

铣削工件表面纹理各特征值见表 3-10～表 3-14。

表 3 - 10　10mm 处表面纹理各特征值

各特征值	能　量	熵	惯性矩	相关性	逆差矩
0°方向	0.150 37	2.383 297	0.366 667	0.152 391	0.140 556
45°方向	0.101 966	2.726 892	3.061 728	0.033 72	0.079 794
90°方向	0.095 309	2.822 665	3.122 222	0.176 45	0.076 127
135°方向	0.105 319	2.756 86	3.283 951	0.092 466	0.084 153
平均值	0.113 241	2.672 429	2.458 642	0.113 757	0.095 158
标准差	0.025 1	0.196 861	1.397 801	0.063 985	0.030 443

表 3 - 11　20mm 处表面纹理各特征值

各特征值	能　量	熵	惯性矩	相关性	逆差矩
0°方向	0.112 346	2.513 853	0.266 667	0.470 601	0.107 531
45°方向	0.057 461	2.986 397	1.962 963	0.743 19	0.029 95
90°方向	0.058 519	2.943 085	1.766 667	− 0.09 266	0.031 79
135°方向	0.056 851	2.979 638	1.703 704	0.053 56	0.030 117
平均值	0.071 294	2.855 743	1.425	0.293 672	0.049 847
标准差	0.027 376	0.228 72	0.780 075	0.383 092	0.038 465

表 3 - 12　30mm 处表面纹理各特征值

各特征值	能　量	熵	惯性矩	相关性	逆差矩
0°方向	0.189 383	1.951 194	0.211 111	1.118 434	0.185 864
45°方向	0.123	2.253 467	1.407 407	1.611 179	0.070 569
90°方向	0.109 136	2.413 611	1.577 778	− 0.67 749	0.061 111
135°方向	0.110 501	2.408 984	1.666 667	− 0.428 2	0.060 219
平均值	0.133 005	2.256 814	1.215 741	0.405 981	0.094 441
标准差	0.038 099	0.216 915	0.678 337	1.129 875	0.061 129

表 3 - 13　40mm 处表面纹理各特征值

各特征值	能　量	熵	惯性矩	相关性	逆差矩
0°方向	0.132 593	2.331 525	0.266 667	0.490 713	0.128 519
45°方向	0.075 141	2.750 723	1.234 568	1.592 255	0.042 859
90°方向	0.080 988	2.681 539	1.166 667	− 0.889 12	0.045 444
135°方向	0.074 531	2.754 674	1.222 222	− 1.112 51	0.044 094
平均值	0.090 813	2.629 615	0.972 531	0.020 335	0.065 229
标准差	0.028 005	0.201 544	0.471 502	1.265 258	0.042 206

表 3-14　50mm 处表面纹理各特征值

各特征值	能　量	熵	惯性矩	相关性	逆差矩
0°方向	0.094 815	2.618 588	0.277 778	0.220 631	0.091 173
45°方向	0.049 23	3.164 56	2.419 753	0.236 203	0.026 011
90°方向	0.048 889	3.179 2	2.033 333	0.113 55	0.027 321
135°方向	0.053 498	3.063 581	1.864 198	0.074 774	0.030 407
平均值	0.061 608	3.006 482	1.648 765	0.161 29	0.043 728
标准差	0.022 237	0.263 655	0.943 103	0.079 367	0.031 684

利用相关性分析对提取的信号特征与纹理特征进行分析,得到与纹理特征最敏感的信号特征,分析结果见表 3-15。

表 3-15　纹理信号间相关系数

信号特征	纹理特征	相关系数
振动信号 IMF3 平均振幅	能量	0.791
振动信号 IMF3 最小振幅	熵	0.865
振动信号 IMF3 最小振幅	惯性矩	0.766
振动信号 IMF2 平均振幅	相关性	0.898
振动信号 IMF3 平均振幅	逆差矩	0.833

(2)正交试验。在铣削加工的过程中存在着多种因素制约着表面纹理的形成,包括切削参数、刀具参数、加工方式、刀具机床系统的刚度和工件材料等。为了了解上述因素是如何对切削过程产生影响的,需要对各个因素进行试验分析并保证其有效性。如果对每个因素进行单一因素的分析,那么势必会造成大量数据,花费大量时间处理数据,在试验设计中这种方法显然是不可行的。

根据正交试验表的原理及方法,采集不同表面纹理情况下对应的加工信号,进行主轴转速、进给量和切削深度的正交试验。试验因素水平见表 3-16。

表 3-16　试验因素水平表

	主轴转速 v_0/(r · min^{-1})	进给速度 f/(mm · min^{-1})	切削深度 a_p/mm
1	3 000	5	0.4
2	4 000	10	0.6
3	5 000	15	0.8

选取 $L_9(3^3)$ 标准正交表的前 3 列重排,进行 9 组试验(见表 3-17),分别采集不同表面纹理情况下的整个加工过程的加工信号。

表 3-17　正交试验表(取前三列)

试验号	$v_0/(\text{r} \cdot \text{min}^{-1})$	$f/(\text{mm} \cdot \text{min}^{-1})$	a_p/mm
1	3 000	5	0.4
2	4 000	10	0.4
3	5 000	15	0.4
4	3 000	10	0.6
5	4 000	15	0.6
6	5 000	5	0.6
7	3 000	15	0.8
8	4 000	5	0.8
9	5 000	10	0.8

正交试验步骤如下:

1)选择正交表中的加工参数,装夹刀具和工件,工件装夹前需要保证原始平面的光整,做试验前准备工作。

2)根据试验要求,声发射、切削力和振动加速度传感器被安装在工件的侧面和底面。

3)每组切削试验,采取平面往复走刀的方式进行加工,形成表面纹理的同时采集加工中的各种信号。

4)根据正交试验表,改变加工条件,再进行(1)~(3)步骤,直到完成正交试验表中规定的9组试验。由于每组的切削参数不同,加工中产生的振动信号不相同,表面纹理也不相同。每组试验往复切削提取 10 个区间的信号,共提取 90 个区间的信号,同时每组试验的纹理区域提取数也是 10 个,共提取 90 个区域的纹理,即总共需要对 180 组数据进行特征提取处理。

3.5.3　试验结果分析

本节对两种纹理异常进行监测:纹理粗细程度和纹理分布均匀程度。因为纹理的粗细程度和分布均匀程度只能直观上反映表面纹理的状况,需要利用纹理特征的方法来做出判断。纹理特征中的能量表示纹理的粗细程度,熵表示纹理的分布均匀程度。通过正交试验分别规定纹理能量和熵的阈值。若纹理特征在阈值以下,神经网络输出为 0,表示纹理正常;若纹理特征在超过阈值,神经网络输出为 1,表示纹理出现异常。

对于神经网络的输入,本节选取相关性分析中与表面纹理特征高度敏感的信号特征作为输入。

对于表面纹理粗细程度监测,第 3.3.2 节已经列出了 9 组试验在顺铣和逆铣情况下的纹理图像(见图 3-8 和图 3-9)。将对表面纹理信号敏感的信号特征进行数量级处理后作为输入变量。第 7 组试验的表面纹理粗细度和分布均匀度为异常情况,此时的纹理表现形式最为粗糙。通过纹理图像处理获取此时的能量特征均值 0.126 和熵特征值均值 3.467 作为纹理出现异常的阈值。当两个纹理的特征值均小于上述两个数值时,表示表面纹理正常,此时输出为 0;当两个特征值中至少有一个大于上述它们所设定的阈值时,表示纹理出现异常,此时输出为 1。

训练神经网络样本情况见表 3-18。

表 3-18　神经网络训练样本

序　号	输　入					实际状态
	X_1	X_2	X_3	X_4	X_5	
1	5.044 2	0.149 91	0.193 18	98.01	32	0
2	5.038 2	0.292 61	0.120 28	97.98	24	0
3	5.042 6	0.564 91	0.542 11	98.00	3.045 6	0
4	5.044 9	0.252 60	0.017 923	97.79	36	0
5	5.039 9	0.059 136	0.183 52	98.05	39	0
6	4.899 6	0.005 708	0.000 4	235.012 6	26.535	0
7	4.9	0.000 393	0.00	235.009 8	0.00	0
8	4.898 6	0.000 373 7	0	235.908	0.027 35	0
9	4.889 651	0.092 971 1	0.173 61	235.102	0.00	0
10	5.091 2	0.178 94	0.764 23	157.00	34	0
11	5.093 2	0.049 27	0.185 07	156.986	0.472 88	0
12	5.092 6	0.240 02	0.588 23	156.885	2.236 6	0
13	5.088 9	0.098 1	1.408 5	157.236	36	0
14	5.091 2	0.183 03	1.904	157.023	4.588 4	0
15	4.974 03	0.583 94	1.363 8	174.71	44.843	0
16	4.975 52	0.459 165	5.685	174.56	195.69	0
17	4.990 1	0.466 24	0.718 96	174.70	11.093	0
18	4.980 2	0.066 82	4.181 2	174.73	147.833	0
19	4.974 03	0.527 518	4.865 13	174.709	177.97	0
20	5.092 3	0.165 90	0.568 8	157.01	23.482	0
21	5.090 3	0.016 599	0.905 98	157.03	3.866 7	0
22	5.093 6	2.104 3	1.226 3	157.066	7.538 2	0
23	5.044 2	0.072 72	0.722 743	98.14	5.256	0
24	4.982 0	0.462 36	0.782 91	174.70	10.893	0
25	5.042 5	0.092 5	0.055 16	98.102	3.797 8	0
26	5.027 549	0.409 09	3.831	236.563	241.88	1
27	5.031 2	4.825	0.05	236.281	0.000 0	1
28	5.027 63	1.443 2	2.028	236.654	299.265	1
29	5.032 1	4.825 6	0.026	236.312	0.003 1	1
30	5.026 3	3.869 8	0.000 0	236.365	0.000 0	1

在测试阶段,将已经训练好的网络作为测试对象,进行新刀和工件装夹,在不同的切削条件下对加工状态进行振动信号采集,将信号的平均振幅,IMF2、IMF3 的平均振幅,信号的最小振幅,IMF3 的最小振幅进行数量级放大和统一去除正、负号后,作为输入,输出信号 0 或 1 表示纹理是否处于异常。

表面纹理实际状态及神经网络监测输出见表 3-19。

表 3-19 纹理状态及神经网络监测值

序 号	输 入					实际状态	模型输出
	X_1	X_2	X_3	X_4	X_5		
1	5.043 3	0.679 01	0.016 522	97.69	7.874 5	0	0.000 2
2	4.889 5	0.928 17	1.369 5	235.029 5	77.765 2	0	0.048 6
3	4.889 651	0.092 971 1	0.173 61	235.102	0.00	0	−0.001
4	5.091 2	0.033 71	0.770 12	157.05	35.129	0	0.001 5
5	4.980 21	0.006 372 2	0.580 8	174.25	46.247 62	0	−0.022
6	5.092 2	0.022 921	0.058 57	157.62	11	0	0.001 5
7	4.990 2	0.078 82	4.201 2	174.68	147.326	0	0.002 2
8	5.03	3.823 8	0.000 0	236.465	0.000 0	1	0.990 9
9	5.026 6	3.821 2	0.000 0	236.635	0.000 0	1	0.990 7
10	5.027 53	1.442 6	2.018	236.60	299.56	1	1.000 7

由神经网络的输出可见,基于粒子群改进的 BP 神经网络基本可以实现对表面纹理的监测,尤其是对表面纹理异常的监测,具有较高的可靠性和准确性。

3.6 本章小结

本章介绍了对加工表面纹理的研究。首先,采集加工中的声发射信号、切削力信号、振动加速度信号,利用希尔伯特-黄变换对加工中的信号进行特征提取,获取信号特征。同时利用显微设备对加工表面纹理进行获取,通过灰度特征矩阵获取表面纹理的相关特征。然后,利用相关性分析的方法,对纹理特征与信号特征进行相关性分析,找到能够表征纹理关系的信号特征。最后,建立基于粒子群改进的 BP 神经网络的表面纹理监测系统,将与纹理特征关系密切的信号特征作为该神经网络的输入,网络的输出为纹理是否异常。试验结果表明,表面纹理异常监测准确、可靠。

第四章 基于机器学习的铣削刀具磨损在线监测

4.1 刀具磨损监测概述

4.1.1 刀具磨损监测的意义

刀具是切削加工直接的执行者。刀具磨损加重将导致切削力增加、工件表面粗糙度增大、工件尺寸超出公差要求,甚至导致加工停止,使得切削效率降低。为了及时发现刀具的磨损状态,工程技术人员利用切削声音、切屑颜色、切削时间等来做出综合判断。这种方法对技术人员经验要求非常高,人为主观性较强。

现代制造业正在向智能化、无人化的方向发展。在这种趋势下,刀具状态监测(Tool Condition Monitoring,TCM)技术越来越受到关注,成为实现切削过程自动化、少人化或无人化的重要技术保证。通过多学科交叉和融合,刀具状态监测技术可以及时掌握刀具磨损状态,对于提高加工质量和工件的表面精度,以及提高产品经济效益、节省加工时间等有重要而深远的意义。据统计,准确而可靠的刀具状态监测系统(TCM)可以避免由于各种因素造成的75%的停机时间,提高10%~60%的生产率,节省10%~40%的生产成本。

4.1.2 刀具磨损机理

在切削加工时,造成刀具失效的主要原因是在切削力和切削温度作用下由机械摩擦、黏着、化学磨损、崩刃、破碎以及塑性变形等引起的磨损与破损。磨损是刀具在切削加工过程最常见和不可避免的物理现象。刀具磨损是一个主要由力学作用引起、包括物理和化学的作用的复杂过程。刀具磨损过程一般分为三个阶段,如图4-1所示。

初期磨损阶段:这一阶段磨损速度较快。这是因为新切削刃锋利,后刀面与加工表面接触面积较小,大部分压应力都集中在刃口,切削温度较高,所以容易磨损。同时,

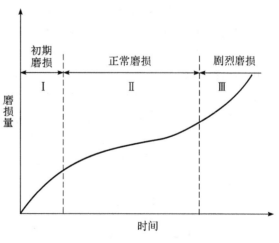

图4-1 典型磨损过程

刀刃上的凹凸不平之处、极其微小的显微裂纹、氧化和脱碳层等一些缺陷也加剧了刀具磨损。

正常磨损阶段：经磨合的摩擦表面加工硬化，形成稳定的表面粗糙度，摩擦条件保持相对稳定，磨损较缓。

剧烈磨损阶段：经过正常磨损后，由于零件表面的破坏，润滑状况的恶劣，从而使加工过程中刀具的切削温度增高，磨损加剧，最终导致刀具失效。

刀具磨损形态中最典型的为三种磨损，即前刀面月牙洼磨损、后刀面磨损和边界磨损等，如图4-2所示。

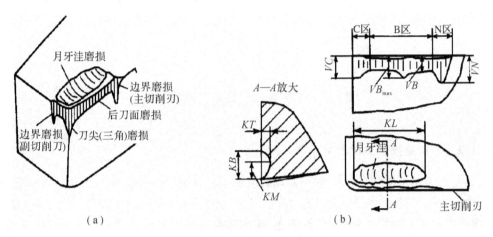

图4-2 常见的刀具磨损形态
(a)刀具磨损类型；(b)刀具磨损测量

(1)前刀面月牙洼磨损。刀-屑间的摩擦状况直接决定着切屑的形状和刀具的磨损。随着刀具主轴转速的提高和背吃刀量的增大，刀具与切屑间的摩擦状态将由滑动转向黏结。黏结一旦形成，刀具切削区域的温度会逐渐升高，刀具的表层会因热活性的作用发生局部的氧化并快速扩散至其他区域，从而引起前刀面的月牙洼磨损。因此，热磨损是造成月牙洼磨损的最主要原因。研究证明，当月牙洼与切削刃之间有一条小的棱边时，切削温度的最高点并不在刀刃上。随着月牙洼磨损深度 KT 和宽度 KB 的不断增大，切削刃极易破损。

(2)后刀面磨损。磨粒磨损和机械摩擦通常是由刀具与工件之间强烈的挤压和摩擦造成的，发生的部位是刀具后刀面，这也是通常所说的后刀面磨损。因此，造成后刀面磨损的主要原因是机械磨损，它会导致切削区域温度升高，切削力增大，数控机床颤振以及加工表面精度降低等。通常，将后刀面上均匀磨损区宽度 VB 值定义为刀具的磨损度量值。

(3)边界磨损。当切削工件材料为钢料时，常在刀具主切削刃靠近工件外表面处及副切削刃靠近刀尖处，磨损出较深的沟纹。热磨损是造成主切削刃边界磨损的主要原因。除此之外，加工硬化常使靠近刀尖部分的副切削刃处的切削深度减小甚至为零，这将会引起部分切削发生打滑现象，促使副后刀面的区域发生边界磨损。类似地，当加工铸、锻件等外表面比较粗糙的工件时，也常常发生边界磨损。

4.1.3 刀具磨损监测常用方法

按照测量的方法不同，刀具磨损监测可分为直接监测法和间接监测法。

(1)直接监测法：通过工具显微镜等仪器测量刀具的形状和质量的变化来判断刀具磨损状

态的变化。但该方法只能用于停机时对刀具的检测，不能满足加工过程中在线监测的需求，而且设备的投入成本较高。常用的直接检测方法有电阻测量法、刀具工件间距离测量法、放电电流测量法、光学测量法、微结构镀层法等。

(2)间接监测法：间接法是利用各类传感器采集切削加工过程中产生的与刀具状态有内在联系的各种信号，如力、温度、功率、振动及噪声等。因此通过监测切削过程中的各种信号，就可以间接地推断出刀具的磨损状态。间接测量方法具有不影响加工过程，可以连续监测加工过程的优点，为刀具的在线监测提供了条件。间接监测法的关键是如何从各种信号中有效地提取出反映刀具状态的特征并加以识别。由于加工过程的复杂性，很难找到一个适合各种环境和工况的特征量。目前的研究多集中于切削力法、声发射法和振动法等。

1)切削力监测：切削力信号是切削加工过程中最直接和可靠的信号，它所包含的信息与刀具的磨损息息相关。切削力监测技术在刀具磨损中的应用最为普遍，同时也是一种最具有优势的研究方法。

2)声发射监测：声发射是一种物理现象，是指固体材料在破裂、变形和相位改变时迅速释放应变能从而产生的一种弹性应力波现象。在金属的切削过程中，切屑的塑性变形，工件的材料变形，刀具与切屑的摩擦，已加工表面和刀具后刀面的摩擦，切屑破裂和刀具的破损，第一、二剪切区塑性变形等物理现象都会引发声发射现象。因此，声发射与机床切削过程中的刀具材料、刀具参数、工件材料、切削参数等有着密切的相关性。

3)振动监测：在机床的切削加工过程中，振动的产生是由于磨损的刀刃部与工件的侧面摩擦而产生不同频率的振动。切削中采集到的振动信号所包含的信息与刀具磨损状态密切，并且与切削系统本身的一些动态特性有着密切的相关性。

4)功率测量法：通过测定主轴上负荷功率或者电流电压之间的相位差及电流波形的变化来确定切削过程中刀具是否严重磨损或者破损。该方法的优点是信号监测方便，可以避免切削环境中油、烟、切屑及振动等因素的干扰，同时也易于安装。

5)切削温度测量法：切削热是金属切削加工过程中的一个最为普遍的物理现象，切削时刀具的磨损和破损将会导致切削温度瞬间升高。

除以上几种常见的间接监测刀具磨损的方法外，还有刀具与工件接触电阻测量法、工件表面粗糙度测量法、电流信号测量法、热电压测量法等。由于各种方法都有其优缺点，适用的范围也不尽相同，因此在实际工程应用中应根据加工条件、加工参数、加工精度等一些具体的情况而选用最适当的方法。

4.2　刀具磨损监测方案

刀具的磨损制约机床加工过程自动化及产品质量，它的出现伴随有多种物理现象的异常变化，如机床的振动、噪声、切削力、切削功率、声发射等。为寻找更好的监测方法，拾取与刀具磨损关系紧密的原始信号，进行分析并获取与刀具磨损状态映射关系明显的特征信息，应采用泛化性能良好的识别模型进行刀具状态的辨识。刀具磨损的监测系统流程图及试验现场分别如图4-3和图4-4所示。

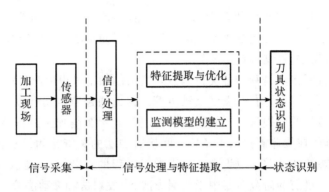

图 4-3 刀具磨损监测系统主要环节

图 4-4 刀具磨损监测现场

（1）传感器的选择与安装。在刀具状态监测中，主要利用传感器拾取原始信号并将其转换成电信号，通过采集卡采集、存储到计算机中。针对实际工况选择合适的传感器，不同类型的传感装置安装在机床的不同部位，用于切削加工过程的原始信号获取，监测切削过程中刀具、工件和数控机床组成的系统的物理状态参数的变化。在这一步，需要根据实际的加工装置与环境情况，考虑噪声对信号采集的影响和传感器安装位置对信号采集的影响，选择适合的传感器类型和传感器的安装位置，这关系着整个刀具状态决策过程的准确性，对于整个监测系统来说是极其重要的。因此，首先，要求采集到的物理量必须能够准确、真实地反映刀具的状态；其次，传感器的安装应该简单易行，并且具有较强的抗干扰能力。

（2）信号采集及预处理。该环节主要是将传感器获取的信号进行采集和储存，进行 A/D 转换、放大、滤波、除噪声等预处理。预处理的目的就是去除噪声，加强有用的信息，并对输入测量仪器或其他因素造成的退化现象进行复原。以传感器类型和实际加工参数为基准，确保足够的采样频率和采样时间，确保原始信号的完整性。

（3）特征提取与优化。为了有效实现刀具磨损的诊断识别，就要对原始数据进行变换，得到最能反映分类本质的特征。采用时域分析、频域分析、时频域分析等不同方法处理信号预处理后的数据，通过变换把高维信息转变为低维信息，利用合适的数学方法选择能够反映刀具状态变化的敏感特征,提取出最能表征各工况状态的特征量。

(4)监测诊断模型的建立。实现刀具磨损状态识别的方法有多种,主要以人工智能和计算机模拟技术为基础,建立刀具磨损监测模型,并根据模型参数的变化或系统响应的变化来准确监测刀具磨状态。

4.3　刀具磨损信号特征的提取

4.3.1　基于小波分解的特征提取

近几年来,小波变换在信号处理技术中得到了迅速的发展。小波变换从基函数的角度出发,吸取了傅里叶变换中的三角基函数与短时傅里叶变换中的时移窗函数的特点,形成了振荡、衰减的基函数。只要选取一个适当的小波基函数,就可以实现信号的不同时刻、不同频域的合理分离,并且在时域及频域都具有描述信号局部特征的能力。多分辨率对低频段不断进行分解小波变换。如若需要提取高频段信号,则可以利用小波包变换对高频段信号进行再分解,对信号在整个频带上进行更加细致的划分,具有更大的灵活性。

在实际切削加工过程中,刀具磨损的加剧对各频段内声发射信号能量有较大影响,不同的磨损状态对各频带内信号能量的影响也不相同。根据不同频段内能量的分布情况可以预测出磨损量的范围。因此,可将采集到的信号进行第二代小波包分解,计算出各频段所占能量,并将其分布特征作为刀具磨损特征进行提取。

(1)声发射信号特征提取。将采集到的四类信号($VB = 0 \sim 0.1\text{mm}$,$VB = 0.1 \sim 0.2\text{mm}$,$VB = 0.2 \sim 0.3\text{mm}$,$VB > 0.3\text{mm}$)进行前置处理,得到时间序列信号。观察发现,随着刀具磨损量的增加,相应的幅值依次增大,因此可选取 AE 信号的均方根值(RMS)作为特征量。

对各类信号进行傅里叶变换,得到相应的功率谱,如图 4-5 所示。

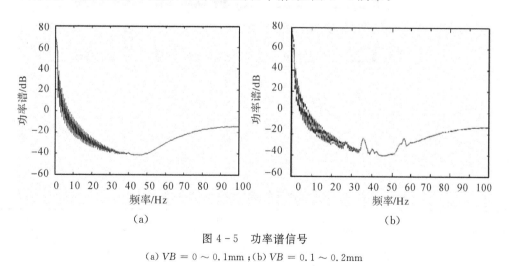

图 4-5　功率谱信号

(a)$VB = 0 \sim 0.1\text{mm}$;(b)$VB = 0.1 \sim 0.2\text{mm}$

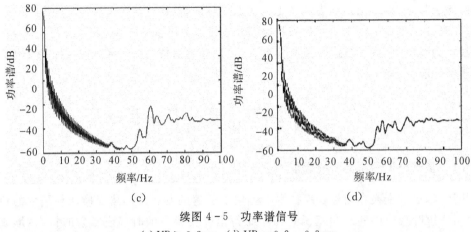

续图 4-5 功率谱信号

(c) $VB > 0.3\text{mm}$；(d) $VB = 0.2 \sim 0.3\text{mm}$

通过比较四类信号的功率谱可以发现，频域特征并不能准确地反映刀具状态的变化。由此利用第二代小波包移频算法对信号进行分析，将信号进行 2^5 尺度分解，得到 32 个子频段，并计算其子能量，绘制 $2 \sim 32$ 频段柱状图（见图 4-6）。由图可知，D_{17} 及 D_{27} 频段变化较大，可作为刀具磨损量的特征量。

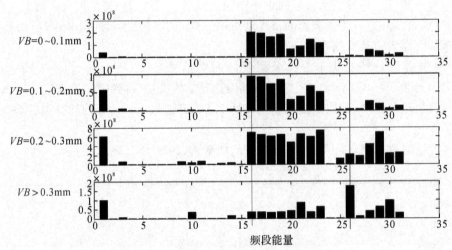

图 4-6 声发射信号 2^5 尺度分解频段能量图

（2）切削力信号特征提取。将采集到的四类切削力信号 F_x 进行前置处理，得到时间序列信号。对 F_x 信号进行时域分析，提取其峰值，部分样本见表 4-1。

表 4-1 不同 VB 值下的 F_x 峰值样本

$VB = 0 \sim 0.1\text{mm}$	$VB = 0.1 \sim 0.2\text{mm}$	$VB = 0.2 \sim 0.3\text{mm}$	$VB > 0.3\text{mm}$
0.003 981 7	0.005 488 8	0.007 145 7	0.025 840 2
0.004 113 8	0.005 520 8	0.008 652 3	0.020 281 3
0.004 028 1	0.005 689 8	0.007 945 3	0.035 795 0
0.004 308 0	0.005 470 7	0.007 993 5	0.024 185 6

由表 4-1 可知,随着磨损量 VB 值的增加,F_x 信号的峰值也在增加,因此 F_x 信号的峰值可以有效反映刀具状态,可作为刀具磨损量监测的特征参数。对 F_y 信号进行分析,同样提取峰值作为特征参数。

对 F_z 的时间序列信号进行 2^5 尺度分解,得到 32 个子频段,并计算其子能量,绘制出 2~32 频段柱状图,如图 4-7 所示。

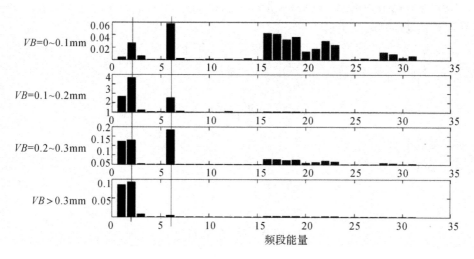

图 4-7　F_z 信号 2^5 尺度分解频段能量图

由图中可知,D_3 及 D_7 频段变化较大,可作为刀具磨损的特征量。

对 F_z 的分析同 AE 信号,基于第二代小波包移频算法进行分析,提取 D_3,D_7 频段能量以及均方根值(RMS)作为特征量。最后确定刀具磨损量的特征向量空间由声发射信号的均方根值、频段能量(D_{17},D_{27})、F_x,F_y 信号的峰值,F_z 的均方根值(RMS)、频段能量(D_3,D_7)组成。

4.3.2　基于希尔伯特-黄变换的特征提取

1. IMF 振幅均值特征提取

任何复杂的信号都可分解为有限个为数不多的且相互独立的本征模态函数 IMF,每个 IMF 分量也都有相应的物理意义与其对应。因此,可以对 IMF 求振幅均值,除去那些与刀具磨损不相关的 IMF 分量,提取与刀具磨损状态相关性强的 IMF 分量,作为刀具磨损的特征,与刀具磨损状态建立相应的映射关系,由于离散采样,则振幅均值为

$$\overline{E_{\mathrm{IMF}k}} = \frac{\sum_{i=1}^{n} |c_k(i)|}{n} \tag{4-1}$$

式中,n 为总采样点数;$c_k(i)$ 为信号经 EMD 分解后第 k 个固有模态函数分量;$\overline{E_{\mathrm{IMF}k}}$ 为第 k 个固有模态函数分量的振幅均值。

不同磨损状态下的各个 IMF 分量的振幅均值不同。随着切削的进行,加工参数中只有磨损变量改变较大,其他加工参数变化不大。可见,与刀具磨损状态相关性强的 IMF 分量会随着刀具磨损的加剧而产生明显的变化。因此在选择与磨损相关的 IMF 分量时,可以利用变化

最明显的几个 $\overline{E_{\mathrm{IMF}}}$ 分量作为刀具磨损的特征。试验表明,当它们的振幅差值大于某一值 τ 时,可以认为它们是敏感特征,有

$$\overline{E_{\mathrm{IMF}k_i}} - \overline{E_{\mathrm{IMF}k_m}} > \tau \tag{4-2}$$

$$\overline{E_{\mathrm{IMF}k_m}} - \overline{E_{\mathrm{IMF}k_n}} > \tau \tag{4-3}$$

式中,$\mathrm{IMF}k_i$,$\mathrm{IMF}k_m$,$\mathrm{IMF}k_n$ 分别表示不同时间段信号的 IMF 分量的振幅均值。将满足上述条件的 IMF 振幅均值筛出来,作为刀具磨损的特征。

2. 希尔伯特边际谱特征提取

对切削加工中采集的信号进行 EMD 分解得到的每个 IMF 分量应用希尔伯特变换,希尔伯特变换相当于将一个信号 $x(t)$ 与 $\dfrac{1}{\pi t}$ 做卷积,即

$$Y(t) = \frac{p}{\pi} \int \frac{x(\tau)}{t - \tau} \mathrm{d}\tau \tag{4-4}$$

式中,p 是柯西主分量。

构造的解析信号为

$$Z(t) = X(t) + \mathrm{i}Y(t) = a(t)\mathrm{e}^{\mathrm{i}\theta(t)} \tag{4-5}$$

其中

$$a(t) = \left[X^2(t) + Y^2(t) \right]^{\frac{1}{2}} \tag{4-6}$$

$$\theta(t) = \arctan \frac{Y(t)}{X(t)} \tag{4-7}$$

则将瞬时频率 $\omega(t)$ 定义为

$$\omega(t) = \frac{\mathrm{d}\theta(t)}{\mathrm{d}(t)} \tag{4-8}$$

由于 EMD 分解得到的 IMF 均为单分量信号,故对其进行希尔伯特变换可得到切削信号的瞬时频率、瞬时相位和瞬时幅值。

将式(4-4)～式(4-8)所表示的变换用于每个固有模态函数序列,便可表示为

$$s(t) = \mathrm{Re} \sum_{i=1}^{n} a_i(t)\mathrm{e}^{\mathrm{j}\theta_i(t)} = \mathrm{Re} \sum_{i=1}^{n} a_i(t)\mathrm{e}^{\mathrm{j}\int \omega_i(t)\mathrm{d}t} \tag{4-9}$$

这里省略了残余函数 $r_n(t)$,是因为 $r_n(t)$ 是一个单调函数,或者是一个常数。虽然可以把 $r_n(t)$ 看作一个长周期波的一部分,但考虑到长周期的不确定性,及所有包含有用信息的信号都集中在高频分量中,故在此做省略处理。Re 表示取实部。式(4-9)等号右边为 Hilbert 时频谱,简称 Hilbert 谱,记作

$$H(\omega, t) = \mathrm{Re} \sum_{i=1}^{n} a_i(t)\mathrm{e}^{\mathrm{j}\int \omega_i(t)\mathrm{d}t} \tag{4-10}$$

式中,$a_i(t)$,$w_i(t)$ 是以时间为变量函数。这就构成了以时间、频率、幅值为变量的三维时频谱图,与傅里叶表示形式类似。这说明 HHT 对信号的瞬时频率是傅里叶展开的一般化,它不仅提高了信号的效率,而且能够表示可变的频率,摆脱了傅里叶变换的束缚。定义边际谱为

$$H(\omega) = \int_{-\infty}^{\infty} H(\omega, t)\mathrm{d}t \tag{4-11}$$

由式(4-11)可以看出三维时频谱经过对时间的积分,便形成了只有频率和幅值的二维谱图。这种由 HHT 得到的边际谱与傅里叶频谱有相似之处。从统计学方面来讲,HHT 边际

谱表示了该频率上振幅（能量）在时间上的累加，能够准确地反映能量在各频率上的分布，但由于瞬时频率是以时间为变量的函数，与傅里叶变换等需要用完整的振荡波周期来定义局部的频率值并不相同，而且所求取的能量值也不是在全局定义的，因此边际谱可以反映更为准确的信号局部特征。

此外，边际谱也能比较准确地反映信号的实际频率。由于在加工过程中受到环境等因素的干扰，经过 EMD 分解后的本征模态函数分量中有些反映的是与刀具加工过程无关的信号，因此，只要选出能反映加工时刀具切削工件所对应的本征模态函数，该本征模态函数包含的能量和信息是最多的，单独对其求边际谱即可。试验证明，随着刀具磨损的增加，$\overline{E_{\mathrm{IMF}}}$ 变化率最快的 IMF 分量与刀具磨损最为相关，包含磨损特征最多。因此，只要找出 $\overline{E_{\mathrm{IMF}}}$ 增长率最快的 IMF 分量，对其求边际谱即可。

设第 k 个本征模态函数分量满足条件，即反映刀具切削工件时所包含最多的能量和信息，则它的边际谱计算步骤如下：

$$I(t) = a_k(t)\mathrm{e}^{\mathrm{j}\theta_k(t)} = a_k(t)\mathrm{e}^{\mathrm{j}\int \omega_k(t)\,\mathrm{d}t} \tag{4-12}$$

$$H(\omega,t) = a_k(t)\mathrm{e}^{\mathrm{j}\int \omega_k(t)\,\mathrm{d}t} \tag{4-13}$$

$$H_k(\omega) = \int_{-\infty}^{\infty} a_k(t)\mathrm{e}^{\mathrm{j}\int \omega_k(t)\,\mathrm{d}t}\,\mathrm{d}t \tag{4-14}$$

随着刀具磨损的加剧，IMF 边际谱最大幅值点也在随之增大，且增幅明显。因此可以将边际谱最大幅值点作为刀具的磨损特征进行提取。

3. 特征矩阵的建立

根据上述刀具磨损特征提取的方法，对加工过程中的振动信号、声发射信号以及切削力信号进行采集。由于振动信号和切削力信号都为三个方向（X,Y,Z 轴方向）的信号，故分别对它们三个方向的信号进行处理，最终在 HHT 的基础上提取出与刀具磨损最相关的数值特征，利用这些特征建立特征矩阵，则有

$$\boldsymbol{X} = (X_1, X_2, \cdots, X_m)^{\mathrm{T}} = \begin{vmatrix} X_{11} & X_{12} & \cdots & X_{1n} \\ X_{21} & X_{22} & \cdots & X_{2n} \\ \vdots & \vdots & & \vdots \\ X_{m1} & X_{m2} & \cdots & X_{mn} \end{vmatrix} \tag{4-15}$$

式中，$\boldsymbol{X}$ 是状态特征矩阵；$\boldsymbol{X}_i = (X_1, X_2, \cdots, X_m)^{\mathrm{T}}$ 表示特征矢量，其中 $i=1,2,3,\cdots$；m 表示特征个数；X_{ij} 表示第 i 个特征在第 j 时刻的幅值，其中 $j=1,2,3,\cdots$。

4.4　刀具磨损监测模型

4.4.1　基于投影寻踪回归的刀具磨损监测模型

1. 投影寻踪概述

投影寻踪是 20 世纪 70 年代发展起来的一种新的统计方法，是统计学、应用数学和计算机技术的交叉学科。与使用较多的人工智能方法相比，投影寻踪并不需要把高维数据整理成知识，而是直接进行数据分析，尤其适用于非正态总体的高维数据。投影寻踪的基本思想是利用计算机技术，对高维数据进行投影降维分析，投影到低维子空间上，通过某种方法极大化（极小

化)投影指标,找出最能反映数据特征结构的投影方向,计算出投影值后,在低维空间上进行分析,结果客观、干扰小。投影寻踪对数据不做任何分布假定,也不人为对数据进行分割、重组等变换,因而结果更具有客观性。同时,投影寻踪也是一种探索性数据分析方法,利用线性方法解决了非线性问题,能够充分挖掘高维数据内在特征,是一个高维数据可视化处理的过程,使得在复杂系统中对数据处理过程的精确性和复杂性能够达到很好的平衡。

在投影寻踪算法中,将散布在高维空间中的数据投影到低维空间中,然后优化某一投影指标,会得到若干个投影方向,在这若干个投影方向中找出最优的投影方向,以达到投影到低维空间的点最能够反映出高维空间散点的特征。因此,投影寻踪方法的关键是找到最优的投影方向。寻找最优投影方向也一直是该方法所要解决的难题。在各种最优投影方向方法中,Friedman 的固定角旋转(Solid Angle Transport,SAT)技术影响最大。之后提出的最优投影方向的方法,基本都是基于 Friedman 的 SAT 思想,例如高斯-牛顿法、梯度下降法等。但是,SAT 方法也存在着局限性:第一,初始方向选择不当,寻找最优解耗时就越长,有时候可能找不到最优解。第二,旋转角度大小直接影响寻优效率,角度太小,耗时长;角度太大,可能错过一些最优方向。

基于 SAT 方法的缺陷,引用一种全局优化算法,模拟生物的自然选择、遗传机制的优化方法——遗传算法(Genetic Algorithm,GA)。遗传算法根据目标函数在低维空间中反映高位数据的结构,在整个优化区域内寻优。

2. 投影寻踪回归模型的构建

在回归算法中,设 $(\boldsymbol{X},\boldsymbol{Y})$ 是一对随机变量,其中 $\boldsymbol{X}$ 是 p 维变量,把它称为预测向量(predictor vector),$\boldsymbol{Y}$ 是一维变量,称为响应变量(response)。回归分析的目的是当给出 X 时,得到 Y 的条件期望。定义

$$f(x) = E(\boldsymbol{Y} \mid \boldsymbol{X} = x) \tag{4-16}$$

为回归函数,投影寻踪回归就是需要用 $(\boldsymbol{X},\boldsymbol{Y})$ 的样本 (X_1,Y_1),(X_2,Y_2),$\cdots$,(X_N,Y_N) 去逼近回归函数 $f(x)$。

当前常用的是线性的回归模型。假设 $f(x)$ 是线性函数,但是线性模型只能针对小样本低维数据,在实际运用中数据关系往往是非线性的。在寻求回归模型的时候,一般使用非参数方法(不存放数据参数,只存放实际数据),例如核估计和近邻估计,对 $f(x)$ 也不做任何假定,但是不能克服"维数灾难"问题。为解决以上问题,投影寻踪回归用一系列岭函数之和逼近回归函数,具体形式为

$$f(x) \sim \sum_{j=1}^{M} g_i(\boldsymbol{\beta}_j^{\mathrm{T}} x) \tag{4-17}$$

其中,$\boldsymbol{\beta} \in \mathbf{R}^P$;$\boldsymbol{\beta}^{\mathrm{T}}\boldsymbol{\beta} = 1$;称 $g_i(\boldsymbol{\beta}_j^{\mathrm{T}} x)$,$i = 1,2,\cdots,m$ 为岭函数,m 是岭函数的个数。为观察其收敛性,需要引入一个概率测度 P,使得符合 L_2 收敛,当 $m \to \infty$ 时,有

$$\int \left[f(x) - \sum_{j=1}^{m} g_j(\boldsymbol{\beta}_j^{\mathrm{T}} x) \right]^2 \mathrm{d}P \to 0 \tag{4-18}$$

成立。其中 $\boldsymbol{\beta}$,$g_j(\boldsymbol{\beta}_j^{\mathrm{T}} x)$ 与 m 无关。

$\boldsymbol{\beta}$ 和 g 函数在投影寻踪回归中需根据具体情况确定,而 m 的大小关系回归函数的精度和收敛速度,岭函数就可以看作是一种线性组合的非线性表示。

在具体实现岭函数的迭代时,需要确定 $\boldsymbol{\beta}$ 和 g 的选取方法。此处采用 Friedman 提出的逐

步选取方法：

（1）首先，初始化残差和计数器：

$$r_i \leftarrow y_i, i = 1, 2, \cdots, N$$
$$M \leftarrow 0 \tag{4-19}$$

（2）找到一个光滑的岭函数 g，使得灵敏参数

$$I(\boldsymbol{\beta}) = 1 - \sum_{i=1}^{N} \left[r_i - g(\boldsymbol{\beta}^{\mathrm{T}} x_i) \right]^2 / \sum_{i=1}^{N} r_i^2 \tag{4-20}$$

达到最大，对应使得 $I(\alpha)$ 最大的投影方向 $\boldsymbol{\beta}_{M+1} = \max \boldsymbol{\beta}^{I(\beta)}$，岭函数就是 $g_{M+1}(\boldsymbol{\beta}_{M+1}^{\mathrm{T}} X)$。

（3）终止条件。当模型灵敏参数小于用户指定的阈值时，迭代终止。否则更新当前的残差模型：

$$r_i \leftarrow r_i - g_{M+1}(\boldsymbol{\beta}_{M+1}^{\mathrm{T}} x_i), \quad i = 1, 2, \cdots, N$$
$$M \leftarrow M + 1 \tag{4-21}$$

转向第二步继续迭代。

标准的可加模型用单个预测向量函数和的形式估计回归曲面，不能一般化，因此不能处理预测向量的迭代过程，而预测向量线性组合的函数解除了这种限制。为对回归函数可以表示成若干个岭函数形式有更具体的认识，设有样本 $X_1 = (x_1, x_2)$，有

$$x_1 x_2 = \frac{1}{4ab} \left[(ax_1 + bx_2)^2 + (ax_1 - bx_2)^2 \right] \tag{4-22}$$

可知回归函数 $f(x) = x_1 x_2$ 由两个岭函数表示出来，当 $a = b = 1$ 时，有

$$f(x) = x_1 x_2 = \frac{1}{4} \left[\left\{ \begin{bmatrix} 1 \\ 1 \end{bmatrix} (x_1, x_2) \right\}^2 - \left\{ \begin{bmatrix} 1 \\ -1 \end{bmatrix} (x_1, x_2) \right\}^2 \right] \tag{4-23}$$

则 $\boldsymbol{\alpha}_1^{\mathrm{T}} = \begin{bmatrix} 1 \\ 1 \end{bmatrix}, \boldsymbol{\alpha}_2^{\mathrm{T}} = \begin{bmatrix} 1 \\ -1 \end{bmatrix}, g_1 = \frac{1}{4}(x_1 + x_2)^2, g_2 = -\frac{1}{4}(x_1 - x_2)^2$。很明显，由于 a, b 的不同取值，岭函数形式表现出了不唯一性。

逐步选取法实际是在已知 $\boldsymbol{\beta}_1, \boldsymbol{\beta}_2, \cdots, \boldsymbol{\beta}_{m-1}$ 和 $g_1, g_2, \cdots, g_{m-1}$ 的前提下，寻找 $\boldsymbol{\beta}_m$ 和 g_m 使

$$r_m(x) = f(x) - \sum_{j=1}^{m-1} g_j(\boldsymbol{\beta}_j^{\mathrm{T}} x) \tag{4-24}$$

的模 $\int r_m^2(x) \mathrm{d}P$ 在 $j = m-1$ 到 $j = m$ 时减少得最多，也就是 $\boldsymbol{\beta}_m$ 固定时，有

$$E[r_{m+1}(x)]^2 = E[r_m(x) - g(\boldsymbol{\beta}^{\mathrm{T}} x)]^2 =$$
$$E\{r_m(x) - E[r_m(x)|\boldsymbol{\beta}^{\mathrm{T}} x]\}^2 + E\{E[r_m(x)|\boldsymbol{\beta}^{\mathrm{T}} x] - g(\boldsymbol{\beta}^{\mathrm{T}} x)\}^2 \tag{4-25}$$

可以得到，当 $g_m(\boldsymbol{\beta}^{\mathrm{T}} x) = E[r_m(x) | \boldsymbol{\beta}_m^{\mathrm{T}} x]$ 时，可使 $E[r_{m+1}(x)]^2$ 最小。更进一步可得，$E[r_{m+1}(x)]^2 = E[r_m(x)]^2 - E[g(\boldsymbol{\beta}^{\mathrm{T}} x)]^2$，因而选取的 $\boldsymbol{\beta}_m$ 应该能使 $E[g^2(\boldsymbol{\beta}^{\mathrm{T}} x)]$ 达到最大，最终使 $E[r_{m+1}(x)]^2$ 最小。但在实际问题中，如果使 $E[g(\boldsymbol{\beta}^{\mathrm{T}} x)]^2$ 达到最大的 $\boldsymbol{\beta}_m$ 不存在，将难以实现投影寻踪估计，所以一般考虑 $E[g(\boldsymbol{\beta}^{\mathrm{T}} x)]^2$ 为 $\boldsymbol{\beta}_m$ 的连续函数的情形。

$\boldsymbol{\beta}_m$ 和 g 的选取方法是先固定一个参数，然后再估计另外一个参数的最优值。当 $\boldsymbol{\beta}_m$ 固定时，选取使残差平方和最小的岭函数 g；当给定一系列岭函数 g 时，应选取使岭函数平方和最大的 $\boldsymbol{\beta}_m$，即计算的每一步都是取得当前的最佳效果，这个方法称为"贪婪法"。

当然投影寻踪回归模型并不是固定的，可以根据具体实际问题，根据 g 函数的光滑度，或

不同的投影指标和拟合阶数,运用不同的 PPR 算法,并可在投影方向 $\boldsymbol{\beta}_m$ 岭函数 g 的优选过程中,对如何采用快捷、精确的搜索算法作深入研究。

本节将 Friedman 提出的投影寻踪模型应用到刀具磨损监测中,实现了岭函数的线性组合的非线性表示,通过优化与迭代过程充分挖掘数据内在结构。模型算法如下:

(1)选择一个初始的回归模型 $f(x) = C$。通过遗传算法寻找一个最佳投影方向 $\boldsymbol{\beta}$,使得残差平方和

$$Q(\boldsymbol{\beta}) = \sum_{i=1}^{N} \left[r_i - g(\boldsymbol{\beta}^{\mathrm{T}} x_i) \right]^2, \quad i = 1, 2, \cdots, N \tag{4-26}$$

满足回归要求,得到平滑的岭函数 $g\boldsymbol{\beta}(Z), Z = \boldsymbol{\beta}^{\mathrm{T}} x$。

(2)将回归模型更新为 $f(x) = f(x) + g\boldsymbol{\beta}(\boldsymbol{\beta}^{\mathrm{T}} x)$。

重复(1)(2)过程直到迭代结束或达到收敛要求。如果通过 m 次迭代后终止,则最后的回归函数形式为

$$f(x) = C + \sum_{i=1}^{m} g_i(\boldsymbol{\beta}_i^{\mathrm{T}} x) \tag{4-27}$$

3. 投影寻踪模型在刀具状态监测中的应用

选取刀具状态特征量 $x_1, x_2, \cdots, x_i$ 组成向量空间作为模型的输入样本,将刀具磨损量 T 作为输出样本。该模型可表示为

$$T = \bar{T} + \sum_{j=1}^{m} M_j(a_{j1} x_1 + a_{j2} x_2 + \cdots + a_{ji} x_i) \tag{4-28}$$

式中,a_{ji} 为投影系数;m 为分类数量;M 为拟合函数;i 为特征量总数。

在建立特征向量空间与刀具磨损量之间的对应关系时,有多种拟合机制及算法,例如数值函数和多项式。由于数据量庞大,本节采用多项式拟合机制。基于投影寻踪回归的刀具监测是一个自主学习的过程,整个监测流程分为学习、监测两个阶段。

学习阶段旨在确定回归函数,是整个刀具监测最为关键的部分。在本试验中,选取最能反映刀具状态的特征量作为输入变量,对应刀具磨损量作为响应变量,具体见表 4-2。

这些特征量存在奇异样本数据(某一输入样本相对于其他输入样本特别大或特别小的样本矢量)。大量奇异样本的存在会导致收敛速度的减慢,如 AE 的 RMS 与 D_{17}, D_{27} 特征属性相差就很大,所以必须对数据进行归一化。处理结果是一个由多个特征向量组成的样本矩阵 $\boldsymbol{M} = [x_1, x_2, \cdots, x_N]$,本试验中 $N = 8$。

表 4-2　模型的输出、输入属性

输入变量								响应变量
AE			F_x	F_y	F_z			VB
RMS	D_{17}	D_{27}	峰值	峰值	RMS	D_3	D_7	

回归学习是确定回归函数的数学表达形式。本节中已经确定了回归的基本模型和岭函数、投影方向实现的思路,但是还需要确定其中的待定参数。待定参数包括岭函数 $g(Z)$ 中 c_r 和 R、回归函数中 $\bar{T}$ 和 a_{ji},这些参数可以通过最小二乘拟合、交叉优化和试错法进行确定,回归学习使用三层估计待定参数。先岭函数系数 c_r,再投影方向,最后岭函数权值。由于统一

样本 $(X_1,Y_1),(X_2,Y_2),\cdots,(X_N,Y_N)$ 训练样本响应类信息 T（刀具磨损量），那么 T 会导致岭函数的过度拟合，因此均值 $\overline{T}$ 可取 0 以避免过度拟合。整个回归学习的流程如下：

(1)输入样本矩阵 M。

(2)固定岭函数权值等于 1。

(3)生成随机的规模为 $N=400$ 的初始种群 $\boldsymbol{\beta}_i=(\beta_{i1},\beta_{i2},\cdots,\beta_{ip})$，其中 $i=1,2,\cdots,N$，$p=8$；接着单位化种群，使 $|\boldsymbol{\beta}_i|=1$。

(4)最小二乘曲线拟合求出 c_r。

(5)分别计算样本 M 在 N 个方向上的投影指标值，然后递增排序 N 个投影指标。

(6)选择需要交叉的 $0.8N$ 个个体，进行相邻线性交叉。

(7)从交叉产生的个体中随机选择 $0.2N$ 个候选个体进行变异，得到 $2N$ 个投影方向，选择前 N 个投影指标最小的投影方向进入下一次迭代，转到第(5)步，直到迭代次数满足要求。

(8)使用试错法，求得投影指标的最小值。

(9)投影指标如果满足误差要求，则退出。否则判断岭函数是否达到规定个数，是则退出，否则增加岭函数个数，转第(2)步。

4. 实例

选取 16 组数据（$VB=0\sim0.1\,\text{mm}$，$VB>0.3\,\text{mm}$ 各 8 组）作为训练样本，8 组（$VB=0\sim0.1\,\text{mm}$，$VB>0.3\,\text{mm}$ 各 4 组）作为预测样本，分别见表 4-3 和表 4-4。

表 4-3　训练样本

序号	x_1	x_2	x_3	x_4	x_5	x_6	x_7	x_8	T	VB
1	0.012 34	0.007 77	0.040 24	0.027 03	0.030 93	0.013 88	0.030 07	0.025 18	0.03	I
2	0.012 62	0.007 54	0.040 80	0.020 89	0.025 31	0.008 63	0.014 12	0.025 09	0.04	I
3	0.012 64	0.007 31	0.039 45	0.023 46	0.024 47	0.011 29	0.015 95	0.025 19	0.04	I
4	0.012 47	0.006 88	0.039 99	0.020 65	0.021 31	0.004 54	0.003 51	0.025 16	0.06	I
5	0.014 59	0.006 30	0.035 04	0.021 34	0.025 15	0.023 81	0.062 23	0.025 27	0.07	I
6	0.015 37	0.005 93	0.034 52	0.032 28	0.027 25	0.040 58	0.060 33	0.025 31	0.07	I
7	0.013 33	0.006 91	0.038 43	0.027 57	0.026 99	0.113 33	0.090 16	0.025 12	0.08	I
8	0.016 13	0.005 18	0.027 91	0.031 72	0.029 36	0.039 15	0.109 86	0.025 42	0.08	I
9	0.024 44	0.003 62	0.655 81	0.134 53	0.089 23	0.002 65	0.001 45	0.044 83	0.32	IV
10	0.023 20	0.003 52	0.587 59	0.186 39	0.177 09	0.000 20	0.002 01	0.062 42	0.35	IV
11	0.025 08	0.005 05	0.520 44	0.095 00	0.123 97	0.000 59	0.000 29	0.043 27	0.38	IV
12	0.028 47	0.003 92	0.613 89	0.055 30	0.073 75	0.006 99	0.005 50	0.034 79	0.38	IV
13	0.025 79	0.005 33	0.671 88	0.050 69	0.050 38	0.016 82	0.027 46	0.016 48	0.34	IV
14	0.026 69	0.005 31	0.760 77	0.066 88	0.065 53	0.007 66	0.013 11	0.042 64	0.38	IV
15	0.023 81	0.005 28	0.738 25	0.025 91	0.167 22	0.000 16	0.000 25	0.048 97	0.41	IV
16	0.023 63	0.004 31	0.701 31	0.038 22	0.047 17	0.004 19	0.007 26	0.025 44	0.39	IV

表 4-4 预测样本

序　号	x_1	x_2	x_3	x_4	x_5	x_6	x_7	x_8	VB
1	0.009 86	0.007 53	0.033 20	0.028 32	0.039 01	0.018 38	0.084 71	0.019 08	Ⅰ
2	0.013 74	0.005 38	0.043 85	0.035 35	0.021 15	0.029 46	0.088 09	0.017 43	Ⅰ
3	0.012 73	0.006 88	0.036 57	0.036 72	0.019 92	0.028 48	0.042 74	0.017 4	Ⅰ
4	0.012 29	0.006 00	0.038 80	0.026 70	0.025 54	0.060 52	0.054 89	0.017 50	Ⅰ
5	0.025 65	0.006 48	0.621 11	0.043 72	0.237 21	0.001 24	0.001 80	0.021 18	Ⅳ
6	0.029 76	0.006 50	0.690 98	0.040 26	0.249 67	0.020 55	0.042 84	0.019 92	Ⅳ
7	0.025 33	0.005 50	0.752 74	0.072 29	0.247 35	0.000 26	0.000 51	0.027 99	Ⅳ
8	0.026 87	0.011 19	0.088 28	0.037 37	0.734 43	0.002 09	0.003 45	0.021 66	Ⅳ

分别用 BP 神经网络模型与基于遗传算法的投影寻踪回归模型进行训练与监测。

将上述 16 组训练样本进行分类，其中前 8 组为第一类（Ⅰ），后 8 组为第二类（Ⅱ）。利用 BP 神经网络模型对测试样本进行监测，结果见表 4-5。

表 4-5 BP 神经网络模型预测结果

样本序号	1	2	3	4	5	6	7	8
预测分类	Ⅰ	Ⅰ	Ⅰ	Ⅰ	Ⅱ	Ⅱ	Ⅱ	Ⅰ
实际分类	Ⅰ	Ⅰ	Ⅰ	Ⅰ	Ⅱ	Ⅱ	Ⅱ	Ⅱ

同样，将训练样本 $M=[x_1,x_2,\cdots,x_8]$ 和响应变量 $[T_1,T_2,\cdots,T_8]$，用上面建立的模型进行训练，然后用测试样本进行监测，结果见表 4-6。

表 4-6 投影寻踪回归模型预测结果

样本序号	1	2	3	4	5	6	7	8
预测值	0.07	0.07	0.05	0.06	0.38	0.42	0.44	0.34
预测分类	Ⅰ	Ⅰ	Ⅰ	Ⅰ	Ⅱ	Ⅱ	Ⅱ	Ⅱ
实际分类	Ⅰ	Ⅰ	Ⅰ	Ⅰ	Ⅱ	Ⅱ	Ⅱ	Ⅱ

由表 4-5 和表 4-6 可以看出，投影寻踪回归模型对刀具磨损分类的预测准确度要优于 BP 神经网络模型。另外，投影寻踪回归中岭函数的正确选取可以加快拟合效果，一方面表现为光滑收敛，另一方面不至于过度拟合，在拟合效果不佳的情况下可更换岭函数加快收敛。投影寻踪回归并不是要把高维数据整理成知识，而是直接对高维数据进行投影降维分析，这样使得相比较于神经网络在程序的运行上的耗时大大减少，为后续的在线监测提供了一种可能性。

4.4.2 基于流形学习与隐马尔可夫模型的刀具磨损状态识别

1. 局部切空间排列算法（LTSA）的维数约简方法

局部切空间排列（Local Tangent Space Alignment, LTSA）方法是一种有效的流形学习算法,被广泛地应用在信号数据集维数约简方面。使用 LTSA 方法来约简铣削过程中的刀具切削力信号的原始特征维数。其主要思想是:首先将刀具磨损相关的力信号进行特征提取,将每一次不同刀具磨损量的试验信号转化为一个特征点,该特征点的维数就是刀具磨损特征提取后的维数,而所有特征点的存在形成了刀具磨损特征空间;然后利用刀具磨损特征点所在局部空间的切空间来表示点的邻域,并对每一个刀具磨损特征点都建立邻域切空间;最后利用刀具磨损特征点局部切空间排列来求出整体低维嵌入坐标,从而实现约简刀具磨损特征。现将使用 LTSA 方法将刀具磨损数据集 $\boldsymbol{X} = [x_1, x_2, \cdots, x_N], x_i \in \mathbf{R}^m$,化简为 $d(m > d)$ 维的数据集的步骤总结如下:

(1)构造特征点的局部邻域。对于刀具磨损数据集 X 中的任意特征点 $x_i(i = 1, 2, \cdots, N)$,使用欧氏距离确定其 k_i 个邻近特征点组成的邻域为

$$\boldsymbol{X}_i = \left[x_{i_1}, x_{i_2}, \cdots, x_{i_{k_j}} \right]$$

(2)特征点的局部邻域中线性拟合。在刀具磨损特征点 x_i 的邻域内选择一组正交基 $\boldsymbol{O}_i$ 构成 x_i 的 d 维切空间;计算邻域中每一个点 $x_{i_j}(j = 1, 2, \cdots, k_i)$ 到切空间上的正交投影为

$$\theta_j^i = \boldsymbol{O}_i^{\mathrm{T}}(x_{ij} - x_i)$$

其中 $\overline{x_j} = \dfrac{\sum\limits_{j=1}^{k} x_{ij}}{k}$,$\boldsymbol{O}_i$ 为矩阵 $\boldsymbol{X}_i\left(\boldsymbol{I} - \dfrac{\boldsymbol{ee}^{\mathrm{T}}}{T}\right)$ 的前 d 个最大的左奇异矢量。特征点 x_i 的在其邻域中的局部坐标为 $\boldsymbol{\Theta}_i = [\theta_1^i, \theta_2^i, \cdots, \theta_{k_i}^i]$。

(3)获取特征的全局坐标 T_i。将每一个特征点的局部坐标转化为刀具磨损特征空间的全局坐标需要满足 2 个条件:①全局坐标应该尽量保留每个特征点邻域的几何结构信息;②全局重构误差

$$\sum_{i=1}^{N} \| E_i \|_2^2 = \sum_{i=1}^{N} \left\| \boldsymbol{T}_i\left(\boldsymbol{I} - \frac{\boldsymbol{ee}^{\mathrm{T}}}{k_i}\right) - \boldsymbol{L}_i\boldsymbol{\Theta}_i \right\|_2^2$$

为最小值。其中,特征点 x_i 的局部坐标 $\boldsymbol{\Theta}_i$ 经过转化后得到全局坐标 $\boldsymbol{T}_i = [t_{i_1}, t_{i_2}, \cdots, t_{i_{k_j}}]$,其中 $\boldsymbol{L}_i$ 为转化矩阵,将全局重构误差最小化得到全局坐标 $\boldsymbol{T}_i$。

2. 基于隐马尔可夫模型的刀具磨损识别问题描述与相关算法概述

隐马尔可夫模型(HMM)是一种概率论模型,具有学习能力与自适应能力,拥有严谨的数据结构和完善的数学理论基础,能够通过训练获取知识,从而有效地对待识别目标进行分类。近年来,HMM 在切削过程监测中得到了广泛应用。考虑使用测力传感器记录刀具磨损过程中的工件受力情况,其力信号的变化与刀具磨损状态具有密切的关系,定义力信号特征,并将其划分为 n 个级别。记录刀具的磨损量,按磨损量的范围划分 3 种磨损状态,分别为初始、正常与剧烈。当刀具处于某一磨损状态时,其力信号特征处于第 i 个级别的概率为 P_i。在这种情况下,本书研究的问题可以描述为:已知观测的力信号特征序列,如何判断是由哪种刀具磨损状态序列产生的观测信号特征序列。针对刀具磨损识别问题,定义隐马尔可夫模型(HMM):$\lambda = (\boldsymbol{\pi}, A, B)$。根据刀具磨损有限状态集 S,定义取值于 S 的马尔可夫链为 $\{q_t: t \geqslant 1\}$,其中 $\{q_t = t \geqslant 1\}$ 的初始分布 q_1 为 $\boldsymbol{\pi}$,状态转移矩阵为 $\boldsymbol{A}$。事实上,刀具磨损状态链 q_t 的值、初始概率分 $\boldsymbol{\pi}$ 与状态转移矩阵 $\boldsymbol{A}$ 都不能直接得到。对于刀具磨损识别问题而言,能够直接通过观测获取的是取值于有限观测集 Ω 的变量序列 $\{o_t: t \geqslant 1\}$,将其称为观测链。通过直接观测得到的观测链与未知状态链一起构成了隐马尔可夫模型(HMM),并定义观测链与

状态链的关系矩阵 $\boldsymbol{B}$,将其称为观测值概率矩阵。由以上可以看到参数矩阵 $\boldsymbol{A}$ 与 $\boldsymbol{B}$,以及参数向量 $\boldsymbol{\pi}$ 都是未知的,使用 $\lambda = (\boldsymbol{\pi},\boldsymbol{A},\boldsymbol{B})$ 来表示隐马尔可夫模型。

在建立 HMM 时,HMM 中初始概率分布矢量 $\boldsymbol{\pi}$、状态转移概率矩阵 $\boldsymbol{A}$ 与观测值概率矩阵 $\boldsymbol{B}$ 都是未知的。在本书中,将通过流形学习方法 LTSA 进行特征约简之后的 d 维特征向量用于训练的观测序列 $\{o_t : t \geqslant 1\}$。已知存储于刀具磨损状态 s_i 的训练观测序列 $\{o_t : t \geqslant 1\}$ 以及 HMM 的初始模型 λ_0,使用 Baum – Welch 算法,训练得到第 i 个磨损状态的马尔可夫模型 λ_i,$i = 1,2,\cdots,N$,N 为刀具磨损状态数目,本书中磨损状态数 N 为3。使用 Viterbi 算法计算未知磨损状态的观察序列 $\{o_t : t \geqslant 1\}$ 在各个状态下的概率 $p(\frac{\{o_i\}}{\lambda_i})$,选取最大的 $p(\frac{\{o_i\}}{\lambda_i})$ 所对应的磨损状态为观察序列 $\{O_u\}$ 的磨损估计状态,进而完成未知刀具磨损状态的识别。

除了 Baum – Welch 算法与 Viterbi 算法之外,Baum 等提出了前向算法与后向算法用于解决 HMM 中的概率计算问题,即在给定观测序列 $\{o_t : t \geqslant 1\}$ 与模型 λ 的情况下,有效地计算观测序列在模型 λ 下中出现的概率 $p(\frac{\{o_i\}}{\lambda})$。

3. 基于流形学习方法 LTSA 与 HMM 的刀具磨损状态识别模型

为了实现最终的刀具磨损状态的分类,需要提取与刀具磨损状态相关的信号特征,由于刀具在进给方向的切削力信号与刀具切削状态具有密切的联系,很多研究将进给方向的切削力作为信号特征提取的对象。本书使用流形学习方法(LTSA 算法)对进给方向的切削力信号的时域特征与频域特征进行特征约简。由于 LTSA 算法从原始的特征空间中提取出的低维子流形拥有能够代表原始数据结构的能力,所以使用 LTSA 算法进行特征约简后,不但能够有效降低信号特征维数与计算复杂度,而且能够得到与刀具磨损状态密切相关的新信号特征,试验也证明了 LTSA 算法的有效性。

信号特征约简的实现过程如下所述:①原始特征空间的构成。构造原始特征空间的信号特征为时域特征与频域特征。其中时域特征分别为均值、均方根值、波形指标、波峰指标、脉冲指标、裕度指标以及峭度指标等 7 个时域特征,频域特征为使用 db4 小波包函数进行 3 层正交小波分解得到的 8 个子频带信号的功率谱能量。②特征压缩的目标维数 d 与局部邻域中特征点个数 k 的选择。LTSA 方法中目标维数的选择会影响特征的敏感性,而局部邻域中特征点的个数会影响低维流形的提取效果。本节将降维后特征空间中不同磨损状态下的分类质量作为测度函数,使用网格搜索算法来选取 LTSA 方法的最优参数。③获取低维特征。对于选定的目标维数 d 与局部邻域中特征点的个数 k,计算每个特征点的邻域,计算中心化矩阵中心化矩阵 $\boldsymbol{X}_i(\boldsymbol{I} - \frac{\boldsymbol{ee}^{\mathrm{T}}}{\boldsymbol{T}})$ 的 d 个最大左奇异向量构成 d 维切空间。计算特征点在邻域切空间的投影。将特征点的局部投影进行整合,通过最小化全局重构误差,获取经过约简后的刀具磨损特征的全局坐标。

基于 HMM 的刀具磨损状态识别流程主要包含生成任务、训练任务以及识别任务,如图 4 – 8 所示。

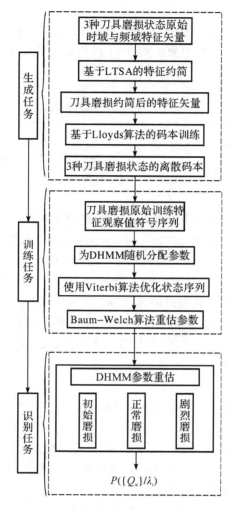

图 4-8 基于 HMM 的刀具磨损状态识别流程

生成任务将训练集中经过 LTSA 方法特征约简的刀具磨损特征矢量转化为观察值符号序列。首先基于 LTSA 方法对原始的刀具磨损切削力信号的时域与频域的特征进行维数约简,形成新的特征矢量;然后使用 K-means 算法对训练集中不同刀具磨损状态的特征矢量训练出离散码本;最后利用离散码本将训练集中的各个特征矢量量化为观察值符号序列。训练任务使用 Baum-Welch 算法对不同刀具磨损状态的观察值符号序列进行训练,得到每一种磨损状态的 HMM。

识别任务中首先遍历训练样本中的每一个样本,分别使用样本的码本将待识别刀具磨损原始序列特征转化为观察值符号序列,并使用对应样本的 HMM 计算待识别观察值符号序列的 Viterb 评分 $p(\frac{\{o_i\}}{\lambda_i})$,将具有最高 Viterb 评分的 HMM 所对应的刀具磨损状态作为识别的结果。其中,按照铣刀主切削刃后刀面的磨损量(VB),将刀具磨损过程划分为的 3 个不同状态:状态 1——初期磨损状态,$VB < 0.1$ mm;状态 2——正常磨损状态,0.1 mm $\leqslant VB <$ 0.35 mm;状态 3——剧烈磨损状态,$VB \geqslant 0.35$mm。

4. 刀具磨损状态识别实例

使用 Kistler 公司生产的测力仪来采集株洲钻石切削刀具股份有限公司（"株钻"）生产的 PM－4E－D6.0－G 整体螺旋立铣刀的切削力，采样频率为 200kHz，采样长度为 0.5s。试验详细信息见表 4－7。

表 4－7　试验平台详细参数

参　　数	数　　值	参　　数	数　　值
进给速度/(mm·min⁻¹)	100	轴向切削深度/(mm)	5
主轴转速/(r·min⁻¹)	3 000	径向切削深度/(mm)	0.3

为了保证所采集的进给方向的切削力信号处于对应的磨损状态中，本书根据试验经验选定了一定的时间间隔，使用 Alicano 公司的 Infinite focus 测刀仪对后刀面的磨损量进行测量。在所设定的切削加工参数下，对每一把刀具均在一定的时间间隔下进行 6 次后刀面的测量，前 2 次测量的间隔时间为进行铣削加工 30 s，第 3 次与第 4 次测量的间隔时间为进行铣削加工 20 s，第 5 次与第 6 次测量的间隔时间为 10 s。在实际加工过程中为了避免工件的结构形式及刀具的加工路径对切削过程的进给方向切削力信号的特征影响，试验中所有的铝合金工件都被预先处理为 15 cm×10 cm×10 cm 尺寸。为了保证试验过程的一致性，在试验过程中选择相同的刀具及工件，按照本试验所设定轴向切深、径向切深进行直线走刀，每次直线走刀的长度为 10 cm。

根据本节 3 中所述，在刀具磨损的不同状态采集了 3 类切削力信号，每类磨损信号包含 30 组数据，一共 90 组数据。

按照本节 3 所描述的步骤实现基于 LTSA 的刀具磨损信号特征提取。首先构造原始特征空间，所建立的原始特征空间中包含了均值、波形指标、峰值指标、脉冲指标、裕度指标、峭度指标以及子频带 1～子频带 8 的能量。

使用网格搜索算法来选取 LTSA 方法的最优目标维数 m－best 与最优局部邻域点数 k－best，将降维后特征空间中 3 种磨损状态下的特征点最小包含球的平均半径作为测度函数。其中，$1 \leqslant m \leqslant 15, 1 \leqslant k \leqslant 20$，设定搜索步长为 1。使用网格搜索算法进行 LTSA 方法参数寻优，当测度函数在降维目标维数 m 为 7（原始信号特征维数为 15），局部邻域点数 k 为 11 时，取得最高的测度函数值 21.987。

对试验样本数据使用 LTSA 方法进行维数约简，经过维数约简之后得到维数为 7 的数据。原始磨损特征空间中冗余特征已经被约简，基于 LTSA 方法得到新的数据结构更加紧凑，有效改善了同一磨损状态的数据特征的内聚度。而且经过特征约简之后的信号样本特征主要分布在 3 个不同的数量级，能够提高原始特征矢量量化的速度与准确率。

在完成基于 LTSA 方法的特征约简之后，按照本节 3 中所给出的方法，对试验所采集的三种刀具磨损状态的信号求解码本，并利用码本将信号的特征矢量量化为观察值符号序列。经过 LTSA 方法进行特征约简后的 3 种刀具磨损状态的 HMM 模型训练结果如图 4－9 所示。估计 3 种刀具磨损状态的 HMM 对数似然函数在 30 步迭代之后就可以达到收敛误差范围，并且 3 种刀具磨损状态具有不同的收敛值。

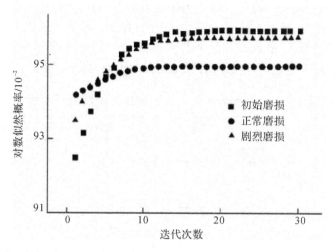

图 4-9 3 种磨损状态的 HMM 训练迭代曲线

在完成 3 种刀具磨损状态的 HMM 建立之后,根据本节 3 中所陈述的基于 HMM 的分类方法进行刀具磨损状态的识别。在 3 种刀具磨损状态的试验条件下,分别选取 5 次观测样本进行分类测试,其结果见表 4-8。

表 4-8 3 种刀具磨损状态 HMM 下的输出对数似然函数概率与识别结果

采样磨损状态	样本编号	3 种磨损状态 HMM 输出的对数似然概率/(%)			识别结果
		初始磨损	正常磨损	剧烈磨损	
初始磨损	1	95.894 5	94.845 2	94.360 5	初始磨损
	2	95.935 6	94.889 1	94.404 4	初始磨损
	3	95.964 2	94.937 8	94.453 1	初始磨损
	4	95.921 0	94.932 0	94.438 3	初始磨损
	5	95.959 9	94.923 0	94.438 3	初始磨损
正常磨损	1	95.085 9	95.937 9	94.583 5	正常磨损
	2	93.819 8	94.814 9	93.343 7	正常磨损
	3	94.836 1	95.668 4	94.360 7	正常磨损
	4	95.194 5	95.958 0	94.739 1	正常磨损
	5	94.771 7	95.596 5	94.296 3	正常磨损
剧烈磨损	1	94.301 3	93.301 6	94.983 6	剧烈磨损
	2	94.660 4	94.669 7	95.280 9	剧烈磨损
	3	94.463 9	94.473 2	95.043 5	剧烈磨损
	4	94.548 4	94.557 7	95.116 1	剧烈磨损
	5	94.504 6	94.513 9	95.117 7	剧烈磨损

为了评价所提出的刀具磨损识别方法的效果,将 3 类刀具磨损信号使用 LTSA 方法进行

特征约简后的识别结果与未特征约简的识别结果进行对比。其中 LTSA 方法的邻域参数 k 为 11，目标维数为 7。表 4-9 列出了对基于 LTSA 方法约简与未经约简的特征向量进行隐马尔科夫模型识别的结果。由表 4-9 中可以看出，LTSA 方法能够有效区分 3 类刀具磨损状态，与未经约简的识别方法相比，前者具有更加优秀的识别效率与精度。

表 4-9　2 种特征约简方法的 3 种磨损状态的 HMM 识别结果

方　法	初始磨损 /%	正常磨损 /%	剧烈磨损 /%	平均识别精度 /%	平均识别 时间/s
基于 LTSA 的 HMM 识别	96.67	93.33	93.33	94.44	7.5
未经特征约简的 HMM 识别	73.33	76.67	70	73.33	11.3

4.4.3　基于混沌时序分析方法与支持向量机的刀具磨损状态识别

1. 混沌时序分析方法概述

基于混沌时序分析的刀具磨损状态识别方法，主要包括：①刀具磨损状态的混沌特征提取；②基于混沌特征的磨损状态识别。为了提取刀具磨损状态的混沌特征，首先构建声发射信号的相空间，包括构建相空间所需的延迟时间与嵌入维数的求解；然后将重构后的声发射信号相空间中吸引子轨迹的关联维数与 Lyapunov 指数作为特征维数，建立刀具磨损状态的特征空间；最后使用支持向量机（Support Vector Machine，SVM）的模式识别功能，对刀具磨损状态的特征空间中不同磨损状态的样本进行分类。实现流程如图 4-10 所示。

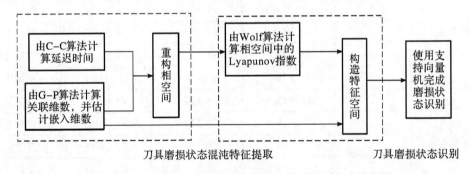

图 4-10　基于混沌时序分析的刀具磨损状态识别方法流程图

2. 刀具磨损状态的混沌特征提取

不同的刀具磨损状态可以用对应的磨损特征表示，本节引入相空间重构理论对刀具机械加工系统的规律性进行研究，即通过相空间重构求解混沌系统的吸引子轨迹，提取与不同刀具磨损状态具有密切关系的混沌特征。相空间重构理论基础来自 Packard 和 Takens 等提出的嵌入理论。根据 Takens 嵌入定理，重构相空间的关键是寻找合适的嵌入维数 m 与延迟时间 t，只有当嵌入维数 $m \geqslant 2d+1$ 时，重构的相空间与原始动力系统的相空间才能保持微分同胚，即具有拓扑等价的关系，其中 d 为原始动力系统的关联维数。下面分别给出延迟时间与嵌入维数的求解算法。

声发射信号来自机械加工过程中刀具信号的发射传感器,采集的声发射信号为一维序列 x,其中 x 的某一段声发射信号可以表示为

$$x_a = x(t_a), \quad t_a = t_0 + a\Delta t, \quad a = 1, 2, \cdots, n \tag{4-29}$$

式中,n 为采样点个数;Δt 为时间间隔。

根据 Takens 嵌入定理,当嵌入维数为 m、延迟时间为 t 时,对声发射信号 x 进行多维重构,得到包括 N 个样本点的 m 维相空间 X,可表示为

$$\left.\begin{aligned} X(t_b) &= \{x(t_b), x(t_b + t), \cdots, x[t_b + (m-1)t]\} \\ t_b &= t_0 + b\Delta t, b = 1, 2, \cdots, N \end{aligned}\right\} \tag{4-30}$$

根据文献可知,对于无限长、没有噪声的时间序列而言,延迟时间 t 的选取在原则上是没有限制的。但是大量数据表明,相空间的特征与延迟时间有密切的联系,因此选择恰当的延迟对相空间的特征计算具有重要意义。延迟时间的计算方法有多种,Kim 等提出的 C-C 算法与其他延迟时间的计算方法相比,计算量小,能保证时间序列的非线性特性,具有容易操作、计算量小、对小数据足够可靠、效果和互信息方法一致、具有较强的抗噪声能力(30% 以下)等特点,尽管 C-C 方法是利用统计结果得到的,没有雄厚的理论基础,但在实际中表现出了独特的优点,具有较好的效果。综上所述,本节选用 C-C 算法选择最优延迟时间 τ_d。

若采集到的声发射信号序列 x 分量的个数为 n,最优延迟时间 τ_d 的选择范围为 $T = \{t_i, i = 1, \cdots, l\}$,延迟时间 t 为 t_i 时,相应地可以将式(4-29)所示的声发射信号 x 按照式(4-30)分解为 t_i 个互不相交的子序列组,即

$$\left.\begin{aligned} x_{t_i}^1 &= \{x_1, x_{t_i+1}, \cdots, x_{t_i}\lfloor\frac{N}{t_i}\rfloor+1\} \\ &\vdots \\ x_{t_i}^i &= \{x_2, x_{t_i+2}, \cdots, x_{t_i}\lfloor\frac{N}{t_i}\rfloor+2\} \\ &\vdots \\ x_{t_i}^1 &= \{x_1, x_{t_i+1}, \cdots, x_{t_i}\lfloor\frac{N}{t_i}\rfloor+1\} \end{aligned}\right\} \tag{4-31}$$

式中,$x_{t_i}^i$ 表示以延迟时间为 t_i 划分的子序列组中的第 j 个序列;$\lfloor \cdot \rfloor$ 表示向下取整。根据 BDS(Brock-Dechert-Scheinkman)统计结论,设定时间序列的数据个数为 $N = 3\,000$,嵌入维数 $m = 1, 2, 3, 4$,σ 为声发射信号 x 的标准偏差,有

$$\left.\begin{aligned} \bar{S}(t) &= \frac{1}{16}\sum_{m=2}^{5}\sum_{k=1}^{4}S(m, r_k, t) \\ \Delta\bar{S}(t) &= \frac{1}{4}\sum_{m=2}^{5}\Delta S(m, t) \\ S_{cor}(t) &= \Delta\bar{S}(t) + |\bar{S}(t)| \end{aligned}\right\} \tag{4-32}$$

式中,$S(m, r_k, t)$ 与 $\Delta S(m, t)$ 的定义为

$$\left.\begin{aligned} S(m, r_k, t) &= \frac{1}{t}\sum_{t=t_1}^{t_l}\{C_i(m, r_k, t) - [C_i(1, r_k, t)]^m\} \\ \Delta S(m, t) &= \max\{S(m, r_k, t)\} - \min\{S(m, r_k, t)\} \end{aligned}\right\} \tag{4-33}$$

式中，$C_{t_i}(m,r,t)$ 为关联积分，表示由 $x_{t_i}^i$ 引出的相空间中任意两点的间距小于 r 的统计概率，其中 $C_{t_i}(m,r,t) = \lim\limits_{N \to \infty} C_{t_i}(m,N,r,t)$。但是在实际应用中时间序列的长度是有限的，通常将 $C_{t_i}(m,N,r,t)$ 作为 $C_{t_i}(m,r,t)$ 的估计值，$C_{t_i}(m,N,r,t)$ 为

$$C_{t_i}(m,N,r,t) = \frac{2}{M(M-1)} \sum_{1 \leqslant i \leqslant j \leqslant M} \theta(r-D), \quad r > 0 \qquad (4-34)$$

式中，D 为相空间中两点的欧式距离；M 为 $x_{t_i}^i$ 引出的相空间中相点的个数；θ 为 Heaviside 单位函数。式(4-34)所示的关联积分为累计分布函数，反映相空间中任意两点间距小于 r 的统计概率。

为了衡量时间序列的关联性，C-C 算法中定义了检验统计量，即

$$S(m,N,r,t) = C(m,N,r,t) - C^m(1,N,r,t) \qquad (4-35)$$

通常，为了计算检验统计量，首先将首达时间序列 $x = \{x_i \mid i = 1,2,\cdots,N\}$ 划分为 t 个相互不重复的等分子序列。检验统计量的计算采用分块平均的方法，即利用子序列检验统计量的平均值定义总体的检验统计量，即

$$S_1(m,N,r,t) = \frac{1}{t} \sum_{s=1}^{t} \left[C_s(m,N/t,r,t) - C_s^m(1,N/t,r,t) \right] \qquad (4-36)$$

对于独立同分布的时间序列 $x = \{x_i\}$，当 $N \to \infty$ 时，$S_1(m,r,t)$。对于任意的 r 均有 $S_2 \equiv 0$。由于 $S_1(m,r,t) \sim t$ 反映了时间序列的自相关特性，根据求延迟时间的自相关法原理，最优延迟时间 τ_d 可取 $S_1(m,r,t) \sim t$ 的第一个零点，或者取 $S_1(m,r,t) \sim t$ 对所有半径 r 相互差别最小的时间点，此时表示重构相空间中的点最接近均匀分布，重构吸引子轨道在相空间完全展开。

除了总体的检验统计量 S_1 之外，通过选择最大和最小半径可以定义差量 ΔS_1，即

$$\Delta S_1(m,t) = \max\{S_1(m,r_i,t)\} - \min\{S_1(m,r_i,t)\} \qquad (4-37)$$

当 $\Delta S_1(m,t)$ 最小时，S_1 的值比较稳定。因此最优的延迟时间 τ_d 可以选为 S_1 的第 1 个零点，或者 ΔS_1 的第 1 个局部最小点对应的时间点，还可以定义统计量 S_{1-cor}：

$$S_{1-cor} = \overline{S_1} + |\overline{\Delta S_1}| \qquad (4-38)$$

式中，$\overline{S_1}$ 和 $\overline{\Delta S_1}$ 分别为 S_1 与 ΔS_1 的平均值。通过寻找 S_{1-cor} 的最小值可以找到最优的延迟时间窗口 τ_w，$\tau_w = (m-1)t_d$。

综上所述，可以看出 C-C 算法计算延迟时间主要根据三个规则，即检验统计量 $S_1(m,r,t) \sim t$ 第一个零点对应的时间点、ΔS_1 第一个局部最小点对应的时间点、S_{1-cor} 的最小值对应的时间点。本节在应用 C-C 算法的过程中，选取最接近以上三个选取规则的时间点为延迟时间 τ_d。

当嵌入维数 m 取值恰当时，重构的相空间与原信号具有相同的系统动力学特征。G-P 算法由 Grassberger 和 Peocaccia 提出，利用 G-P 算法可以确定声发射信号重构相空间的嵌入维数 m。G-P 算法的计算步骤如下：

(1)针对式(4-29)所示的声发射信号序列 x，由 C-C 算法计算出延迟时间 τ_d。设定嵌入维数的寻优范围为 $M = \{m_{min},\cdots,m_i,\cdots,m_{max}\}$。在选定延迟时间 τ_d 和 M 中的最小维数 M_{min} 后，可以根据 Takens 嵌入定理重构相空间 Y_{min}。

(2)计算搜索半径 γ 的选择范围。设搜索半径 γ 的计算步长为 s，重构相空间 Y_{min} 中的两个相点的最大距离 D_{max} 和最小距离 D_{min}，则

$$\gamma = \frac{k(D_{\max} - D_{\min})}{s}, \quad k = 1, \cdots, i, \cdots, s$$

（3）根据式（4-34），计算不同半径 γ 下的相空间 $Y_{\min}$ 的关联积分函数 $C(\gamma)$。在半径 γ 的适当范围内，吸引子的关联维数 d 与累计分布函数的对数满足线性关系，即

$$d(m_{\min}) = \frac{\ln C(\gamma)}{\ln \gamma} \tag{4-39}$$

将式（4-39）拟合，求解出对应于 $m_{\min}$ 的 $d(m_{\min})$ 作为关联维数估计值。

（4）不断从 M 中选取较大的维数，重新构建相空间，并重复步骤（2）（3），直到式（4-39）中的维数估计值 $d(m)$ 不再随维数的增长而在一定误差范围内变化，即双对数关系 $\ln C(\gamma) - \ln\gamma$ 曲线的直线段斜率不会随不断增加的 m 而变化，即

$$d(m_c) = d(m_c + 1) = d(m_c + 2) = \cdots \tag{4-40}$$

$d(m_c)$ 即为所求吸引子的关联维数的估计值。根据 Takens 嵌入定理可知，所求嵌入维数 $m_d = [2 \cdot d(m_c) + 1]$，其中 $[\cdot]$ 为向上求整符号。自此便完成了嵌入维数 m_d 的求解。为了计算双对数关系 $\ln C(\gamma) - \ln\gamma$ 曲线直线段斜率变化的最小范围，应该考虑估计得到的关联维数对信号混沌时序特征的影响。如果根据关联维数计算得到嵌入维数后混沌时序特征变化保持稳定，则认为该关联维数对应的斜率变化的范围为所求范围。当直线段的斜率变化小于 0.05 时，该维数所对应的对数关系 $\ln C(\gamma) - \ln\gamma$ 曲线的直线段斜率为所求吸引子的关联维数的估计值。

本书将混沌动力系统的关联维数与 Lyapunov 指数应用于刀具不同磨损状态的特征表征方面。关联维数的计算已经给出，下面介绍基于 Wolf 方法 Lyapunov 指数的计算。在动力学系统中，Lyapunov 指数是衡量动力学系统特性极其重要的定量标准，能够对初始轨道指数发散和估计系统的混沌量进行量化描述，而嵌入维数则描述了动力学系统中吸引子的自相似结构，因此 Lyapunov 指数与嵌入维数被广泛应用于动力学系统混沌时序特征的表达。Lyapunov 指数可以通过相轨线、相平面、相体积等变化来估算，这类方法统称为 Wolf 方法。基于 Wolf 方法的声发射信号 Lyapunov 指数计算过程如下：

（1）确定声发射信号的延迟时间 τ_d 与嵌入维数 m_d 后，使用时间序列重构理论重构相空间。

（2）重构的 m_d 维相空间一共存在 n 个相点，$n = N - (m_d - 1)\tau_d$，与初始相点 $X(t_1)$ 欧式距离最小的相点为 $X(t_1)'$，两者之间的欧式距离为 $L(t_1)$。当时间 $t_2 = t_1 + p\Delta d$ 时，$p\Delta d$ 为步长，$X(t_1)$ 演化为 $X(t_2)$，而 $X(t_1)'$ 则演化为 $X(t_2)'$，$X(t_2)$ 与 $X(t_2)'$ 的距离为 $l(t_2)$，距离分散的指数增长率用 λ_1 表示，则在时间 $t_2 = t_1 + p\Delta d$ 时刻，相点 $X(t_2)$ 与 $X(t_2)'$ 的距离可以表示为

$$l(t_2) = L(t_1) \times 2^{\lambda_1 p\Delta d} \tag{4-41}$$

其中，用 λ_1 表示 $t_1 \sim t_2$ 时间段的指数增长率，且 $\lambda_1 = \frac{1}{p\Delta d} \log_2 \frac{l(t_2)}{L(t_1)}$。

（3）令距离 $X(t_2)$ 最近的相点为 Y，若 $X(t_2)$ 与 Y 之间的距离为 $L(t_2)$，则当 $t_3 = t_2 + p\Delta d$ 时，$X(t_2)$ 演化为 $X(t_3)$，Y 演化为 Y'。若 $X(t_3)$ 与 Y' 之间的距离为 $l(t_3)$，则

$$l(t_3) = L(t_2) \times 2^{\lambda_2 p\Delta d} \tag{4-42}$$

其中，$\lambda_2 = \frac{1}{p\Delta d} \log_2 \frac{l(t_3)}{L(t_2)}$。

(4)继续上述过程直到时间序列的终点,其中初始相点 $X_0(t_1)$ 共演化 n 次,从而求解出 n 个指数增长率。将指数增长率的平均值作为最大 Lyapunov 指数估计值 LE,有

$$\text{LE} = \frac{1}{n}\sum_{i=1}^{N}\frac{1}{k}\log_2\frac{l'(t_{i-1})}{L(t_{i-1})} \tag{4-43}$$

3. 基于混沌特征的刀具磨损状态识别及应用

为了验证基于混沌特征的刀具磨损状态识别方法的有效性,采用株钻生产的 PM-4E-D6.0-G 型整体 4 齿铣刀对铝合金 6061 进行加工试验,采集不同刀具磨损状态的声发射信号,采用上述方法进行识别,其他试验参数见表 4-10。

表 4-10 具体试验参数

参　　数	数　　值	参　　数	数　　值
数控铣床	北京精雕 Carver PMS_A8	转速/(r · min⁻¹)	3 000
切削方式	顺铣	进给速度/(mm · min⁻¹)	180
刀具	株钻 PM-4E-D6.0-G	切削深度/mm	2
工件	铝合金 6061	切削液	无
声发射信号采集设备	KISTLER 8152B121		

通常按照刀具的后刀面磨损量(VB),将刀具磨损过程划分为三个不同阶段:①初期磨损状态 $VB < 0.1\text{mm}$;②正常磨损状态 $0.1\text{mm} < VB < 0.35\text{mm}$;③剧烈磨损状态 $VB > 0.35\text{mm}$。本节根据刀具磨损的不同阶段进行了 3 组试验,每组包括 30 个样本。为了保证所采集的声发射信号处于对应的磨损状态中,根据试验经验选定了一定时间间隔,使用 Alicano 公司的 Infinite Focus 测刀仪对后刀面的磨损量进行测量。在设定的切削加工参数下,对每一把刀具均在一定时间间隔下进行 6 次后刀面的测量,前两次测量的间隔时间为进行铣削加工 30s,第 3 次与第 4 次测量的间隔时间为进行铣削加工 20s,第 5 次与第 6 次测量的间隔时间为进行铣削加工 10s。

为了避免工件的结构形式及刀具的加工路径对切削过程的声发射信号特征产生影响,对试验中的所有铝合金工件都预先处理为 15cm×10cm×10cm。为了保证试验过程的一致性,在试验过程中选择相同的刀具和工件,按照所设定的轴向切深、径向切深进行直线走刀,每次直线走刀的长度为 10cm。

声发射信号相空间的具体构建过程如下:

(1)用声发射信号采集设备对机械加工过程中刀具的声发射信号进行采集。根据刀具后刀面磨损情况,将采集到的数据划分为 3 个组别,分别对应上述 3 个磨损状态。

(2)计算声发射信号的最佳延迟时间。按照 4.4.2 节 1 中所述的 C-C 算法的三个规则计算声发射信号的最佳延迟时间。如图 4-11 所示,最接近三个选取规则的时间点为延迟时间 τ_d,分别为 5,5,7。需要注意的是延迟时间的单位与声发射信号的采集频率相关。此处,声发射信号的采集频率为 2 000Hz,延迟时间的单位为 5×10^{-4} s。

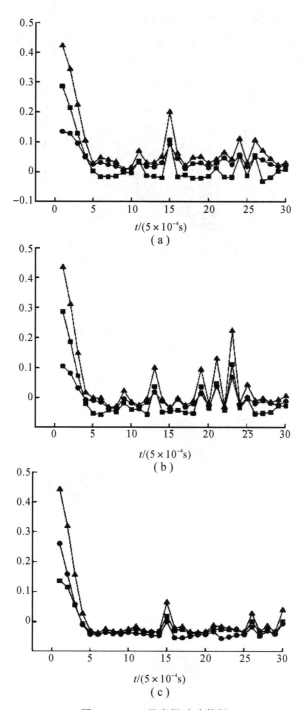

图 4-11 刀具磨损试验数据

(a)初期磨损试验第一组数据;(b)正常磨损试验第一组数据;(c)剧烈磨损试验第一组数据

■ S_1; ● ΔS_1; ▲ $\Delta S_{1\text{-cor}}$

(3)计算声发射信号的最佳嵌入维数。根据 4.4.2 节 1 中的方法分别计算 3 个阶段试验组的最佳嵌入维数。每个磨损状态的第一组数据的双对数关系 $\ln C(\gamma) - \ln\gamma$ 曲线。其中不同磨损状态第一组数据的关联维数分别是 2.583 1,3.405 2,4.475 6。由 Takens 嵌入定理可知,不同磨损状态的第一组数据嵌入维数可以选择为 6,8,10。

(4)在计算出延迟时间与嵌入维数后,利用式(4-30)重构吸引子的相空间。重构后吸引子的三维轨线示意图如图 4-12 所示。

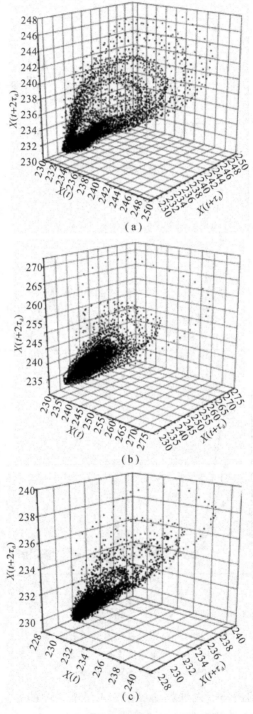

图 4-12　刀具磨损试验数据 G-P 算法结果

(a)初期磨损阶段;(b)正常磨损阶段;(c)剧烈磨损阶段

（5）使用 4.4.2 节 2 介绍的 Wolf 算法，计算重构后吸引子结构的 Lyapunov 指数。

（6）利用声发射信号的关联维数与 Lyapunov 指数建立特征空间，其中声发射信号的关联维数与 Lyapunov 指数分别为特征空间的维度，每一组声发射信号为特征空间中的一点，如图 4-13 所示。至此，已经成功提取了不同刀具磨损状态的声发射信号混沌时序特征为 SVM 的输入来实现不同磨损状态的识别。

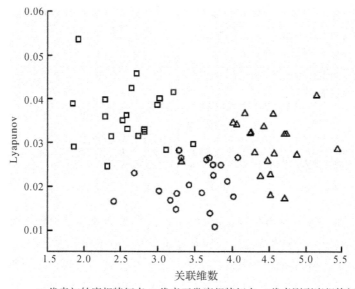

□代表初始磨损特征点；○代表正常磨损特征点；△代表剧烈磨损特征点

图 4-13　基于混沌时序分析理论的发射信号特征空间

为了验证 SVM 对声发射混沌特征的识别效果，本节设计了基于 SVM 与声发射混沌特征的刀具磨损状态的识别试验。试验按照 3 个刀具磨损状态分为 3 个试验大组，每个试验大组包括 20 小组声发射数据。随机选取 3 个磨损状态下的 10 组声发射数据，将这 30 组数据作为 SVM 的学习样本，其余 30 组声发射数据作为测试样本。

使用 SVM 进行不同刀具磨损状态识别，首先要解决的问题是核函数的选择。SVM 常见的核函数有多项式、径向基与 Sigmoid 函数三种类型，选择不同的核函数对所建立模型的性能有重大影响。一般在没有先验知识的情况下，使用径向基核函数可以得到较好的识别结果。径向基可以将非线性样本数据映射到高位特征空间中，处理具有非线性关系的样本数据，因此本节使用径向基作为 SVM 的核函数。在确定使用的核函数之外，需要对核函数的参数进行确定，径向基核函数所要确定的参数主要是惩罚系数 C 和核函数的宽度参数 δ，目前通过多次试验来确定这两个参数。通过多次计算验证后发现，当惩罚系数 $C = 100$、核函数宽度参数 $\delta = 0.5$ 时，建立的 SVM 模型识别结果最好。

根据以上分析，将学习样本中 30 组数据的关联维数与 Lyapunov 指数这两个混沌时序特征构成的特征矩阵作为 SVM 的输入因子，进行训练并建立识别模型。按照测试样本中数据所在的类别设置测试样本的标签号，将其代入建立好的识别模型进行分类，从而验证分类器的分类效果。3 个不同磨损状态的测试样本中 10 组数据的分类结果如图 4-14 所示，其中刀具磨损状态的平均识别准确率为 86.67%。

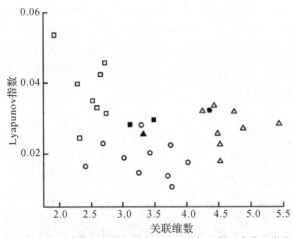

图 4-14　基于混沌时序特征的支持向量机分类结果示意图

　　为了进一步说明基于混沌时序分析技术与 SVM 的刀具磨损状态识别方法的可行性和有效性，采用声发射信号的时域参数特征建立特征空间，并使用 SVM 进行刀具磨损状态识别，对比两种特征空间的识别准确率。首先提取了学习样本中声发射数据的均方根值、峰值因子、振铃计数、方差和幅度期望 5 个信号特征建立特征空间，同时建立 SVM 训练模型；然后将测试样本中的 30 组数据代入学习样本的 SVM 训练模型，进行磨损状态的分类；最后得到基于声发射信号时域参数特征的磨损状态的分类准确率为 83.33%。结果表明，本节提出的基于混沌时序分析技术与 SVM 刀具磨损状态识别方法，好于传统的基于声发射信号的时域参数特征方法。

4.5　本章小结

　　本章主要研究了铣刀在加工过程中的刀具磨损量的预测技术，介绍了刀具磨损的机理和常用的刀具磨损监测方法。并以硬质合金涂层铣刀为研究对象，建立了基于声发射与切削力的铣刀磨损监测试验系统，通过试验获得了真实有效的声发射和切削力信号。

　　本章介绍了基于小波分解的特征提取方法和基于希尔伯特-黄变换的特征提取方法，并采用这两种方法提取了声发射和切削力信号中最能反映刀具磨损量的特征参数。建立了基于投影寻踪回归的刀具磨损监测模型、基于流形学习和隐马尔可夫模型的刀具磨损状态识别模型、基于混沌时序分析方法与支持向量机的刀具磨损状态识别模型，并采用这三种模型分别进行了试验预测，结果表明本章提出的模型相比传统的刀具磨损状态识别模型，准确率更高。

第五章　基于机器学习的刀具剩余寿命预测

5.1　刀具剩余寿命预测概述

5.1.1　刀具剩余寿命预测的意义

刀具寿命是指一把新刀具从开始加工工件算起,直到磨损量到达规定的磨钝标准的切削时间总和,而刀具的剩余寿命(RUL)指的是从当前时间算起,一直到磨损量达到磨钝标准的切削时间总和。如果对刀具剩余寿命预测不准确,有可能会导致刀具在还能使用的情况下就将其换下,造成资源浪费,增加加工成本;或者刀具已经失效却还没有将其换下,进而导致废品的产生,严重的话会损坏机床与设备。B. M. Karmer 指出:对提高计算机集成制造系统的生产率,准确估计刀具寿命比其他技术都重要。因此,刀具的寿命预测对于保证加工工件的精度、保护机床是很有必要的,刀具剩余寿命的预测具有很大的经济效益,已被各国公认为重大的关键技术。

刀具剩余寿命预测通过对能够体现加工过程中外部环境的变化和体现刀具自身性能的磨损退化数据的监测与分析,及时掌握目标刀具当前的性能退化状态,并对目标刀具的剩余寿命做出更具有针对性与实际指导性的预测。这对于精准用刀、及时换刀、保证加工质量,并充分利用刀具的加工能力以降低制造成本、提高加工效率等都有着重要的意义。

5.1.2　刀具剩余寿命预测的常用方法

近年来国内外学者针对刀具剩余寿命预测理论进行了较多研究,提出了各种新模型、新算法以及新技术。归纳总结为三类,即基于模型的预测方法、基于数据驱动的预测方法以及基于经验模型的预测方法。此处介绍前两者。

1. **基于模型的预测方法**

基于物理模型的预测方法是根据刀具磨损退化过程中的物理行为建立相应的数学表达式,对刀具的寿命进行估计。采用基于物理模型的预测方法得出的是刀具的平均寿命,减去当前刀具加工时间,便可得到刀具的剩余寿命。

不同的物理失效类型对应着不同的物理模型,近年来针对刀具磨损的失效机理进行寿命预测可以使用的物理模型比较少,应用比较广泛的物理模型就是泰勒模型。在 20 世纪初,泰勒通过大量的切削试验,提出了刀具平均寿命和切削参数(即切削速度、进给速度、切削深度)

之间的关系式——泰勒刀具寿命基本方程(泰勒等式)。就像 Mills 和 Redford 描述的,刀具寿命与切削速率之间存在反向指数关系,即 $VT^n = CVT^n = C$,其中指数系数 n 是由试验决定的。Hoffman 和 Niebel 等把进给速率和切削深度的影响考虑在内,对泰勒等式进行了延伸。潘永智等使用扩展泰勒刀具寿命公式建立了刀具寿命回归模型,提出了一种离线的刀具寿命预测管理系统。马伟民等利用泰勒公式确定了刀具寿命与切削参数之间的关系式,并分析各切削参数对陶瓷刀具正常磨损时寿命的影响程度。随后还出现了 Hastings 等刀具寿命的预测模型。虽然用泰勒基础等式和它的一些延伸形式进行刀具寿命预测直接、方便,但是这些泰勒等式以及扩展泰勒等式的系数往往需要经验确定,而且需要经过大量的试验验证才能确定参数。

2. 基于数据驱动的预测方法

基于数据驱动的方法是基于各种模型理论,通过刀具历史磨损数据和现有的观测数据来确定当前的刀具磨损状态与将来的刀具磨损状态之间的关系,进而进行刀具寿命预测。在针对刀具寿命预测上所用到的数据驱动方法的模型理论一般分为两种,即机器学习方法与统计方法。

(1)基于机器学习的数据驱动方法。机器学习方法通过之前加工过程中获得的数据来决定下一个时刻的测量值或者决定下一个时刻被提取出来的特征指数,然后通过建立的模型进行训练,并利用状态监测得来的数据或者一些资料数据对刀具的剩余寿命进行估计,而不是像基于物理模型的预测方法根据磨损或者失效机理去预测。在众多机器学习方法中,神经网络方法的应用最广泛。

(2)基于统计的数据驱动方法。统计方法是根据概率统计及随机过程的理论,依据概率密度函数(PDF)对监测刀具的剩余寿命进行估计,描述剩余寿命预测的不确定性。统计方法假定刀具性能退化遵循一定的分布,例如高斯分布、维纳分布或者伽马分布等。一旦其概率分布确定,未来的状态及剩余寿命都可以通过分布的估计预测出来。其优点是能够得出刀具寿命预测的概率分布而不是确定的值,所得的预测结果有置信度,从而增加了预测结果的可信度。基于统计方法的数据驱动方法主要包括基于伽马过程的方法、基于维纳过程的方法等。

伽马过程是一个非单调过程。随着时间的推移,退化量(例如磨损量、裂纹增量以及腐蚀量)不断累积。伽马过程假定该退化量的累积服从伽马分布,即退化累积量与时间是独立的。使用伽马过程预测方法的优点就是数学计算直接,然而,其不足之处就是伽马过程需要很严格的假设:①退化过程必须是单调的,②预测的结果与历史退化状态无关。一些研究人员已经将伽马过程应用到刀具寿命的预测中。段增斌利用刀具的寿命服从伽马分布这个理论,提出了刀具可靠度和刀具的寿命之间的关系,进而进行了陶瓷刀具切削可靠性的研究。钱德成等通过一定的实例验证,验证了一系列刀具寿命分布模型的拟合度,例如对于伽马分布模型的拟合验证,进而得出刀具可靠性及刀具寿命的适合计算方法。

维纳过程是一种带有随机噪声的随机回归模型。该方法可以进行累积退化建模,能够提供相对应的置信度,但很难处理单调退化,局限于高斯和线性系统。基于维纳过程的刀具寿命预测不是很多,但在航空发动机、金属化膜脉冲电容器等其他领域已有应用。

5.2 基于状态信息的刀具运行可靠性的刀具剩余寿命预测

本节利用声发射、加速度和力传感器,对刀具运行过程中产生的信号进行采集,利用 HHT 信号处理方法对刀具磨损的特征进行提取,建立刀具的状态特征矩阵。再利用 KPCA 算法将特征矩阵映射到高维空间中,计算刀具运行状态下和正常状态下(未磨损状态)的特征矩阵的子空间主夹角,将其作为刀具的可靠性指标即可靠度,定量地对刀具可靠性进行评估。同时建立基于混沌遗传算法的 BP 神经网络模型(CGA – BP),将刀具的可靠度作为模型的输入之一,剩余寿命作为输出,建立可靠度与寿命之间的映射关系,以此来进行刀具剩余寿命的预测。

5.2.1 基于 KPCA 的状态子空间和刀具可靠度评估

对加工过程中的振动信号、声发射信号以及切削力信号进行采集。由于振动信号和切削力信号都为三个方向(X, Y, Z 轴方向)的信号,故分别对它们三个方向的信号进行处理,最终在 HHT 的基础上提取出与刀具磨损最相关的数值特征,利用这些特征建立特征矩阵为

$$\boldsymbol{X} = (X_1, X_2 \cdots X_m)^{\mathrm{T}} = \begin{bmatrix} X_{11} & X_{12} & \cdots & X_{1n} \\ X_{21} & X_{22} & \cdots & X_{2n} \\ \vdots & \vdots & & \vdots \\ X_{m1} & X_{m2} & \cdots & X_{mn} \end{bmatrix} \quad (5-1)$$

式中,$\boldsymbol{X}$ 是状态特征矩阵,$\boldsymbol{X}_i = (X_1, X_2, \cdots, X_m)^{\mathrm{T}}$ 表示特征矢量,其中 $i = 1, 2, 3, \cdots, m$ 表示特征个数;X_{ij} 表示第 i 个特征在第 j 时刻的幅值,其中 $j = 1, 2, 3, \cdots$。

刀具的可靠性评估是利用核主成分分析(KPCA)方法来构造一组特征矩阵的状态子空间,再根据数值分析方法计算它们状态子空间的主夹角,以此来定量地描述两个状态特征矩阵的相似性,将其定义为可靠度指标,来描述刀具的可靠性。图 5-1 为刀具可靠性评估的模型。

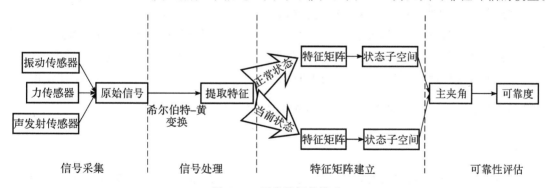

图 5 – 1　可靠性评估模型

核主成分分析是在主成分分析的基础上建立起来的,主成分分析法只对服从高斯分布的数据特征提取效果较好。如果数据呈任意分布,那么不论在原数据空间中如何做正交变换,都不可能找到一组最优的特征方向,找到的所谓"主成分"也就不能表达数据的特征结构。针对

这一局限性,核主成分分析首先利用非线性变换,将数据映射到特征空间,使其近似服从高斯分布。因此,核主成分分析能够处理较多类型的数据。

1. KPCA 的基本原理

对于高维空间中特征的可分性,Scholkopf B. 指出通过映射函数 φ 可以把原始输入数据 $\boldsymbol{X}$ 从空间 $\mathbf{R}^N$ 变换到高维空间 $\boldsymbol{F}^d$,在高维空间进行特征提取可能取得比较理想的分类效果,有

$$\varphi: \mathbf{R}^N \to \boldsymbol{F}^d, \boldsymbol{X} \to \varphi(\boldsymbol{X}) \tag{5-2}$$

通常如果直接构造映射函数 φ 来实现原始数据样本从低维到高维的变换,会使得整个过程的计算复杂度、数据存储量急剧增加。当维数较高时,对样本点的各个特征按阶数为 d 的多项式进行变换,得到的映射向量 $\varphi(\boldsymbol{X})$ 为

$$\boldsymbol{X} \to \varphi(\boldsymbol{X}) \tag{5-3}$$

$$(x_1, x_2, \cdots x_N) \to (x_1^d, x_2^d, \cdots x_N^d, x_1^d x_2, x_1^{d-1} x_3, \cdots, x_1^{d-2} x_2 x_3, \cdots) \tag{5-4}$$

若把坐标值恒等的坐标视为同一坐标,映射向量 $\varphi(\boldsymbol{X})$ 的维数可以根据下式计算:

$$N_F = \binom{N+d-1}{d} = \frac{(N+d-1)!}{d!(N-1)!} \tag{5-5}$$

若将坐标值恒等的坐标也视为不同的坐标,则映射向量的维数可达 $N_F = N^d$。无论按何种情况计算,当 N, d 较大时,N_F 的取值将会非常大,从而导致"维数灾难"。

为了既能保持在高维空间 F 对样本数据分类可能效果好的优点,同时又要避免由于低维向高维转换引起的"维数灾难",Scholkopf, B. 等引入核函数的概念。通过核函数可以把高维空间 F 的映射向量点积运算 $[\varphi(\boldsymbol{X}), \varphi(\boldsymbol{Y})]$ 转换成原始数据样本空间向量 $\boldsymbol{X}, \boldsymbol{Y}$ 之间的运算,既避免了直接构造映射函数 φ 的麻烦,同时也极大地减少了计算过程的复杂度及数据的存储量。

一般多项式的核函数形式可以写成

$$k(\boldsymbol{X}, \boldsymbol{Y}) = (\boldsymbol{X}\boldsymbol{Y})^d = \left(\sum_{j=1}^N x_j y_j\right)^d = [\varphi(\boldsymbol{X})\varphi(\boldsymbol{Y})] \tag{5-6}$$

核函数的引入很好地解决了由于样本数据从低维向高维转换过程导致的"维数灾难",简化了高维空间 F 中映射向量 $\varphi(\boldsymbol{X})$ 之间的点积运算。

由于在不同状态下,刀具磨损特征所建立的特征矩阵有着不同的数据结构,因此,基于核主成分分析的方法,对特征矩阵利用非线性映射将状态特征矩阵 $\boldsymbol{X}$ 映射到高维特征空间 F 中去。由主成分分析原理可知,对于给定的原始样本点 $\boldsymbol{X}_k \in \mathbf{R}(k=1, \cdots, M)$,若它们满足零均值条件,即 $\sum_{k=1}^M \boldsymbol{X}_k = 0$,则可以构造协方差矩阵 $\boldsymbol{C}$,有

$$\boldsymbol{C} = \frac{1}{M} \sum_{i=1}^M \boldsymbol{X}_i \boldsymbol{X}_i^{\mathrm{T}} \tag{5-7}$$

假设定义一个非线性映射函数 φ(见式(5-2)),输入向量 $\boldsymbol{X}_k$ 通过映射函数 φ 从空间 $\mathbf{R}^N$ 变换到高维空间 F 得到映射向量 $\varphi(\boldsymbol{X}_k)$,有

$$\varphi(\boldsymbol{X}) = [\varphi(\boldsymbol{X}_1), \varphi(\boldsymbol{X}_2) \cdots \varphi(\boldsymbol{X}_M)] \tag{5-8}$$

式中,$\varphi(\boldsymbol{X})$ 特征空间中的特征矩阵 $\varphi(\boldsymbol{X}_j)$ 表示所对应的矢量 $\boldsymbol{X}_j$ 的非线性特征矢量,$j = 1 \cdots M$。

在特征空间中,状态特征矩阵的协方差矩阵表示为

$$C = \frac{1}{M}\sum_{j=1}^{m}\varphi(\boldsymbol{X}_j)\varphi(\boldsymbol{X}_j)^{\mathrm{T}} \tag{5-9}$$

协方差矩阵 $\boldsymbol{C}$ 的特征值与它的特征矢量通过下列方程式求解,即

$$\lambda \boldsymbol{V} = \boldsymbol{C}\boldsymbol{V} \tag{5-10}$$

将式(5-9)代入式(5-10)中,可得

$$\boldsymbol{V} = \frac{1}{\lambda M}\sum_{i=1}^{M}\varphi(\boldsymbol{X}_i)\varphi(\boldsymbol{X}_i)^{\mathrm{T}}\boldsymbol{V} = \frac{1}{\lambda M}\sum_{i=1}^{M}[\varphi(\boldsymbol{X}_i)\cdot\boldsymbol{V}]\varphi(\boldsymbol{X}_i) \tag{5-11}$$

式中,λ 表示特征值;$\boldsymbol{V}$ 表示相应的特征矢量。特征值与特征矢量的个数都为 M。故在特征空间中存在系数向量 $\boldsymbol{\alpha} = [\alpha_1,\alpha_2,\alpha_3,\cdots,\alpha_M]^{\mathrm{T}}$,使矢量 $\boldsymbol{V}$ 可以由 $\varphi(\boldsymbol{X})$ 线性表示,即

$$\boldsymbol{V} = \sum_{j=1}^{M}\alpha_j\varphi(\boldsymbol{X}_j) = \varphi(\boldsymbol{X})\alpha \tag{5-12}$$

将式(5-9)和式(5-12)同时代入式(5-10),方程两边同时乘映射向量 $\varphi(\boldsymbol{X}_k)$,进行内积计算,有

$$\lambda\left(\varphi(\boldsymbol{X}_k)\cdot\sum_{j=1}^{M}\alpha_j\varphi(\boldsymbol{X}_j)\right) = \varphi(\boldsymbol{X}_k)\frac{1}{M}\sum_{i=1}^{m}\varphi(\boldsymbol{X}_i)\varphi(\boldsymbol{X}_i)^{\mathrm{T}}\sum_{j=1}^{m}\alpha_j\varphi(\boldsymbol{X}_j),\quad k=1,2,\cdots M \tag{5-13}$$

得出

$$\lambda\left[\sum_{j=1}^{M}\alpha_j\varphi(\boldsymbol{X}_k)\varphi(\boldsymbol{X}_j)\right] = \frac{1}{M}\sum_{j=1}^{M}\alpha_j\varphi(\boldsymbol{X}_k)\sum_{i=1}^{M}\varphi(\boldsymbol{X}_i)[\varphi(\boldsymbol{X}_i)\varphi(\boldsymbol{X}_j)] \tag{5-14}$$

定义一个 $M \times M$ 维的核矩阵 $\boldsymbol{K}$ 为

$$K_{ij} = \langle\varphi(\boldsymbol{X}_i),\varphi(\boldsymbol{X}_j)\rangle = k(\boldsymbol{X}_i,\boldsymbol{X}_j) \tag{5-15}$$

可把式(5-14)改写成矩阵形式为

$$M\lambda K\alpha = K^2\alpha \tag{5-16}$$

将式(5-16)化简,使 KPCA 特征值方程转化为

$$M\lambda\alpha = K\alpha \tag{5-17}$$

式中,$i,j = 1,\cdots,M$;$k(\cdot)$ 表示核函数。本节采用常用的高斯核函数,其形式为

$$k(X,Y) = \exp\left(\frac{-\parallel X-Y \parallel^2}{2\sigma^2}\right) \tag{5-18}$$

求解式(5-17),得到矢量 α,同时也得到了协方差矩阵 $\boldsymbol{C}$ 的特征矢量 $\boldsymbol{V}$,对 $\boldsymbol{V}$ 进行归一化处理,进而得到了一组归一化后正交矢量 $\boldsymbol{\omega}$,有

$$\boldsymbol{\omega} = \frac{\boldsymbol{V}}{\parallel \boldsymbol{V} \parallel} = \frac{\varphi(\boldsymbol{X})\alpha}{\sqrt{\alpha^{\mathrm{T}}K\alpha}} = \varphi(\boldsymbol{X})\eta \tag{5-19}$$

随后求解特征值 λ,将其按从大到小的顺序排列并选择其中对应较大的特征值的几组矢量,从而便构成了样本分布的状态子空间,有

$$\begin{aligned} S &= \mathrm{span}[\boldsymbol{\omega}_1,\boldsymbol{\omega}_2,\cdots,\boldsymbol{\omega}_r] = \\ &\quad \mathrm{span}[\varphi(\boldsymbol{X})\eta_1,\varphi(\boldsymbol{X})\eta_2,\cdots,\varphi(\boldsymbol{X})\eta_r] \end{aligned} \tag{5-20}$$

式中,$\boldsymbol{\omega}_i,i=1,\cdots,r$ 表示子空间正交基矢量;S 表示状态子空间;r 表示子空间维数。

对于子空间维数的确定,可以预先设定累计贡献率 ξ_0(根据经验,一般选取 $\xi_0 = 85\%$),根据 $\xi \geqslant \xi_0$,确定 r 的取值。定义前 r 个累计贡献率为

$$\xi = \sum_{i=1}^{r} \lambda_i \bigg/ \sum_{i=1}^{N} \lambda_i \qquad (5-21)$$

2. 可靠性评估

基于 KPCA 的子空间构造方法,构造正常状态的子空间 S_1 和当前待评估状态下的子空间 S_2,则有

$$S_1 = \mathrm{span}[\varphi(\boldsymbol{Y})\gamma_1, \varphi(\boldsymbol{Y})\gamma_2, \cdots, \varphi(\boldsymbol{Y})\gamma_p] \qquad (5-22)$$

$$S_2 = \mathrm{span}[\varphi(\boldsymbol{Z})\beta_1, \varphi(\boldsymbol{Z})\beta_2, \cdots, \varphi(\boldsymbol{Z})\beta_q] \qquad (5-23)$$

式中,$\varphi(\boldsymbol{Y})$ 和 $\varphi(\boldsymbol{Z})$ 表示状态特征矩阵;$\gamma_i, i = 1, 2, \cdots, p$ 和 $\beta_j, j = 1, 2, \cdots, q$,分别表示两组权矢量。$S_1$ 与 S_2 之间的相似性可通过子空间基矢量间的主夹角来表示,首先求它们的内积 $\boldsymbol{W} = \boldsymbol{S}_1^{\mathrm{T}} \boldsymbol{S}_2$,即

$$W_{ij} = \boldsymbol{\gamma}_i^{\mathrm{T}} \varphi(\boldsymbol{Y})^{\mathrm{T}} \varphi(\boldsymbol{Z}) \boldsymbol{\beta}_j = \boldsymbol{\gamma}_i^{\mathrm{T}} K' \boldsymbol{\beta}_j \qquad (5-24)$$

式中,$\varphi(\boldsymbol{Y}), \varphi(\boldsymbol{Z})$ 表示状态特征矩阵;$i = 1, 2, 3, \cdots, p; j = 1, 2, 3, \cdots, q; K'_{ij} = \langle \varphi(Y_i), \varphi(Z_j) \rangle$ 表示核矩阵。

令 $d = \min(p, q)$,对矩阵 $\boldsymbol{W}$ 进行奇异值分解,得到 d 个 $\boldsymbol{WW}^{\mathrm{H}}$ 或 $\boldsymbol{W}^{\mathrm{H}}\boldsymbol{W}$ 非零特征值的开方 $k_1, k_2, \cdots, k_d$,主夹角即为特征值的反余弦值 $\theta_i = \arccos(k_i)$。其中 $i = 1, 2, 3, \cdots, d; 0 \leqslant \theta_i \leqslant \pi/2$,$\theta_i$ 为第 i 个主夹角,其范围为 $[0, 90°]$。主夹角可以反映两个子空间的相似程度,主夹角越小,说明两个子空间相似度越大,反之则相似度越小。

为了实时评估刀具的可靠性,在刀具正常运行状态下,采集刀具运行的状态信息,建立如式(5-1)所示的正常状态特征矩阵。同理,在刀具当前运行状态下,采集信息建立当前运行状态的特征矩阵,随后利用基于 KPCA 的子空间构造算法构造如式(5-20)所示的正常状态特征矩阵的子空间和当前运行状态特征矩阵的子空间,按照式(5-24)计算它们的内积矩阵,对其进行子空间和主夹角计算,通过计算所得的主夹角来定义主夹角矢量,有

$$\boldsymbol{\theta} = (\theta_1, \theta_2, \cdots, \theta_d)^{\mathrm{T}} \qquad (5-25)$$

式中,最小的主夹角反映了两个子空间中最主要的相似信息,因此,可利用最小的主夹角的余弦值来定义可靠度指标,即

$$R = \cos[\min(\theta_i)], \quad i = 1, 2, \cdots, d \qquad (5-26)$$

式中,R 采用余弦函数表示,由于其为递减函数,因此其值随子空间主夹角的增大而减小,反之亦然。同时可靠度指标 R 的变化范围为 $[0,1]$,正常状态的可靠度可以认为是 1;在刀具磨损退化过程中子空间主夹角逐渐增大,因此与正常状态的相似度也越来越小,可靠度也逐渐减小;失效状态的下的刀具可靠度趋于 0。

3. 评估模型的建立

对与磨损相关的 IMF 振幅均值及边际谱最大幅值点特征进行提取,按照前述方法建立特征矩阵。即在刀具加工初期,对正常状态下的声发射信号和振动信号,以及 X, Y, Z 方向切削力信号进行信号采集,采集时间为 1s 长度的信号,将其分成 10 段,即间隔时间为 0.1s,分别提取出振动和切削力 X, Y, Z 方向与刀具磨损相关的固有模态函数分量 IMF 和最大边际谱的特征,建立一个 35×10 的状态特征矩阵,将其作为正常状态特征矩阵。同时,刀具每运行 5min 采集一次信号,直至刀具严重磨损,用同样的方法建立一组当前刀具运行状态的特征矩阵,利用 KPCA 算法构造状态特征矩阵的子空间,并分别计算它们与正常状态子空间基矢量的主夹角。

4. 相关性分析

随着磨损的加剧,刀具的可靠度也减小。为了验证刀具可靠性与磨损量之间的相关性,对其进行相关性分析。本节采用极差相关系数法,计算相关系数 r,以此来说明所评估的可靠度是否符合刀具运行过程中可靠性的变化趋势,即

$$r = \frac{\sum\limits_{i=1}^{n}(x_i - \bar{x})(y_i - \bar{y})}{\sqrt{\sum\limits_{i=1}^{n}(x_i - \bar{x})^2 \cdot \sum\limits_{i=1}^{n}(y_i - \bar{y})^2}}$$

$$\text{cov}(x_i, y_i) = \frac{n\sum\limits_{i=1}^{n}x_i y_i - \sum\limits_{i=1}^{n}x_i \cdot \sum\limits_{i=1}^{n}y_i}{\sqrt{n\sum\limits_{i=1}^{n}x_i{}^2 - \left(\sum\limits_{i=1}^{n}x_i\right)^2} \cdot \sqrt{n\sum\limits_{i=1}^{n}y_i{}^2 - \left(\sum\limits_{i=1}^{n}y_i\right)^2}}$$

$$(5-27)$$

式中,r 表示相关系数;x_i 表示刀具在 i 时刻的刀具磨损值,$i = 10,15,20,\cdots$;y_i 表示刀具在 i 时刻所计算出的可靠度,$i = 10,15,20,\cdots$。

5.2.2　基于混沌遗传算法和 BP 神经网络的刀具剩余寿命预测

在得到刀具的可靠度后,往往需要比较直观地反映出刀具的剩余切削寿命,即需要建立可靠度和剩余寿命之间的映射关系。本节在 BP 神经网络的基础上,利用混沌遗传算法的遍历性和遗传算法的反演性来改进 BP 神经网络,建立基于混沌遗传算法的刀具剩余寿命的神经网络模型。

1. 基于混沌搜索的遗传算法

混沌(Chaos)指的是一种较为普遍的非线性现象,表面上看它似是一片混乱的变化过程,但实际却含有内在的规律性。

利用混沌变量进行优化搜索的基本思想是:利用线性映射将混沌变量直接映射到优化变量的取值区间,随后接收当前较好的点作为搜索初值,并以当前的最优点为中心,对其附加上一个混沌小扰动,通过混沌变量进行搜索。

本节将遗传算法与混沌优化方法相结合,构建一种基于混沌搜索的混合遗传算法,利用混沌优化的遍历性和遗传算法的反演性优点,将混沌状态元素引入所要优化的变量当中,将混沌运动的遍历范围扩大至整个优化变量的取值范围,利用混沌的遍历性改善遗传算法的性能,使其避免陷入局部最优解。同时将该算法用于 BP 神经网络中,根据混沌遗传算法求出 BP 神经网络输入层和隐含层的初始权值、隐含层和输出层的初始权值、隐含层和输出层的初始阈值,使其一开始便达到或接近网络所要输出的最优解,加快 BP 神经网络的运行效率和提高网络输出的准确性。具体流程图如图 5-2 所示。

混沌遗传算法优化 BP 神经网络的要素包括初始种群混沌生成、适应度函数、选择操作、交叉操作、变异操作和优秀个体的混沌优化。

首先需对初始种群进行编码。由于实数编码运算速度快,且针对于特定优化问题,因此,采用实数编码的方式。设 BP 神经网络的输入层、隐含层、输出层个数分别为 σ, τ, ρ,根据 BP 神经网络的拓扑结构,对其权值、阈值进行编码。编码方式如下:

$$C = \left[v_{11}, v_{12}, \cdots, v_{\sigma}, \omega_{11}, \omega_{12}, \cdots, \omega_{\tau\rho}, \theta_1, \theta_2, \cdots, \theta_{\tau}, q_1, q_2, \cdots, q_{\rho} \right]$$

将个体编码组成一个种群后,需要设定种群规模,而遗传算法将会使这个种群不断进化形成新的个体,从中寻找最优解,即最优的权值和阈值。种群规模设置过大,会导致训练效率低,计算量大;种群规模设置过小,会出现过早收敛,最优解无法找到。根据经验,设置种群规模为100。

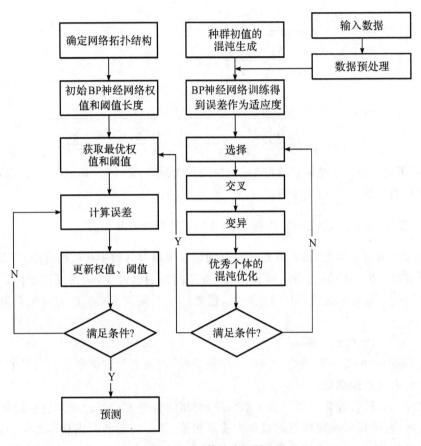

图 5-2　算法流程图

在传统的遗传算法中,初始种群随机生成,造成的后果是其中会有相当多的个体远离最优解,造成算法的收敛速度慢,求解效率低。因此,采用混沌的遍历性,先将种群划分为多个子种群,每个种群独自进行搜索。这样将会提高初始种群的计算效率和个体质量,比随机搜索更加有效。选用 Logistic 映射来进行初始种群的生成,有

$$\beta_i^{(u+1)} = \mu \beta_i^{(u)} (1 - \beta_i^{(u)}) \tag{5-28}$$

式中,i 表示混沌变量的序号,$i = 1, 2, 3, \cdots, r$,其中 r 是种群个体染色体的长度;u 表示种群序号,$u = 1, 2, 3, \cdots, m$,其中 m 是种群规模的大小,这里取100;β_i 表示混沌变量;μ 表示混沌吸引子。

取 $\mu = 4$,$u = 0$,给式(5-28)中 $\beta_i^{(1)}$ 赋 r 个微小差异的初始值,$i = 1, 2, 3, \cdots, r$,得到 r 个混沌变量,取 $u = 1, 2, 3, \cdots, m$,得到规模为 m 初始解群。

根据个体得到 BP 神经网络的初始权值和阈值,利用已有的数据对 BP 神经网络进行训

练,将切削参数和可靠度作为输入,刀具剩余寿命作为输出,最终将刀具预测的剩余寿命和实际的剩余寿命作差,取绝对值作为个体适应度值,则有

$$F = |t_s - t_y| \qquad (5-29)$$

式中,t_s 为刀具的实际剩余寿命;t_y 为刀具的预测寿命。

基于适应度比例的选择策略,本节采用轮盘赌法作为遗传算法的选择操作,则每个个体的选择概率 P_i 为

$$P_i = f_i / \sum_{i=1}^{N} f_i \qquad (5-30)$$

$$f_i = 1/F_i \qquad (5-31)$$

式中,F_i 为个体 i 的适应度值;N 为种群个体数目。

个体采用实数编码,交叉操作方法采用实数交叉法,第 k 个染色体 a_k 和第 l 个染色体 a_l 在 i 位的交叉操作为

$$\left. \begin{array}{l} a_{kj} = a_{kj}(1-b) + a_{lj}b \\ a_{lj} = a_{lj}(1-b) + a_{kj}b \end{array} \right\} \qquad (5-32)$$

式中,b 是 $[0,1]$ 间的随机数。

选取第 i 个体的第 j 个基因 a_{ij} 进行变异,操作为

$$f(g) = r(1 - g/G_{\max})^2 \qquad (5-33)$$

$$a_{ij} = \begin{cases} a_{ij} + (a_{ij} - a_{\max})f(g) & (r > 0.5) \\ a_{ij} + (a_{\min} - a_{ij})f(g) & (r \leqslant 0.5) \end{cases} \qquad (5-34)$$

式中,$a_{\max}$,$a_{\min}$ 分别是 a_{ij} 的最大值和最小值;r 是 $[0,1]$ 间的随机数;g 为当前迭代次数;$G_{\max}$ 为最大进化次数。根据实践经验和试验效果,交叉概率选取 0.7,变异概率选取 0.2。

在上一代群体中,将 10% 适应度最大的个体直接放入下一代群体,不参加交叉和变异,剩余的 90% 进行交叉和变异操作。随后计算新的适应度并根据适应度对群体中的个体进行降序排列,求出平均适应度和个体中最大适应度的差值,将其设为终止条件,有

$$|\bar{F} - F_{i\max}| < \varepsilon \qquad (5-35)$$

式中,$\bar{F}$ 为平均适应度;$F_{i\max}$ 为个体中最大的适应度;ε 为预先设定值,根据实际效果,取 $\varepsilon = 0.001$。

为了避免遗传算法陷入局部最优和早熟,给某一代群体中适应度较小的 90% 个体加入混沌扰动。这也相当于对个体上的基因进行变异操作,能有效地减少算法迭代次数,提高计算效率。同时,这种变异很有可能比剩余 10% 适应度较高的个体所对应的基因更加接近最优解。而且只针对 90% 的基因加入混沌扰动,缩小了搜索空间,加快了寻优速度,有

$$\alpha = 1 - (\frac{k-1}{k})^m \qquad (5-36)$$

$$\delta'_k = (1-\alpha)\delta^* + \alpha\delta_k \qquad (5-37)$$

式中,δ^* 为当前最优解 $[v_{11}^*, v_{12}^*, \cdots, v_{\pi}^*, \omega_{11}^*, \omega_{12}^*, \cdots, \omega_{\tau\rho}^*, \theta_1^*, \theta_2^*, \cdots, \theta_{\tau}^*, q_1^*, q_2^*, \cdots, q_{\rho}^*]$ 映射到 $[0,1]$ 区间后形成的向量,叫做最优混沌向量;δ_k 为迭代 k 次后的混沌向量;δ'_k 为加了扰动后对应的混沌向量 $[v'_{11}, v'_{12}, \cdots, v'_{\pi}, \omega'_{11}, \omega'_{12}, \cdots, \omega'_{\tau\rho}, \theta'_1, \theta'_2, \cdots, \theta'_{\tau}, q'_1, q'_2, \cdots, q'_{\rho}]$;$k$ 是迭代次数;α 的范围是 $0 < \alpha < 1$,采用自适应选取。由于开始初期,希望扰动后对应的混沌向量 $[v'_{11}, v'_{12}, \cdots, v'_{\pi}, \omega'_{11}, \omega'_{12}, \cdots, \omega'_{\tau\rho}, \theta'_1, \theta'_2, \cdots, \theta'_{\tau}, q'_1, q'_2, \cdots, q'_{\rho}]$ 变动范围大,α 需尽可能

取大值进行搜索,但随着搜索进行,$[v'_{11},v'_{12},\cdots,v'_{\sigma},\omega'_{11},\omega'_{12},\cdots,\omega'_{\tau p},\theta'_{1},\theta'_{2},\cdots,\theta'_{\tau},q'_{1},$ $q'_{2},\cdots,q'_{\rho}]$ 逐渐逼近最优解,故 α 选用较小的值进行搜索,m 为种群规模。

选取某一代,对该群体中适应度较小的 90% 个体按照式(5-37)加入混沌扰动。由于迭代次数增加,式(5-36)中 α 值不断改变,也不断逼近最优解,最终当相邻两次求解出的适应度平均值之差小于预先所设定的值时,停止迭代,即

$$|\overline{F}_k - \overline{F}_{k+1}| < \varepsilon' \tag{5-38}$$

式中,k 为迭代次数;ε' 为预先所设值,$\varepsilon' = 0.0001$。随后根据所得适应度再对整个群体进行排序,观察式(5-35)是否满足条件,满足则输出最优初始权值和阈值,不满足继续搜索。

2. 基于混沌遗传算法的 BP 神经网络

由于本节预测的刀具剩余寿命是大于零的,综合考虑后,认为 Sigmoid 函数具有较好的光滑性、鲁棒性、处处连续可导,求导的时候可以用自身的某种形式表示,收敛较快,所以选其为改进后的 BP 神经网络的激活函数。

根据 Kolmogorov 的理论,任意的连续非线性函数可以被充分训练的三层 BP 神经网络所逼近,但是随着隐含层的增多,可能会出现过拟合现象。因此,本节选用三层 BP 神经网络,包括一个输入层、一个隐含层和一个输出层。将切削三要素和刀具可靠度的评估结果作为神经网络的输入,将刀具剩余寿命作为神经网络的输出结果。

根据经验和试验时具体的效果,将隐含层神经元的个数定为 13,将切削深度、主轴转速、进给速度以及刀具可靠度作为输入,剩余寿命作为输出。因此,本节设计的刀具剩余寿命预测模型的拓扑结构为 $4 \times 13 \times 1$。

BP 神经网络通过误差梯度下降法来学习,其输出误差为

$$E = \frac{1}{2}\sum_{k=1}^{l}(d_k - z_k)^2 \tag{5-39}$$

式中,d_k 为第 k 个输出层节点的期望输出值;z_k 为第 k 个输出层节点的计算输出值;l 为输出层神经元的个数。

根据所得误差,对输入层与隐含层神经元之间的权值调整,调整量为

$$\Delta w_{jk} = -\eta\frac{\partial E}{\partial w_{jk}} = -\eta(z_k - d_k)g'y_j = \eta\delta'_k y_j \tag{5-40}$$

式中,η 为学习率;δ'_k 表示局部的梯度。

根据所得误差,对输出层与隐含层神经元之间的权值进行调整,调整量为

$$\Delta v_{ij} = -\eta\frac{\partial E}{\partial v_{ij}} = -\eta\Big(\sum_{t=1}^{k}\frac{\partial E}{\partial z_t}\frac{\partial z_t}{\partial y_j}\Big)\frac{\partial y_j}{\partial v_{ij}} =$$
$$-\eta\Big(\sum_{t=1}^{k}(z_t - d_t)g'_t w_{jt}\Big)f'x_i = \eta\delta''x_i \tag{5-41}$$

式中,δ'' 表示局部的梯度;η 为学习率,在此,根据实际效果设为 0.2。

经过混沌遗传算法优化 BP 神经网络的初始权值与阈值后,将评估出的可靠度和该条件下的切削参数作为神经网络的输入,刀具的剩余寿命作为网络的输出。先依据样本进行训练学习,最终建立的刀具剩余寿命预测模型如图 5-3 所示。

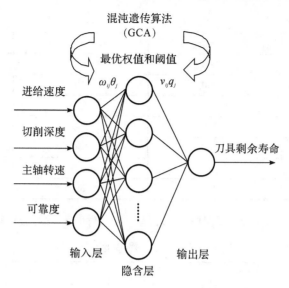

图 5-3 CGA-BP 网络模型

5.2.3 试验验证

进行关于主轴转速、进给量和切削深度的三因素四水平正交试验,试验条件见表 5-1。

表 5-1 试验因素水平

	主轴转速 $v_0/(\text{r} \cdot \text{min}^{-1})$	进给速度 $f/(\text{mm} \cdot \text{min}^{-1})$	切削深度 a_p/mm
1	3 000	50	0.4
2	4 000	100	0.6
3	5 000	150	0.8
4	6 000	200	1

选取 $L_{16}(4^5)$ 标准正交表的前 3 列并进行重排,进行 16 次试验,分别采集刀具磨损整个周期的信号,见表 5-2。

表 5-2 正交试验表($L_{16}(4^5)$ 取前三列)

试验号	$v_0/(\text{r} \cdot \text{min}^{-1})$	$f/(\text{mm} \cdot \text{min}^{-1})$	a_p/mm
1	3 000	50	0.4
2	4 000	100	0.4
3	5 000	150	0.4
4	6 000	200	0.4
5	3 000	100	0.6
6	4 000	50	0.6
7	5 000	200	0.6
8	6 000	150	0.6
9	3 000	150	0.8

续表

试验号	$v_0/(\text{r} \cdot \text{min}^{-1})$	$f/(\text{mm} \cdot \text{min}^{-1})$	a_p/mm
10	4 000	200	0.8
11	5 000	50	0.8
12	6 000	100	0.8
13	3 000	200	1
14	4 000	150	1
15	5 000	100	1
16	6 000	50	1

在此以第一组试验为例,运行过程中刀具在不同运行时刻所对应的磨损值见表5-3。

表 5-3　磨损值

时间/min	10	15	20	25	30	35	40	45	50	55
VB	0.05	0.06	0.08	0.12	0.15	0.18	0.23	0.30	0.37	0.48

在刀具切削运行过程中,由于刀具开始切削时磨损不明显,故从 10min 开始,每隔 5min 采集一次信号,刀具在切削 30min 时采集信号 1s,将其分成 10 段,每段信号长度为 0.1s,找出与刀具磨损相关的本征模态函数和包含信息最多的 IMF,求其边际谱。如图 5-4 所示分别为切削力信号 X,Y,Z 轴方向的 IMF 振幅均值图,为了方便找出对应 IMF,取三种不同磨损状态,绘制它们的振幅均值。可以发现 X 轴方向 IMF4,IMF5,IMF6,IMF7 振幅均值变化最明显,幅度最大,Y 轴方向 IMF3,IMF4,IMF5,IMF6 变化明显,Z 轴方向 IMF2,IMF3,IMF4, IMF5 变化明显。因此对它们的振幅均值进行提取。同理,采用同样的办法提取其他传感器 IMF 振幅均值。从图中可以看出,Z 轴方向上 IMF4 振幅均值变化率最大,不同磨损状态下变化幅度也最大,因此对 IMF4 单独求取希尔伯特边际谱,如图 5-5 所示,随着磨损的加剧,希尔伯特边际谱最大幅值点也在逐渐增大,故将其作为刀具磨损特征提取。同理,对 X 轴的 IMF5 与 Y 轴的 IMF5 进行同样的处理。

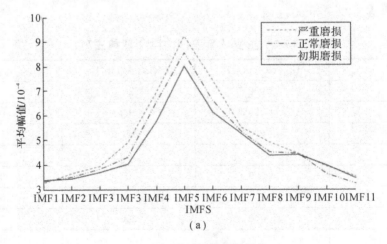

图 5-4　X,Y,Z 轴振幅均值
(a)X 轴振幅均值

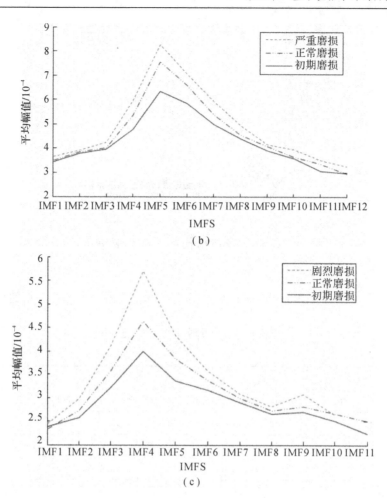

续图 5-4 *X*,*Y*,*Z* 轴振幅均值

(b)*Y* 轴振幅均值;(c)*Z* 轴振幅均值

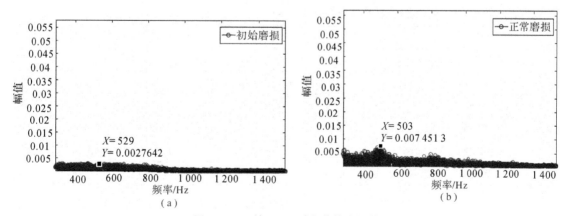

图 5-5 *Z* 轴 IMF4 希尔伯特边际谱

(a)初始磨损;(b)正常磨损

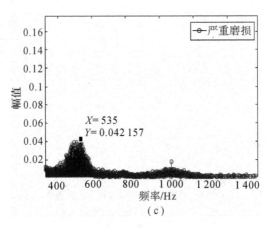

续图 5-5 *Z* 轴 IMF4 希尔伯特边际谱

(c)严重磨损

表 5-4～表 5-6 为刀具运行 30min 时所提取的本征模态函数和边际谱的数值特征。

表 5-4 切削力数值特征

单位:10^{-4}

	特　征	1	2	3	4	5	6	7	8	9	10
*X*轴	IMF4(*X*轴)	4.0399	4.4046	3.5602	4.1621	4.3122	3.6644	4.5362	4.8347	3.5347	4.9357
	IMF5(*X*轴)	5.7544	5.1634	6.9306	6.5634	6.5473	6.3547	6.5324	6.6954	6.8932	6.9563
	IMF6(*X*轴)	8.0245	8.2434	8.5342	8.6532	8.5423	8.6234	8.7856	8.9564	8.2234	8.2354
	IMF7(*X*轴)	6.1324	6.2354	6.3245	6.5896	6.6534	6.6324	6.8964	7.1598	7.3547	7.4534
	边际谱	20.235	20.547	21.225	21.964	24.563	25.328	25.386	25.385	26.538	27.658
*Y*轴	IMF3(*Y*轴)	5.3566	5.3658	5.4856	5.4685	5.2536	5.5685	5.9547	6.5234	6.2358	6.2356
	IMF4(*Y*轴)	6.2358	6.3582	6.5325	6.9854	6.7536	6.6854	6.9358	6.8536	7.1325	7.0689
	IMF5(*Y*轴)	8.1368	8.5368	8.1025	7.9568	7.9824	8.6358	8.7458	8.2685	9.9623	9.0153
	IMF6(*Y*轴)	5.3568	5.3686	5.369	5.2684	5.2358	6.2369	6.2538	5.9638	5.5233	5.2369
	边际谱	19.536	19.638	21.369	20.369	20.369	22.365	23.658	22.685	22.65	24.658
*Z*轴	IMF3(*Z*轴)	2.3658	2.3596	2.4589	2.6958	2.7568	2.9255	3.0256	3.2688	3.6921	3.5365
	IMF4(*Z*轴)	5.2353	5.3586	5.3697	5.4861	5.5368	5.6358	5.7357	5.8364	5.7536	5.9354
	IMF5(*Z*轴)	3.0363	3.4583	3.6853	3.7563	38963	4.0365	4.2368	4.3689	4.4536	4.8536
	IMF6(*Z*轴)	3.2514	3.1287	3.2368	3.3567	3.4563	3.5478	3.1238	3.6549	3.7563	3.8612
	边际谱	10.358	10.365	10.586	9.368	11.686	11.236	11.893	12.575	12.745	13.569

表 5 - 5　振动信号数值特征

单位:10^{-3}

特　征		1	2	3	4	5	6	7	8	9	10
X轴	IMF4(X轴)	1.3563	1.2368	1.9563	1.6345	1.3687	1.9135	1.8968	2.0358	2.3684	2.4562
	IMF5(X轴)	2.3658	2.4536	2.5638	2.6358	2.7536	2.4536	2.8563	2.9563	2.9456	2.9831
	IMF6(X轴)	4.1638	4.2368	4.3685	4.5638	4.6579	4.7563	4.5876	4.9853	5.2368	5.1284
	IMF7(X轴)	1.9534	1.9823	2.0357	2.1423	2.3265	2.4528	2.5378	2.6354	2.7561	2.5364
	边际谱	6.5326	6.5874	6.9853	7.2368	7.9568	10.235	10.686	11.248	12.358	12.985
Y轴	IMF4(Y轴)	2.3684	2.3682	2.7536	2.9658	3.2365	3.5364	3.6589	3.9456	4.2368	4.3621
	IMF5(Y轴)	3.2368	3.5326	3.4536	3.6587	3.7598	3.9685	4.2365	4.2368	4.4562	4.6325
	IMF6(Y轴)	4.9658	5.1254	5.2358	5.3256	5.4583	5.5248	5.6325	5.2356	5.8638	5.9658
	IMF7(Y轴)	1.5625	1.2569	1.6854	1.9568	2.5368	2.1585	2.5338	2.6853	2.7568	2.9857
	边际谱	3.2567	5.2548	5.2358	4.5682	4.2536	6.2548	6.3256	9.5248	8.2658	8.5328
Z轴	IMF3(Z轴)	5.3568	5.2658	5.2358	5.4532	5.4953	5.5365	5.6583	5.7583	5.8932	5.9358
	IMF4(Z轴)	6.2358	6.1235	6.2536	6.3256	6.4523	6.5328	6.6583	6.7515	6.8568	6.9534
	IMF5(Z轴)	8.1256	8.1963	8.2691	8.3526	8.4528	8.5325	8.6259	8.9652	8.8615	8.3625
	IMF6(Z轴)	6.5235	6.2328	6.3358	6.5365	6.5523	6.4258	6.5365	6.7826	6.8568	6.9523
	边际谱	15.352	15.562	16.585	18.523	18.625	18.962	15.532	20.526	20.856	19.358

表 5 - 6　声发射数值特征

单位:10^{-2}

特　征	1	2	3	4	5	6	7	8	9	10
IMF4	9.535	9.256	9.235	9.358	10.523	10.358	10.658	10.538	10.965	10.983
IMF5	8.325	8.256	9.532	9.348	9.215	9.565	9.726	9.862	9.923	10.056
IMF6	12.566	12.529	12.935	12.153	12.921	13.185	13.256	13.598	13.915	14.262
IMF7	8.921	8.256	8.963	9.561	9.658	9.235	9.418	9.547	9.821	9.265
边际谱	30.269	35.546	35.215	36.526	35.261	36.128	37.526	40.569	40.256	41.256

对 30min 时刻建立一个 35×10 的特征矩阵,根据 5.2.1 节所介绍的方法,构造状态子空间,在子空间中得到一个 10×9 的矩阵。

同样,构造一组正常状态的子空间,计算它们的主夹角,得到当刀具连续切削运行至 30min 时刀具可靠度为 0.79。同理,根据该方法计算该刀具其他运行时刻的可靠度。试验条件 1 下的整个刀具磨损过程中的可靠性评估及其所对应的刀具磨损量见表 5 - 7。图 5 - 6 为刀具在整个切削过程中的刀具磨损值和可靠度变化。

表 5 - 7　可靠性与磨损量

t/min	10	15	20	25	30	35	40	45	50
VB/mm	0.07	0.12	0.13	0.15	0.17	0.20	0.25	0.31	0.41
R	0.95	0.91	0.89	0.85	0.79	0.70	0.53	0.34	0.2

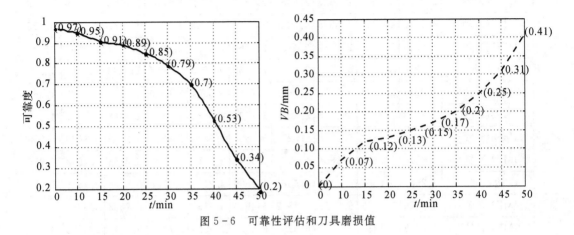

图 5 - 6　可靠性评估和刀具磨损值

通过同样的方法,将其他 15 组试验做相同处理,结果见表 5 - 8。

表 5 - 8　刀具磨损量、可靠度和刀具剩余寿命

组	t/min	10	15	20	25	30	35	40	45	50	55	60
1	VB/mm	0.07	0.12	0.13	0.15	0.17	0.20	0.25	0.31	0.41	/	/
	R	0.95	0.91	0.89	0.85	0.79	0.70	0.53	0.34	0.2	/	/
	t/min	40	35	30	25	20	15	10	5	0	/	/
2	VB/mm	0.05	0.11	0.13	0.14	0.18	0.22	0.25	0.29	0.35	0.40	/
	R	0.94	0.92	0.88	0.85	0.76	0.63	0.55	0.45	0.32	0.19	
	t/min	45	40	35	30	25	20	15	10	5	0	
3	VB/mm	0.08	0.09	0.12	0.15	0.16	0.19	0.21	0.25	0.31	0.42	/
	R	0.97	0.93	0.89	0.82	0.80	0.75	0.64	0.52	0.41	0.18	/
	t/min	45	40	35	30	25	20	15	10	5	0	/
4	VB/mm	0.07	0.10	0.12	0.14	0.15	0.17	0.19	0.22	0.26	0.32	0.43
	R	0.96	0.91	0.87	0.81	0.77	0.75	0.69	0.56	0.51	0.41	0.2
	t/min	50	45	40	35	30	25	20	15	10	5	0

续表

组		10	15	20	25	30	35	40	45	50	55	60
5	VB/mm	0.06	0.09	0.11	0.13	0.14	0.16	0.19	0.26	0.32	0.43	/
	R	0.90	0.89	0.84	0.85	0.79	0.76	0.70	0.51	0.42	0.26	/
	t/min	45	40	35	30	25	20	15	10	5	0	/
6	VB/mm	0.08	0.10	0.13	0.14	0.17	0.19	0.23	0.29	0.37	0.42	/
	R	0.93	0.88	0.84	0.80	0.77	0.76	0.63	0.54	0.30	0.23	/
	t/min	45	40	35	30	25	20	15	10	5	0	/
7	VB/mm	0.07	0.12	0.15	0.17	0.19	0.25	0.32	0.43	/	/	/
	R	0.93	0.85	0.80	0.72	0.63	0.50	0.35	0.23	/	/	/
	t/min	35	30	25	20	15	10	5	0	/	/	/
8	VB/mm	0.06	0.09	0.12	0.13	0.15	0.17	0.19	0.27	0.32	0.41	/
	R	0.99	0.94	0.86	0.83	0.77	0.73	0.69	0.53	0.41	0.30	/
	t/min	45	40	35	30	25	20	15	10	5	0	/
9	VB/mm	0.07	0.09	0.15	0.19	0.25	0.32	0.39	0.47	/	/	/
	R	0.90	0.89	0.84	0.72	0.53	0.42	0.30	0.13	/	/	/
	t/min	35	30	25	20	15	10	5	0	/	/	/
10	VB/mm	0.08	0.09	0.12	0.14	0.15	0.17	0.20	0.24	0.29	0.35	0.46
	R	0.95	0.90	0.86	0.81	0.86	0.79	0.74	0.63	0.55	0.36	0.16
	t/min	50	45	40	35	30	25	20	15	10	5	0
11	VB/mm	0.03	0.05	0.09	0.12	0.16	0.17	0.19	0.23	0.29	0.37	0.45
	R	0.98	0.93	0.91	0.88	0.85	0.82	0.75	0.56	0.53	0.39	0.21
	t/min	50	45	40	35	30	25	20	15	10	5	0
12	VB/mm	0.10	0.12	0.15	0.19	0.24	0.27	0.31	0.39	0.49	/	/
	R	0.89	0.86	0.81	0.76	0.65	0.59	0.42	0.31	0.11	/	/
	t/min	40	35	30	25	20	15	10	5	0	/	/
13	VB/mm	0.05	0.09	0.13	0.14	0.16	0.19	0.23	0.29	0.37	0.41	/
	R	0.96	0.93	0.86	0.80	0.79	0.75	0.71	0.53	0.39	0.13	/
	t/min	45	40	35	30	25	20	15	10	5	0	/

续表

组	t/min	10	15	20	25	30	35	40	45	50	55	60
14	VB/mm	0.06	0.09	0.12	0.13	0.15	0.19	0.24	0.28	0.37	0.45	/
	R	0.91	0.93	0.87	0.83	0.79	0.77	0.62	0.49	0.33	0.19	/
	t/min	45	40	35	30	25	20	15	10	5	0	/
15	VB/mm	0.11	0.13	0.14	0.17	0.20	0.23	0.29	0.38	0.44	/	/
	R	0.88	0.86	0.80	0.75	0.69	0.63	0.51	0.29	0.18	/	/
	t/min	40	35	30	25	20	15	10	5	0	/	/
16	VB/mm	0.12	0.13	0.15	0.23	0.29	0.36	0.48	/	/	/	/
	R	0.85	0.83	0.77	0.68	0.53	0.34	0.13	/	/	/	/
	t/min	30	25	20	15	10	5	0	/	/	/	/

对评估出的可靠度和刀具磨损量,及可靠度和刀具剩余寿命进行相关分析,得出相关系数,见表 5-9。

表 5-9　相关系数

相关系数	组　别							
	1	2	3	4	5	6	7	8
$\mathrm{cov}(VB,R)$	0.986 8	0.989 3	0.994 9	0.992 8	0.991 6	0.994 3	0.994 7	0.994 4
$\mathrm{cov}(t,R)$	0.946 2	0.977 7	0.954 6	0.965 4	0.930 6	0.940 9	0.986 5	0.973 4

相关系数	组　别							
	9	10	11	12	13	14	15	16
$\mathrm{cov}(VB,R)$	0.992 9	0.993 4	0.981 4	0.994 2	0.988 8	0.991 5	0.998 8	0.995 3
$\mathrm{cov}(t,R)$	0.980 3	0.981 5	0.947 2	0.969 1	0.946 6	0.943 4	0.956 9	0.959 3

由表 5-9 中可以看出,刀具磨损量和刀具可靠度呈很强的负相关,可靠度与刀具剩余寿命呈很强的正相关。说明随着刀具磨损的加剧,刀具的可靠性降低,剩余寿命逐渐减少,评估趋势准确。

将可靠度和该条件下进给速度、主轴转速和切削深度作为 CGA-BP 的输入向量,随机从 16 次试验中选取 1,10,13,14 次试验共 44 组数据为测试样本,剩余 12 次试验共 109 组数据作为训练样本。表 5-10 和图 5-7 所示分别为 4 次测试样本所预测的刀具剩余寿命 t_y 与刀具的实际剩余寿命 t_s。

表 5 - 10　刀具的实际寿命和预测寿命

$R(1)$	1	0.95	0.91	0.89	0.85	0.79	0.70	0.53	0.34	0.2	/	/
t_s/min	50	40	35	30	25	20	15	10	5	0	/	/
t_y/min	49.86	41.37	35.24	30.28	25.54	20.03	16.28	8.15	4.23	0.98	/	/
误差	−0.34	1.37	0.24	0.28	0.54	0.03	1.28	−1.85	−0.77	0.98	/	/
$R(10)$	1	0.95	0.90	0.86	0.81	0.79	0.78	0.74	0.63	0.55	0.36	0.16
t_s/min	60	50	45	40	35	30	25	20	15	10	5	0
t_y/min	61.28	50.86	44.13	40.37	33.24	30.28	26.54	20.03	16.28	9.15	6.03	1.36
误差	1.28	0.86	−0.87	0.37	2.76	0.28	1.54	0.03	1.28	−0.85	1.03	1.36
$R(13)$	1	0.96	0.93	0.86	0.80	0.79	0.75	0.71	0.53	0.39	0.13	/
t_s/min	55	45	40	35	30	25	20	15	10	5	0	/
t_y/min	55.63	45.01	42.15	34.24	31.28	24.54	20.03	16.38	9.32	6.35	2.01	/
误差	0.63	0.01	2.15	−0.76	1.28	−0.46	0.03	1.38	−0.68	1.35	2.01	/
$R(14)$	1	0.93	0.91	0.87	0.83	0.79	0.77	0.62	0.49	0.33	0.19	/
t_s/min	55	45	40	35	30	25	20	15	10	5	0	/
t_y/min	58.23	43.01	39.37	33.24	30.28	26.54	18.03	16.28	7.15	4.23	1.02	/
误差	3.23	−1.99	−0.63	−1.76	0.28	1.54	−1.97	1.28	−2.85	−0.77	1.02	/

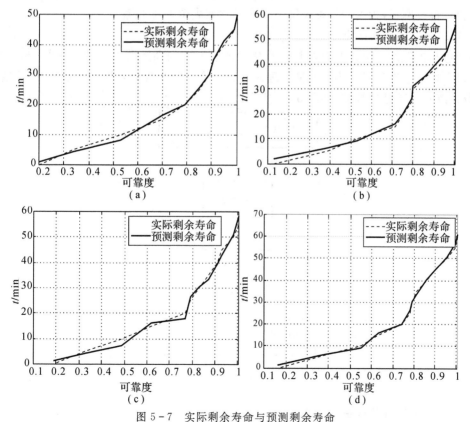

图 5 - 7　实际剩余寿命与预测剩余寿命

(a)第1次试验；(b)第10次试验；(c)第13次试验；(d)第14次试验

5.3 基于深度学习的刀具剩余寿命预测

使用传统的基于数据驱动的刀具剩余寿命预测方法需要掌握刀具切削信号处理技术和提取敏感特征的经验。本节提出一种基于深度学习的刀具剩余寿命预测方法,即基于卷积层串联结构的深度卷积神经网络模型,以提高预测模型的泛化能力和精确性。相较于传统的基于数据驱动的剩余寿命预测方法,基于深度学习方法能够从大量切削数据中提取出特征,利用特征不断学习,验证调整参数,建立合理的回归模型。对比构建的深度卷积神经网络预测模型与基于数据驱动的预测方法相,结果表明,基于深度学习的预测模型能够快速处理切削数据提取特征,可以在较短时间内建立预测模型并完成刀具剩余寿命预测,预测结果的准确性和稳定性相比传统的基于数据驱动等预测方法更高,可为刀具的选用和更换提供参考依据。

5.3.1 刀具剩余寿命预测模型的构建

卷积神经网络在图形图像、语音语义识别等方面已经取得了巨大成果。而特征提取层和特征映射层是卷积神经网络的一般结构组成部分,其主要靠卷积层、池化层和全连接层。卷积层的作用是提取刀具切削样本数据集的特征。经过池化层筛选主要刀具切削数据的主要特征后,整个特征数据的尺寸仍然很大,所以在输出之前加入全连接层,将数据指向刀具剩余寿命。而输出预测刀具剩余寿命与刀具剩余寿命真实值经损失函数计算得到的误差损失(loss)又被反馈到卷积神经网络,指引卷积神经网络向准确预测剩余寿命训练。

1. 卷积神经网络数据处理

基于卷积神经网络结构的刀具剩余寿命预测模型中的训练数据来自于 1 号、4 号和 6 号刀具。刀具切削数据集经过小波变换处理之后分为了 a2,d2 两个高频层和 d1 一个低频层,按 8∶2 划分训练集和验证集数据,如图 5-8 所示。

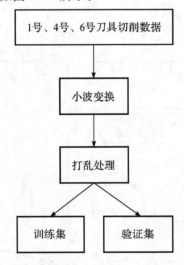

图 5-8 卷积神经网络训练数据集划分

2. 卷积神经网络特征学习

对于基于卷积神经网络结构的刀具剩余寿命预测模型来说,首要问题就是解决如何准确、全面提取学习刀具切削数据中的特征信息。VGG Net 卷积神经网络是一种经典的深度卷积神经网络(Deep CNN)框架。如图 5-9 所示,VGG Net 包含多段卷积层串联结构,每一段卷积串联结构包含 2 个卷积层。两个卷积核尺寸为 3×3 的卷积层的串联相当于卷积核尺寸为 5×5 卷积层。卷积层串联结构在保证其功能的同时可以减少参数量使卷积神经网络更加轻便、高效,有利于加深卷积神经网络深度挖掘刀具切削数据中更深层的隐含特征信息。

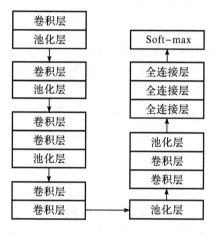

图 5-9　VGG-Net 11 结构图

刀具切削数据训练集样本以张量的形式输入到卷积神经网络中。卷积计算实质上就是将在感受野内输入张量按卷积核大小提取并与卷积核的对应权值矩阵相乘,然后将所有乘积相加,并随步长移动卷积所有输入数据,最终得到一个新的张量的输出过程。刀具切削数据是 7 维的数据集,如图 5-10 所示。卷积输入即为训练集上的样本数据,7 个维度输入卷积层。对于维度 D[1]的特征数据,在进行卷积计算时,对应权值 F[1],权值在 D[1]维度上按步长 1 滑动卷积计算,按下式得到维度为 C[1]的特征数据,即

$$f(x) * g(x) = \int_{-\infty}^{\infty} f(\tau)g(x - \tau)\mathrm{d}\tau \tag{5-42}$$

其中,$f(x) * g(x)$ 表示 $f(x)$ 与 $g(x)$ 的卷积,即为对 τ 在区间 $(-\infty, \infty)$ 上求积分。

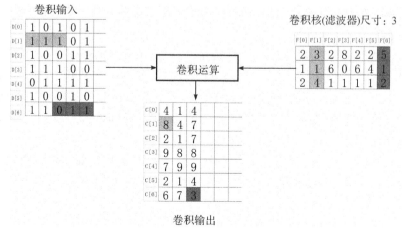

图 5-10　卷积层计算过程

所有数据计算完成后,卷积层得到了与输入尺寸大小相同的原输入刀具切削数据的特征数据,再将其输入下一层——池化层。

整个卷积神经网络预测模型训练并非一蹴而就的。整个过程中,刀具切削样本数据被反复迭代进入卷积神经网络。大量的特征数据随之产生,所以我们需要减少数据量并突出刀具数据主要特征。选用最大池化层的目的就是可以取刀具切削数据的特征数据分布中的最大值,提取刀具切削数据的主要特征。

3. 刀具剩余寿命预测模型训练方法

损失函数,或称目标函数,用来度量卷积神经网络刀具剩余寿命预测模型训练中输出的刀具剩余寿命预测值与刀具剩余寿命真实值的误差损失。因此训练卷积神经网络的目的就是最小化损失函数,使得刀具剩余寿命预测更加准确。

本节采用绝对值误差(Mean Absolute Error,MAE)作为损失函数。该函数经过计算对每个数据点只返回唯一标量值,以刀具剩余寿命真实值(y_true)和刀具剩余寿命预测值(y_pred)为张量参数,其表达式为

$$\text{MAE} = \frac{1}{n} | y_i - \hat{y}_i | \tag{5-43}$$

式中,y_i 表示第 i 层真实值(y_true);$\hat{y}_i$ 表示第 i 层预测值(y_pred);n 表示参与训练样本总数;MAE 表示误差值,即目标函数值。在训练过程中,卷积神经网络每层都会产生输出预测值,所以损失函数也会在每层输出后产生刀具剩余寿命误差值。

其他评价指标为均方误差 MSE 及拟合优度 R^2,在训练预测模型过程中起着刀具剩余寿命预测准确性的评价指标的作用,表明了刀具剩余寿命真实值和预测值之间的拟合程度。而且模型的预测效果越好,测试集和验证集上 MSE 和 MAE 越接近零,R^2 数值越接近 1。

卷积神经网络预测刀具剩余寿命模型的结构中每层都包含有若干个神经元,层间的神经元通过权值矩阵连接。将模型预测的刀具剩余寿命结果的损失误差值以损失函数值的形式不断传入上层神经网络,对模型的预测性能反馈回神经网络中,更新隐含层中的权值,不断优化特征,使其可以更准确地预测刀具剩余寿命。

本节在构建神经网络模型时,希望快速收敛并正确学习特征拟合,采用 Adam 算法(自适应矩估计算法)。通过 Adam 算法可以调整内部参数,同时最大限度地使损失函数下降。而且 Adam 算法会匹配每个参数的自适应学习率,在实际神经网络刀具剩余寿命预测模型训练中效果非常好。

模型引入过拟合问题解决方法——Dropout。Dropout 会将给定比例数目的节点权重置为 0,即随机丢弃一些与隐含层连接从而得到数据计算量更小看上去更"瘦"的网络,这样可以加速神经网络的训练速度。同时,这些权重被置为 0 的节点,会根据训练次数不断更新,这样可以减少神经元之间复杂的共适应关系,并且权重的更新不再依赖于与其有固定相关关系的隐含节点的共同作用,如图 5-11 所示。

利用 Batch Normalization 算法对训练中的特征参数等归一化处理以解决模型训练耗时过长这一问题。引入 Relu 激活函数,大大加快神经网络参数更新速度,有利于优化卷积神经网络预测模型。

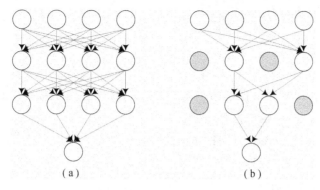

图 5-11 Dropout 效果图

（a）Dropout 前卷积神经网络；（b）Dropout 后卷积神经网络

4. 基于卷积神经网络结构的预测模型

经过一系列优化改进措施后,基于卷积层串联结构并结合刀具剩余寿命预测问题,构建出如图 5-12 所示的卷积神经网络模型以预测刀具剩余寿命。

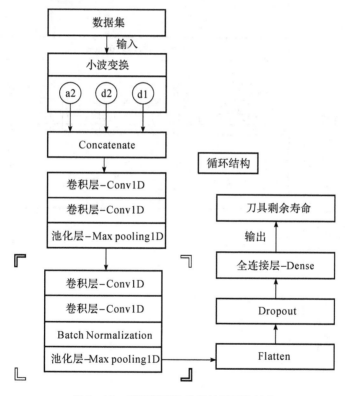

图 5-12 预测模型的卷积神经网络结构

如图 5-12 所示,本节在卷积层串联的结构上构建的预测刀具剩余寿命模型结构,可利用循环结构的循环次数改变卷积神经网络预测模型的深度,具体循环次数需要通过试验确定。模型中卷积层都选用一维的 Conv1D 卷积层,池化层选用 Maxpooling 1D。经过卷积层、池化层之后的数据仍是多维的,加入 Flatten 将输入展平即把多维的输入一维化并且不影响批量大小,使其可以被全连接层引用。

5.3.2 试验结果分析

1. 模型编译环境

(1)硬件环境。处理器:Intel(R)CPU E5-2620 v4 @ 2.10GHz 2.10GHz(2 处理器);显卡:英伟达 Quadro M2000 Version 84.6.51.0.1。

(2)软件环境。Ubuntu 系统,Pycharm 客户端 2018.1.1;语言环境:以 GPU-Tensorflow 为后端的 Keras,Python 语言版本 3.5。

2. 模型训练试验数据集

为方便与相关研究对比,选用美国 PHM 协会(Prognostics and Health Management Society)2010 年刀具磨损预测比赛的公开数据集开展验证。

在图 5-13 中,945 个样本数据集在输入卷积神经网络预测模型时按 8:2 的比例分为训练集样本和验证集样本。验证样本不参与训练。共从 915 个样本里随机选取 756 个训练集样本、189 个验证集样本。1 号、4 号、6 号刀具的真实切削寿命(走刀次数或切削次数)为 271,266 和 221。

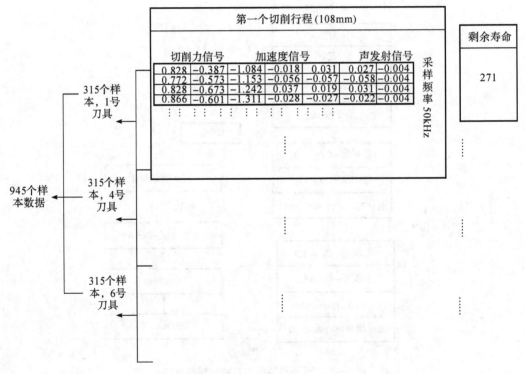

图 5-13 训练模型数据集

3. 试验预测模型

根据确定了刀具剩余寿命预测模型的结构,利用循环结构可以得到不同深度的卷积神经网络预测模型。而对于不同深度的卷积神经网络预测模型,其刀具剩余寿命预测性能不尽相同。因此本节比较不同深度卷积神经网络的性能。模型1.0,1.1,1.2,1.3的层深(卷积层与全连接层)为5,9,11,13。

由图5-14可以看出,各个不同层深的神经网络模型经过100个循环后,在训练集上表现大同小异。这表明,增加卷积神经网络深度并不能保证拟合效果。另外,由图5-14还可以看出,增加训练步数,损失函数也不会明显下降,模型参数更新已经趋于稳定。综上所述,11层深度的卷积神经网络模型能够更好地提取识别数据特征,精度和泛化性更好。

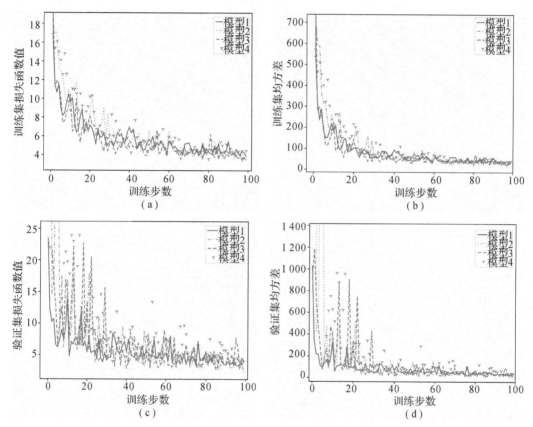

图5-14　预测模型在训练集和验证集上的损失

(a)训练集损失函数;(b)验证集损失函数;(c)训练集均方差;(d)验证集均方差

图5-15为模型1.2预测结果。

由图5-15可以看出,本节所给出的模型很好地提取、识别了信号的特征,准确地预测了切削进程中每个时刻的刀具剩余寿命。整体来说,模型对于刀具磨损失效的时间点预测非常准确。存在偏差的原因在于数据样本较少,模型无法准确学习到所有特征。当预测剩余寿命降为0后,并没有出现突变值。

4.预测模型性能对比

表5-11所列为在训练集、验证集以及测试集上的不同模型的性能对比。

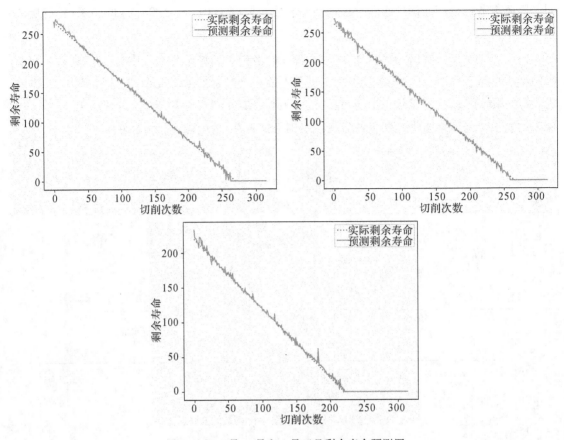

图 5-15　1 号、4 号和 6 号刀具剩余寿命预测图

(a)1 号；(b)4 号；(c)6 号

表 5-11　不同模型下预测性能

模型类别	深　度	数据集	loss（MAE）	MSE	R^2
模型 1.0	5	训练集	3.78	26.06	0.996 2
		验证集	3.77	34.53	
模型 1.1	9	训练集	4.32	34.82	0.995 0
		验证集	4.35	38.61	
模型 1.2	11	训练集	1.99	9.40	0.998 7
		验证集	2.30	13.74	
模型 1.3	13	训练集	4.51	55.27	0.992 1
		验证集	3.81	33.70	
HMM 模型		测试集		85.8	0.958 0
SVR 模型		测试集		238.8	0.876 0
BPNN 模型		测试集		134	0.983 0
FNN 模型		测试集		17.4	0.995 0

由表 5-11 的预测模型结果可知,相较于基于传统的机器学习方法的 HMM 预测模型、SVR 预测模型、BPNN 预测模型和 FNN 预测模型,本节建立的卷积神经网络模型准确性更高,模型 1.2 的 R^2 最接近 1,且 MSE 和 MAE 均比其他模型低。表明模型 1.2 对于刀具真实寿命的拟合最好。

5.4　本章小结

本章阐述了进行刀具剩余寿命预测研究的目的与意义,并讲述了刀具寿命预测方法及刀具寿命混合预测方法的国内外研究现状,总结和讨论了刀具寿命预测方法的优缺点及其可行性。

本章介绍了两种常用的基于数据驱动的刀具剩余寿命预测方法。基于刀具运行状态信息的刀具可靠性评估和寿命预测模型结果可靠性评估和寿命预测准确,可行性高;而深度学习模型预测最为精确,但易受训练数据量大小的影响。

第六章　统计数据驱动的刀具剩余寿命预测

6.1　基于线性维纳过程的刀具剩余寿命预测模型

通过试验得到刀具的一系列磨损量后,往往需要再经过一定的处理才能直观、形象地反映出刀具的剩余使用寿命。针对目前刀具剩余寿命预测方法并没有综合考虑铣削刀具个体磨损状态变化的差异以及多阶段的问题,本节将线性维纳过程引入其中,充分利用线性维纳过程的随机性来解决这些问题。

6.1.1　刀具剩余寿命预测模型的建立

所建立的刀具剩余寿命预测模型,必须符合以下 4 个假设才能使用线性维纳过程:

假设 1:当铣削刀具的刀具磨损量首次超过设定的失效阈值时,铣削刀具失效。铣削刀具的剩余寿命仅与当前时刻的刀具磨损量相关。

假设 2:铣削刀具的刀具磨损过程具有多阶段的特点,对各个刀具磨损阶段以固定的刀具磨损量分界值进行划分,且各阶段的刀具磨损过程均服从线性维纳过程。即

$$X_1(t) \sim N(\mu_1 t, \sigma_1^2 t), \quad X_2(t) \sim N(\mu_2 t, \sigma_2^2 t), \quad X_3(t) \sim N(\mu_3 t, \sigma_3^2 t) \qquad (6-1)$$

式中,$X_1(t)$,$X_2(t)$ 和 $X_3(t)$ 分别为 3 个阶段刀具磨损量。

假设 3:线性维纳过程的扩散系数 σ 和漂移系数 μ 都是随机变量。

假设 4:试验之前已经获得同型号铣削刀具的一系列刀具磨损量数据、该型号刀具的失效时间数据,以及该型号刀具首次到达每个刀具磨损阶段的分界值的时间数据。

假设 1 符合刀具失效及寿命的要求。在第二章中已经介绍了刀具磨损过程有三个阶段,而且对刀具磨损过程中单个阶段来说,曲线接近单调,可以认为服从线性维纳过程的要求,因此假设 2 也成立。假设 3 是线性维纳过程的理论部分。通过切削加工试验可以得到一系列的刀具磨损量数据及刀具失效时间数据,并且首次到达每个阶段刀具磨损量分界值的时间也能通过试验结果得出,因此假设 4 也成立。综上所述,刀具的磨损符合使用线性维纳过程的 4 个假设要求,因此可以利用线性维纳过程对刀具剩余寿命预测进行建模。

根据上述对假设的说明,铣削刀具的各阶段磨损过程可以使用线性维纳过程进行描述,所以铣削刀具加工工件过程中每个时刻的刀具磨损量 $X(t)$ 可表示为

$$X(t) = [\mu_1 t + \sigma_1 B(t)] \cdot I_{(0,t_1)}(t) + [D_1 + \mu_2(t - t_1) + \sigma_2 B(t - t_1)] \cdot I_{(t_1,t_2)}(t) +$$

$$[D_2 + \mu_3(t - t_2) + \sigma_3 B(t - t_2)] \cdot I_{(t_2,t_3)}(t) \qquad (6-2)$$

式中，$X(t)$ 为在 t 时刻刀具的磨损量；σ_k 和 μ_k 分别表示第 k 个刀具磨损阶段中线性维纳过程的扩散系数与漂移系数，其中 $k=1,2,3$；D_k 代表第 k 个刀具磨损阶段的分界值，其中 D_3 代表刀具失效时的失效阈值；$B(t)$ 是标准布朗运动，即 $B(t) \sim N(0,t)$，其中的 t_1，t_2，t_3 分别代表刀具 3 个磨损阶段的截止时间。

铣削刀具的剩余寿命 L_τ 是指从当前时刻 τ 到其刀具磨损量 $X(\tau)$ 首次超过失效阈值 D_3 的时间，即首达时间。根据磨损失效的定义，铣刀的剩余寿命 L_τ 可以表示为

$$L_\tau = \inf\{t: X(t+\tau) \geqslant D_3, t>0\} \tag{6-3}$$

用 T 表示铣削刀具的寿命，根据寿命与剩余寿命的关系，其关系表达式为

$$T = \inf\{t: X(t) \geqslant D_3, t>0\} = L_\tau + \tau \tag{6-4}$$

式中，τ 表示刀具已经加工的时间即当前的时间；L_τ 表示当前时刻下刀具的剩余寿命。

用 ξ_k 表示在刀具磨损过程中，刀具磨损量 $X(t)$ 从开始加工时间到其首次超过第 k 个刀具磨损阶段分界值 D_k 的时间。根据定义，ξ_k 可以表示为

$$\xi_k = \inf\{t: X(t) \geqslant D_k, t>0\}, \quad k=1,2,3 \tag{6-5}$$

因为假设铣削刀具的各个刀具磨损阶段均服从线性维纳过程，根据线性维纳过程的齐次马尔科夫性质，ξ_k 可表示为

$$\xi_k = \xi_{k-1} + \inf\{t: X'(t) \geqslant D_k - D_{k-1}, t>0\}, \quad k=1,2,3 \tag{6-6}$$

分别记 $\Delta\xi_k = \xi_k - \xi_{k-1}$ 和 $\Delta D_k = D_k - D_{k-1}$，代入式（6-6），可得

$$\Delta\xi_k = \inf\{t: X'(t) \geqslant \Delta D_k, t>0\}, \quad k=1,2,3 \tag{6-7}$$

在式（6-6）和式（6-7）中，$X'(t) = \mu_k t + \sigma_k B(t)$，其中 σ_k 和 μ_k 分别表示第 k 个刀具磨损阶段中线性维纳过程的扩散系数和漂移系数。因为维纳过程首达时间服从逆高斯分布，所以 ξ_k 同样也服从逆高斯分布，即

$$f_{\Delta\xi}(\Delta\xi_k \mid \mu_k, \omega_k) = \frac{\Delta D_k}{\sqrt{2\pi\omega_k\Delta\xi_k^3}}\exp\left[-\frac{(\Delta D_k - \mu_k\Delta\xi_k)^2}{2\omega_k\Delta\xi_k}\right], \quad k=1,2,3 \tag{6-8}$$

同时根据卷积公式，铣削刀具寿命 T 的概率密度分布函数为

$$f_T(t \mid \mu_1,\omega_1,\mu_2,\omega_2,\cdots,\mu_n,\omega_n) = \int_0^\infty\int_0^\infty\cdots\int_0^\infty f(t \mid \xi_{n-1})\times f(\xi_{n-1}\mid\xi_{n-2})\times\cdots\times f(\xi_1)\mathrm{d}\xi_1\mathrm{d}\xi_2\cdots\mathrm{d}\xi_{n-1} =$$
$$\int_0^\infty\int_0^\infty\cdots\int_0^\infty f_{\Delta\xi}(t-\xi_{n-1})\times f_{\Delta\xi}(\xi_{n-1}-\xi_{n-2})\times\cdots\times f_{\Delta\xi}(\xi_1)\mathrm{d}\xi_1\mathrm{d}\xi_2\cdots\mathrm{d}\xi_{n-1} \tag{6-9}$$

当已知铣刀在时刻 τ 的刀具磨损量 $X(\tau)$ 满足条件 $X(\xi_{k-1}) \leqslant X(\tau) \leqslant X(\xi_k)$ 时，刀具的剩余寿命 L_τ 可表示为

$$L_\tau = (\xi_k - \tau) + \Delta\xi_{k+1} + \cdots + \Delta\xi_3 \tag{6-10}$$

刀具剩余寿命 L_τ 的概率密度分布函数为

$$f_{L_\tau}(l_\tau \mid \mu_k,\omega_k,\mu_{k+1},\omega_{k+1},\cdots,\mu_n,\omega_n) = \int_\tau^\infty\int_\tau^\infty\cdots\int_\tau^\infty f_{\Delta\xi}(l_\tau+\tau-\xi_{n-1})\times$$
$$f_{\Delta\xi}(\xi_{n-1}-\xi_{n-2})\times\cdots\times f_{\Delta\xi}(\xi_k-\tau)\mathrm{d}\xi_k\mathrm{d}\xi_{k+1}\cdots\mathrm{d}\xi_{n-1} \tag{6-11}$$

其中，$1 \leqslant k \leqslant n = 3$。

通过式（6-9）和式（6-11）可以看出，在计算铣刀寿命 T 与铣刀剩余寿命 L_τ 的概率密度分布时，需要计算多重逆高斯分布的卷积，计算难度大。一些文献中证明，在特定情况下，n 重

逆高斯分布的卷积问题可以通过解析表示,使得计算变得简单。

在各个刀具磨损阶段的分界值确定后,刀具剩余寿命 L_τ 的概率密度函数分布将由各刀具磨损阶段中维纳过程的参数(扩散系数的平方及漂移系数,即 ω 和 μ,需要这两个参数进行估计)决定。因为本节假设未知参数 ω 和 μ 均为随机变量,故可以根据同型号铣削刀具的一系列刀具磨损量数据和刀具失效时间数据对模型中的未知超参数进行估计。

假设通过试验已经得到了 $p+q$ 把同型号铣削刀具的一系列刀具磨损的数据样本。针对 p 把刀具,可以通过测量得到其具有相同时间间隔 Δt 下的一系列刀具磨损量数据;对于其余 q 把刀具而言,由于可以认为该型号刀具各磨损阶段的分界值是确定的,所以可以通过试验得到刀具从初始时刻到达每个刀具磨损阶段刀具磨损量分界值所需的时间。

对于该型号的铣削刀具而言,可以将得到的这些刀具磨损量数据和刀具失效时间数据按照刀具的三个磨损阶段划分为 3 类。将第 k 个刀具磨损阶段的刀具磨损量数据及失效时间数据分别记为 x_k 以及 ξ_k 。其中

$$x_k = \begin{pmatrix} x_{1,1,k} & x_{1,2,k} & \cdots & x_{1,n_{1k},k} \\ x_{2,1,k} & x_{2,2,k} & \cdots & x_{2,n_{2k},k} \\ \vdots & \vdots & & \vdots \\ x_{p,1,k} & x_{p,2,k} & \cdots & x_{p,n_{pk},k} \end{pmatrix} \quad (6-12)$$

$$\xi_k = (\xi_{p+1,k}, \xi_{p+2,k}, \cdots, \xi_{p+q,k}) \quad (6-13)$$

式中,$x_{i,m,k}$ 代表第 i 把刀具在第 k 个阶段内的第 m 个时间点测量得到的刀具磨损量的值。n_{ik} 代表第 i 把刀具在第 k 个阶段内所含有的刀具磨损量数值的数目,其中,$\sum_{k=1}^{3} n_{ik} = n_i$,$n_i$ 代表第 i 把刀具采集到的总刀具磨损量数据数目。

记 $\Delta x_{i,m,k} = x_{i,m,k} - x_{i,m-1,k}$,$\Delta \xi_{i,k} = \xi_{i,k} - \xi_{i-1,k}$,则第 k 个刀具磨损阶段,刀具磨损量数据样本将被改写为 Δx_k 和 $\Delta \xi_k$,其中

$$\Delta x_k = \begin{pmatrix} \Delta x_{1,2,k} & \Delta x_{1,3,k} & \cdots & \Delta x_{1,n_{1k},k} \\ \Delta x_{2,2,k} & \Delta x_{2,3,k} & \cdots & \Delta x_{2,n_{2k},k} \\ \vdots & \vdots & & \vdots \\ \Delta x_{p,2,k} & \Delta x_{p,3,k} & \cdots & \Delta x_{p,n_{pk},k} \end{pmatrix} \quad (6-14)$$

$$\Delta \xi_k = (\Delta \xi_{p+2,k}, \Delta \xi_{p+3,k}, \cdots, \Delta \xi_{p+q,k}) \quad (6-15)$$

记维纳过程中扩散系数和漂移系数先验分布中的未知超参数为 $\theta = \{a,b,c,d\}$,设刀具磨损量数据 ΔX 与刀具失效时间数据 $\Delta \xi$ 是条件独立的,则对于第 k 个刀具磨损阶段的刀具磨损量数据,其完全对数似然函数为

$$\begin{aligned} \ln(\theta \mid \Delta x, \Delta \xi) \propto & \sum_{i=1}^{p} \left[-\frac{n_{ik}}{2}\ln\omega_{i,k} - \sum_{j=1}^{n_{ik}} \frac{(\Delta x_{i,j,k} - \mu_{i,k}\Delta t)^2}{2\omega_{i,k}\Delta t} \right] + \\ & \sum_{i=p+1}^{p+q} \left[-\frac{1}{2}\ln\omega_{i,k} - \frac{(\Delta D_k - \mu_{i,k}\Delta \xi_{i,k})^2}{2\omega_{i,k}\Delta \xi_{i,k}} \right] + \\ & \sum_{i=1}^{p+q} \left[-\frac{1}{2}\ln c - \left(a + \frac{3}{2}\right)\ln\omega_{i,k} - \frac{(\mu_{i,k} - d)^2}{2c\Delta \xi_{i,k}} + a\ln b - b\omega_{i,k} - \ln\Gamma(a) \right] \end{aligned} \quad (6-16)$$

在以上对于刀具磨损量数据及刀具失效时间数据的完全对数似然函数公式中,因为存在未知变量 μ 和 ω,所以未知超参数 θ 的极大似然估计不能被直接解出。为了解决这个问题,本节选择采用期望最大化算法(EM)对未知超参数 θ 进行估计。

采用期望最大化算法运用以下两个步骤进行参数估计:

第一步 E(计算期望):即给定测量得来的一系列刀具磨损量数据 ΔX、刀具失效时间数据 $\Delta \xi$ 以及当前参数估计值 θ_t,计算其完全对数似然函数 $\ln l(\theta \mid \Delta X, \Delta \xi)$ 中存在的未知变量 $Z = (\mu, \omega)$ 的条件期望值。

第二步 M(最大化):求解使得完全对数似然函数期望值为最大时的 θ_{t+1} 值,并将其作为下一次迭代的参数估计值。即

$$\theta_{t+1} = \arg \max_{\theta} Q(\theta, \theta_t) \tag{6-17}$$

在第一步中,需要计算变量 μ 和 ω 的条件期望有 $E(\ln \frac{1}{\omega_{i,k}} \mid \Delta x_k, \Delta \xi_k)$,$E(\ln \frac{1}{\omega_{i,k}} \mid \Delta x_k, \Delta \xi_k)$ 和 $E(\frac{\mu_{i,k}}{\omega_{i,k}} \mid \Delta x_k, \Delta \xi_k)$ 以及 $E(\frac{\mu_{i,k}^2}{\omega_{i,k}} \mid \Delta x_k, \Delta \xi_k)$。

当 $1 \leqslant i \leqslant p$ 时,关于变量 μ 和 ω 的条件期望表达式如下:

$$E\left(\frac{1}{\omega_{i,k}} \mid \theta_t\right) = \left(a_t + \frac{n_{ik}}{2}\right)\left(\sum_{j=1}^{n_{ik}} \frac{(\Delta x_{i,j,k})^2}{2\Delta t} - \frac{(x_{i,n_{ik},k} + d_t c_t^{-1})^2}{2(n_{ik}\Delta t + c_t^{-1})} + \frac{d_t^2}{2c_t} + b_t\right)^{-1} \tag{6-18}$$

$$E\left(\ln \frac{1}{\omega_{i,k}} \mid \theta_t\right) = \psi\left(a_t + \frac{n_{ik}}{2}\right) - \ln\left(\sum_{j=1}^{n_{ik}} \frac{(\Delta x_{i,j,k})^2}{2\Delta t} - \frac{(x_{i,n_{ik},k} + d_t c_t^{-1})^2}{2(n_{ik}\Delta t + c_t^{-1})} + \frac{d_t^2}{2c_t} + b_t\right) \tag{6-19}$$

$$E\left(\frac{\mu_{i,k}}{\omega_{i,k}} \mid \theta_t\right) = E\left(\frac{1}{\omega_{i,k}} \mid \theta_t\right) \frac{x_{i,n_{ik},k} + d_t c_t^{-1}}{n_{ik}\Delta t + c_t^{-1}} \tag{6-20}$$

$$E\left(\frac{\mu_{i,k}^2}{\omega_{i,k}} \mid \theta_t\right) = E\left(\frac{\mu_{i,k}}{\omega_{i,k}} \mid \theta_t\right) \frac{x_{i,n_{ik},k} + d_t c_t^{-1}}{n_{ik}\Delta t + c_t^{-1}} + \frac{1}{n_{ik}\Delta t + c_t^{-1}} \tag{6-21}$$

当 $p+1 \leqslant i \leqslant p+q$ 时,关于变量 μ 和 ω 的条件期望表达式如下:

$$E\left(\frac{1}{\omega_{i,k}} \mid \theta_t\right) = \frac{\Gamma(a_t + \frac{3}{2})}{\Gamma(a_t + \frac{1}{2})}\left[b_t + \frac{(\Delta D_k - d_t \Delta \xi_{i,k})^2}{2\Delta \xi_{i,k}(1 + c_t \Delta \xi_{i,k})}\right]^{-1} \tag{6-22}$$

$$E\left(\ln \frac{1}{\omega_{i,k}} \mid \theta_t\right) = \psi\left(a_t + \frac{1}{2}\right) - \ln\left(\frac{\Delta D_k^2}{\Delta \xi_{i,k}} + \frac{(\Delta D_k - d_t c_t^{-1})^2}{2(\Delta \xi_{i,k} + c_t^{-1})} + \frac{d_t^2}{2c_t} + b_t\right) \tag{6-23}$$

$$E\left(\frac{\mu_{i,k}}{\omega_{i,k}} \mid \theta_t\right) = E\left(\frac{1}{\omega_{i,k}} \mid \theta_t\right) \frac{\Delta D_k + d_t c_t^{-1}}{\Delta \xi_{i,k} + c_t^{-1}} \tag{6-24}$$

$$E\left(\frac{\mu_{i,k}^2}{\omega_{i,k}} \mid \theta_t\right) = E\left(\frac{\mu_{i,k}}{\omega_{i,k}} \mid \theta_t\right) \frac{\Delta D_k + d_t c_t^{-1}}{\Delta \xi_{i,k} + c_t^{-1}} + \frac{1}{\Delta \xi_{i,k} + c_t^{-1}} \tag{6-25}$$

在第二步最大化中,第 $t+1$ 步的未知超参数 θ 的估计值 θ_{t+1} 的更新公式如下:

参数 d_t 的更新公式为

$$d_{t+1} = \frac{\sum_{i=1}^{p+q} E\left(\frac{\mu_{i,k}}{\omega_{i,k}} \mid \theta_t\right)}{\sum_{i=1}^{p+q} E\left(\frac{1}{\omega_{i,k}} \mid \theta_t\right)} \tag{6-26}$$

参数 c_t 的更新公式为

$$c_{t+1} = \frac{1}{p+q}\sum_{i=1}^{p+q}\left[E\left(\frac{\mu_{i,k}^2}{\omega_{i,k}}\mid\theta_t\right) - 2d_{t+1}E\left(\frac{\mu_{i,k}}{\omega_{i,k}}\mid\theta_t\right) + E\left(\frac{1}{\omega_{i,k}}\mid\theta_t\right)d_{t+1}^2\right] \tag{6-27}$$

参数 a_t 的更新公式为

$$\ln a_{t+1} - \psi(a_{t+1}) = \ln\frac{1}{p+q}\sum_{i=1}^{p+q}E\left(\frac{1}{\omega_{i,k}}\mid\theta_t\right) - \frac{1}{p+q}\sum_{i=1}^{p+q}E\left(\frac{1}{\omega_{i,k}}\mid\theta_t\right) \tag{6-28}$$

参数 b_t 的更新公式为

$$b_{t+1} = \frac{a_{t+1}}{\frac{1}{p+q}\sum_{i=1}^{p+q}E\left(\frac{1}{\omega_{i,k}}\mid\theta_t\right)} \tag{6-29}$$

其中，$\psi(u) = \frac{\Gamma'(u)}{\Gamma(u)}$ 可以用 $\psi(u) = \ln u - \frac{1}{2u} - \frac{1}{12n^2} + O(u^{-3})$ 进行近似表达。这样一直重复第一步和第二步，直到达到规定的收敛阈值（本节设定收敛阈值为 0.003），便可最终得到相应超参数的估计值。

按照上述方法对每个阶段的数据进行处理，可确定 3 个刀具磨损阶段的先验分布，即

$$\begin{aligned} f_1(\mu_1,\omega_1) &= GN(a_1,b_1,d_1,c_1)\\ f_2(\mu_2,\omega_2) &= GN(a_2,b_2,d_2,c_2)\\ f_3(\mu_3,\omega_3) &= GN(a_3,b_3,d_3,c_3) \end{aligned} \tag{6-30}$$

6.1.2　铣刀剩余寿命分布的更新

刀具在加工工件过程中周围工作环境或者每把刀具个体性能的差异，使得刀具的磨损过程存在很多不确定性，为了减少这些不确定性对刀具剩余寿命预测结果的影响，本节通过贝叶斯方法（Bayes），利用刀具磨损预测模型预测得来的刀具磨损量数据对刀具剩余寿命预测模型中未知参数的概率分布进行更新。

令预测得来的铣削刀具在第 k 个刀具磨损阶段的刀具磨损量数据为

$$y_k = (y_{1,k},y_{2,k},\cdots,y_{m_k,k}) \tag{6-31}$$

式中，m_k 代表预测得来的第 k 个刀具磨损阶段刀具磨损量数据的总个数；$y_{1,k}$ 代表预测得来的第 k 个阶段第一个时段的刀具磨损量数值；y_k 代表预测得来的第 k 个阶段所有刀具磨损量的值。

记 $\Delta y_{i,k} = y_{i,k} - y_{i-1,k}$，所以实时刀具磨损数据又可以写为

$$\Delta y_k = (\Delta y_{2,k},\Delta y_{3,k},\cdots,\Delta y_{m_k,k}) \tag{6-32}$$

根据贝叶斯公式可得，第 k 个刀具磨损阶段中的参数 μ 和 ω 的后验分布为

$$\pi(\mu_k,\omega_k\mid\Delta y_k) \propto l(\Delta y_k\mid\mu_k,\omega_k)\cdot\pi(\mu_k,\omega_k) \tag{6-33}$$

式中，$\pi(\mu_k,\omega_k)$ 表示第 k 个刀具磨损阶段中刀具剩余寿命预测模型参数 μ_k 和 ω_k 的先验分布；$l(\Delta y_k\mid\mu_k,\omega_k)$ 表示实时刀具磨损数据的概率密度函数；$\pi(\mu_k,\omega_k\mid\Delta y_k)$ 表示刀具剩余寿命预测模型参数 μ_k 和 ω_k 的后验分布。

根据共轭先验分布的性质，第 k 个刀具磨损阶段中的模型参数 μ 和 ω 的后验分布为

$$f(\mu_k,\omega_k\mid\Delta y_k) = \frac{1}{\sqrt{2\pi c_k'\omega_k}}\exp\left[\frac{(\mu_k-d_k')^2}{2c_k'\omega_k}\right]\cdot\frac{b_k'^{a_k'}}{\Gamma(a_k')}\omega_k^{-a_k'-1}\exp\left(-\frac{b_k'}{\omega_k}\right) \tag{6-34}$$

其中

$$a'_k = a_k + \frac{m_k}{2}$$

$$b'_k = b_k + \frac{d_k^2}{2c_k} + \frac{1}{2}\left[\sum_{i=1}^{m_k}\frac{\Delta y_{i,k}^2}{\Delta t} \cdot \frac{\left(\sum_{i=1}^{m_k}\Delta y_{i,k} + \frac{d_k}{c_k}\right)^2}{\left(\sum_{i=1}^{m_k}\Delta t + \frac{1}{c_k}\right)}\right]$$

$$c'_k = \frac{c_k}{1 + c_k\sum_{i=1}^{m_k}\Delta t}$$

$$d'_k = \frac{d_k + c_k\sum_{i=1}^{m_k}\Delta y_{i,k}}{1 + c_k\sum_{i=1}^{m_k}\Delta t}$$

同理,所有的刀具剩余寿命预测模型中的参数分布都可以通过以上方法,利用预测得来的刀具磨损量数据进行更新,使建立的模型更加符合实际加工过程中的环境差异及刀具个体性能差异。

在得到刀具剩余寿命预测模型参数的后验分布后,可以实现对刀具剩余寿命分布的更新。考虑到刀具剩余寿命预测模型参数的随机性,刀具剩余寿命分布更新的结果为

$$f_L(l \mid \mu_1,\omega_1,\cdots,\mu_k,\omega_k) = \iint_\Theta f_L(l \mid \mu_1,\omega_1,\cdots,\mu_k,\omega_k) \cdot$$

$$\prod_{i=1}^k \pi(\mu_i,\omega_i \mid \Delta y)\,\mathrm{d}\mu_1\,\mathrm{d}\omega_1\cdots\mathrm{d}\mu_k\,\mathrm{d}\omega_k \tag{6-35}$$

在上述刀具剩余寿命分布更新的公式中,存在着高维积分的问题,为了计算方便,首先需要确定刀具剩余寿命预测模型参数在后验分布下的贝叶斯估计值,然后确定在估计的模型参数下刀具的剩余寿命分布。在已知参数 μ 和 ω 的联合后验分布中,可以分别得到其边缘概率分布。由于刀具剩余寿命预测模型参数的联合后验分布为正态逆伽马分布,所以 ω 的边缘概率分布是形状参数为 a'、尺度参数为 b' 的逆伽马分布,μ 的边缘概率分布是均值为 d'、自由度为 $2a'$ 的非中心 t 分布。

根据平方损失函数最小准则,参数 μ 和 ω 的贝叶斯估计值分别为

$$\hat{\mu} = E(\mu \mid \Delta y) = d' \tag{6-36}$$

$$\hat{\omega} = E(\omega \mid \Delta y) = \frac{b'}{a'} \tag{6-37}$$

此时,参数更新后的刀具剩余寿命密度分布可以表示为

$$f_L(l) = f_L(l \mid \hat{\mu_1},\hat{\omega_1},\cdots,\hat{\mu_k},\hat{\omega_k}) \tag{6-38}$$

6.1.3　试验验证

在加工过程中采集信号,提取刀具磨损状态相关的特征,建立刀具磨损预测模型,确定刀具磨损量与刀具磨损特征之间的映射关系,并利用预测得来的刀具磨损量对刀具剩余寿命预测模型进行更新,实现刀具剩余寿命的准确预测。

1. 试验方案

本试验采用的机床是北京精雕生产的型号为 JDCT1200E_A12S 三轴数控机床,传感器采用 Kistler 公司高精度传感器。按照传感器安装原则,将声发射传感器及加速度传感器分别安装在工件的两侧,将力传感器安装在夹具的下方。

试验刀具采用苏州比锐生产的型号为 Eco - BRAL - 3E - ϕ10mm × 30mm × 75mm 的 3 刃硬质合金平头立铣刀;工件采用的是 45 调质钢,硬度为 HB200,尺寸是 70mm × 60mm × 50mm;试验结果处理时,使用高性能的计算机(CPU:Intel Core i7 4770,内存是 16G,硬盘容量是 1T,显卡是 HD4600);信号采集软件为 DEWESoft X2 SP6 的数据采集软件。

本书正交试验确定采用 3 个参数和 4 个级别,选取 $L_{16}(4^3)$ 标准正交表,进行 16 组试验,分别采集刀具磨损整个周期的信号、每次切削完测量刀具后刀面磨损量。由于每组试验设定切削参数不同,刀具寿命也各不相同,每组试验采集信号次数也各不相同,最终共采集 110 组信号数据,并测量有相对应的 110 组刀具磨损量。因素选择组合见表 6-1。

表 6-1 正交试验表($L_{16}(4^3)$)

试验组号	主轴转速 V_o	进给速度 f	铣削深度 a_p
	r/min	mm/min	mm
1	3 000	50	0.3
2	3 500	100	0.3
3	4 000	150	0.3
4	4 500	200	0.3
5	3 000	100	0.5
6	3 500	50	0.5
7	4 000	200	0.5
8	4 500	150	0.5
9	3 000	150	0.7
10	3 500	200	0.7
11	4 000	50	0.7
12	4 500	100	0.7
13	3 000	200	0.9
14	3 500	150	0.9
15	4 000	100	0.9
16	4 500	50	0.9

2. 验证过程

通过铣刀铣削平面,采集加工过程的各种信号,并且加工每进行五分钟测量一次刀具的磨损量,16 组试验测量得到的磨损量见表 6-2。

表 6 - 2 刀具磨损量测量值

组 号	VB/mm							
	5min	10 min	15 min	20 min	25 min	30 min	35 min	40 min
1	0.07	0.14	0.23	0.28	0.33	0.45	0.56	
2	0.09	0.12	0.18	0.24	0.29	0.33	0.44	
3	0.10	0.14	0.19	0.22	0.25	0.29	0.36	0.47
4	0.08	0.16	0.21	0.25	0.32	0.43	0.56	
5	0.13	0.19	0.26	0.28	0.34	0.40	0.53	
6	0.12	0.15	0.20	0.24	0.30	0.43		
7	0.07	0.12	0.17	0.20	0.23	0.27	0.32	0.43
8	0.09	0.13	0.19	0.24	0.28	0.43		
9	0.13	0.17	0.23	0.26	0.36	0.43		
10	0.07	0.12	0.14	0.19	0.24	0.30	0.43	
11	0.13	0.18	0.24	0.29	0.39	0.50		
12	0.11	0.17	0.24	0.28	0.31	0.42		
13	0.09	0.12	0.18	0.24	0.29	0.38	0.50	
14	0.09	0.14	0.17	0.21	0.24	0.29	0.36	0.49
15	0.09	0.13	0.18	0.22	0.26	0.31	0.44	
16	0.12	0.18	0.25	0.28	0.30	0.39	0.51	

由于维纳过程要求阶段数据满足正态分布的假设,现在判断刀具磨损阶段是否服从维纳过程。本节采用 Lilliefors 检验对上述 16 组试验获得的刀具磨损量进行置信度为 95% 的正态分布检验。检验结果显示其 p 值都比显著性水平 0.05 大,表明服从正态分布,可以使用维纳过程进行刀具磨损量的建模。由于本节做试验的数据量不是很大,所以选用前 1~8 组试验得到的刀具磨损量作为刀具历史磨损量数据,9~15 组作为刀具历史失效时间数据。将刀具磨损预测模型预测的第 16 组试验的刀具磨损量数值作为贝叶斯更新时所用的刀具磨损量数据。

通过建立的刀具剩余寿命预测模型得到的剩余寿命期望估计值结果见表 6 - 3。

表 6 - 3 预测的刀具剩余寿命与实际刀具剩余寿命

刀具磨损量值/mm	0.115 5	0.179 4	0.255 0	0.293 0	0.328 4
实际刀具剩余寿命/min	25	20	15	10	5
预测的剩余寿命/min	24.42	18.45	13.089	7.136	1.618
绝对误差/min	−0.58	−1.55	−1.911	−2.864	−3.382

将得到的贝叶斯估计参数值代入刀具剩余寿命密度分布函数,就可以得到正常磨损阶段刀具剩余寿命的概率密度分布,如图 6 - 1 所示。

图 6 - 1 中实线代表求出的刀具剩余寿命的概率密度,星线代表实际的刀具剩余寿命。从图中可以看出在刀具实际的剩余寿命处,其概率密度比较大,准确度比较高。由表 6 - 3 可以看出,该预测模型获得了比较高精度的刀具剩余寿命预测值,但由于预测的准确度与刀具磨损预测模型预测的刀具磨损量精度有关,因此,从图 6 - 1 以及表 6 - 3 可以看出,随着时间的推移,刀具剩余寿命的预测准确度有下降的趋势,但预测还是比较准确。而且通过图 6 - 1 可

以看出,随着切削时间的推移,刀具剩余寿命预测的置信区间在不断减少,缩小了预测范围,很有利于对刀具剩余寿命的预测。

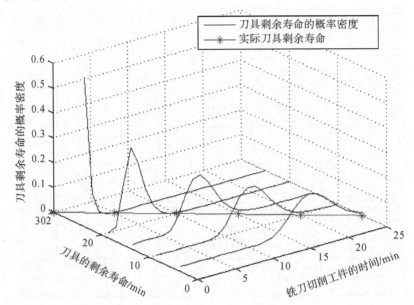

图 6-1　正常磨损阶段刀具剩余寿命概率密度分布

　　为了验证提出该方法的稳定性,随机选取 2 号,8 号,12 号,16 号刀具的剩余寿命进行预测,对于 2 号刀具,选择 1 号与 3～9 号刀具的磨损量作为历史刀具磨损量数据,把 10～16 号刀具的失效时间作为历史刀具失效时间,对 8 号,12 号和 16 号刀具利用类似的数据选择方法分别进行刀具剩余寿命预测。4 组试验预测得到的剩余寿命与实际剩余寿命对比如图 6-2 所示。

　　由 4 组试验的对比结果可以看出,该模型方法预测出来的刀具剩余寿命的准确度相对比较接近,证明该方法是稳定的,不受工艺参数及刀具历史磨损数据集、刀具历史失效时间数据选择的影响。而且通过预测结果可以看出预测的误差值都在[−2.888～−0.42]之间,误差均值为−1.802 7,方差为 0.776 5,误差值比较低,表明预测准确度比较高。

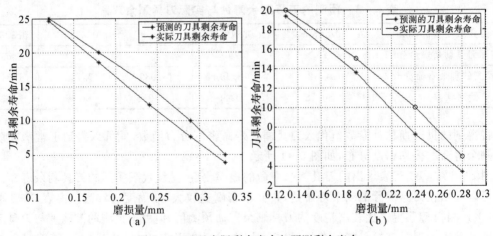

图 6-2　刀具实际剩余寿命与预测剩余寿命

(a)2 号刀具预测值对比图;(b)8 号刀具预测值对比图

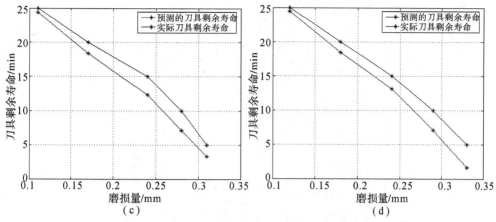

续图 6 - 2　刀具实际剩余寿命与预测剩余寿命

(c)12 号刀具预测值对比图;(d)16 号刀具预测值对比图

6.2　基于非线性维纳过程的刀具剩余寿命预测

在实际的加工过程中,刀具的磨损退化轨迹大多具有明显的非线性特征。在这种情况下,线性模型难以较好地描述刀具磨损过程的非线性特征。因此,本节采用非线性模型来描述刀具的退化过程并对剩余寿命做出预测。

6.2.1　总体方案

基于非线性维纳过程的刀具剩余寿命采用线性维纳过程的前期预处理,研究方案的主要思路与内容如图 6 - 3 所示。

本节内容主要为非线性模型,是对线性模型在预测剩余寿命时不足之处的修正,为进一步贴近实际工程设备存在测量误差情况,将测量误差纳入计算过程。

为了便于对本节中所使用的刀具磨损退化过程与剩余寿命预测模型进行研究,对比模型在剩余寿命预测时的性能,并量化比较结果,采用 AIC(Akaike Information Criterion)、均方差(Mean Squared Error,MSE)、绝对误差、平均绝对百分误差 MAPE(Mean Absolute Percent Error)、R^2(Coefficient of Determination)5 种常用的性能测度对以上模型方法所得的结果进行量化比较。

6.2.2　刀具非线性磨损退化过程建模与剩余寿命预测模型

1. 刀具非线性退化过程建模

定义 $X(t)$ 表示刀具在 t 时刻的磨损量,则 $X(t)$ 可以表示为

$$X(t) = X(0) + \int_0^t \mu(t;\theta)\mathrm{d}t + \sigma_B B(t) \tag{6-39}$$

式中,μ 和 σ_B 分别表示随机退化过程的漂移系数和扩散系数,其中,$\mu(t;\theta)$ 是关于时间 t 的非线性函数,用于表示模型的非线性特征;$X(0)$ 代表刀具在初期磨损阶段的磨损量数据;$B(t)$ 表示布朗运动。

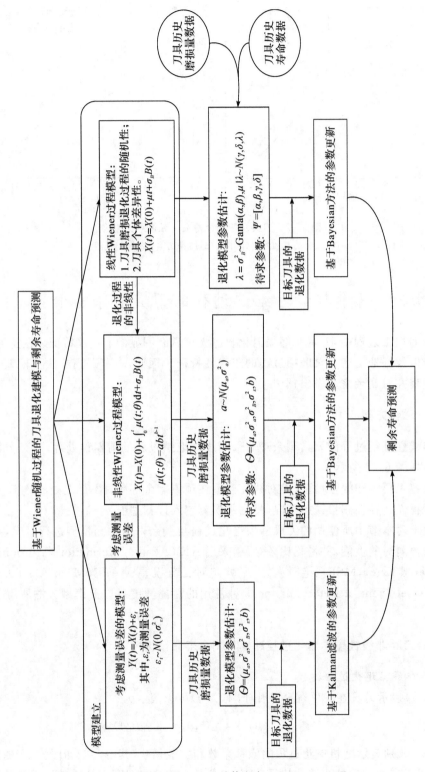

图 6-3　总体方案

由于每把刀具都会受到不同形式的内外部环境扰动的影响,显示出不同的磨损过程及退化轨迹,因此,在非线性退化的模型中引入表征刀具个体差异性的结构将会使模型更加贴合实际。为此,使用 θ 为参数向量,用以描述刀具退化过程的非线性特征,且 $\theta = (a,b)$,其中,a 为随机参数,用来描述刀具个体之间的差异性,b 为固定参数,其取值对于在相同工况下的同类刀具是相同的,用以表示同类刀具的共性特征。显然,当 $\mu(t;\theta) = \mu$ 时,公式描述的退化过程即为线性随机退化模型。因此,线性随机退化模型是一个特例,非线性模型包含线性模型。

2. 刀具非线性随机退化模型的剩余寿命预测

对刀具非线性随机退化过程的建模与剩余寿命预测的研究,需要求解非线性随机退化方程的首达时间分布。通过将非线性随机过程首达固定失效阈值的问题转化为标准布朗运动首达时变边界的求解问题。基于在随机模型层面的变换,得到首达时间分布的解析渐进解和剩余寿命概率分布。

若刀具寿命的分布 $f_T(t)$ 已知,则剩余寿命的概率密度函数就可以通过下式计算得到,即

$$f_{T_r}(t_r) = f_T(t+t_r)/R(t) \tag{6-40}$$

式中

$$R(t) = 1 - \int_0^t f_T(t)\,\mathrm{d}t$$

根据上述理论,基于非线性随机退化过程预测刀具剩余寿命的关键在于求解寿命 T 的分布,而后实现对剩余寿命 $f_T(t)$ 的概率分布求解。当 $\mu(t;\theta)$ 不是常数时,难以得到首达时间分布 $f_T(t)$ 的通用解析解形式。因此,为了求出首达时间的解析渐进解,假设:①若刀具的性能随机退化过程在时刻 t 达到设定的失效阈值,则该退化过程在时刻 t 之前穿越失效阈值的概率可忽略;②若 t 时刻刀具运行正常,则在 t 时刻之前刀具未失效。

基于上述假设条件,可以采用下式近似表达刀具退化随机过程穿越失效阈值的首达时间的概率密度函数,即

$$f_{T|\theta}(t|\theta) \cong \frac{1}{\sqrt{2\pi t}}\left[\frac{S_B(t)}{t} + \frac{1}{\sigma_B}\mu(t;\theta)\right]\exp\left[\frac{S_B^2(t)}{2t}\right] \tag{6-41}$$

式中

$$S_B(t) = \frac{1}{\sigma_B}\left[l - \int_0^t \mu(t;\theta)\,\mathrm{d}t\right]$$

接下来引入漂移系数 $\mu(t;\theta)$ 的一种典型形式,这种指数函数形式在描述金属疲劳和机械设备磨损退化的数据方面具有广泛的应用。令 $\mu(t;\theta) = abt^{b-1}$,则原退化模型转化为

$$X(t) = X(0) + at^b + \sigma_B B(t) \tag{6-42}$$

由之前的结论可以得知,考虑模型参数的随机性是描述个体差异性的主要方法,因此,当使用漂移系数为 $\mu(t;\theta) = abt^{b-1}$ 的模型时,可以将参数 a 假设为随机参数,用于体现刀具个体之间的差异性,且 a 服从于均值为 μ_a,方差为 σ_a^2 的正态分布。由此,刀具退化随机过程穿越失效阈值的首达时间的概率密度函数可以通过全概率公式得出,即

$$f_T(t) = \int_a f_{T|a}(t|a)p(a)\,\mathrm{d}a = E[f_{T|a}(t|a)] \tag{6-43}$$

其中 $p(a)$ 为参数 a 的概率密度函数,$f_{T|a}(t|a)$ 为

$$f_{T|a}(t|a) \cong \frac{l - ab^t(1-b)}{\sigma_B\sqrt{2\pi t^3}}\exp\left[\frac{-(l-ab^t)^2}{2\sigma_B t}\right] \tag{6-44}$$

为了求解在考虑存在随机参数作用下刀具寿命分布的渐进解析解,需使用如下引理:

引理1:若 $\rho \sim N(\mu,\sigma^2)$,$\omega_1,\omega_2,\alpha,\beta \in \mathbf{R}$,$\gamma \in \mathbf{R}^+$,那么,有如下表达式成立:

$$E_\rho\left\{(\omega_1-\alpha\rho)\exp\left[-\frac{(\omega_2-\beta\rho)^2}{2\gamma}\right]\right\}=$$

$$\sqrt{\frac{\gamma}{\beta^2\sigma^2+\gamma}}\left(\omega_1-\alpha\frac{\beta\omega_2\sigma^2+\mu\gamma}{\beta^2\gamma^2+\gamma}\right)\times\exp\left[-\frac{(\omega_2-\beta\mu)^2}{2(\beta^2\sigma^2+\gamma)}\right]$$

(6-45)

综合之前给出的假设条件、式(6-5),以及引理 1,可以得出在所设定的随机参数 $a\sim N(\mu_a,\sigma_a^2)$ 的条件下,$f_T(t)$ 的表达式为

$$f_T(t)\cong\frac{1}{\sqrt{2\pi t^3(\sigma_a^2 t^{2b-1}+\sigma_B^2)}}=$$

$$\left[l-(t^b-bt^b)\frac{l\omega_a^2 t^{b-1}+\mu_a\sigma_B^2}{\sigma_a^2 t^{2b-1}+\sigma_B^2}\right]\times\exp\left[-\frac{(l-\mu_a t^b)^2}{2t(\sigma_a^2 t^{2b-1}+\sigma_B^2)}\right]$$

(6-46)

当 $f_T(t)$ 可以解析时,结合式(6-2),刀具剩余寿命 T_r 的概率密度函数可以表示为

$$f_{T_r}(t_r)\cong\frac{1}{\sqrt{2\pi t_r^2[\sigma_a^2\eta\ (t_r)^2+\sigma_B^2 t_r]}}\times$$

$$\left\{l_t-[\eta(t_r)-bt_r({}_r^t+t)\ b-1]\times\frac{\sigma_a^2\eta\ (t_r)^2 l_t+\mu_a\sigma_B^2 t_r}{\sigma_a^2\eta\ (t_r)^2+\sigma_B^2 t_r}\right\}\times$$

$$\exp\left\{-\frac{[l_r-\mu_a\eta(t_r)]^2}{2[\sigma_a^2\eta\ (t_r)^2+\sigma_B^2 t_r]}\right\}$$

(6-47)

其中,$\eta(t_r)=(t_r+t)^b-t^b$,$l_t=l-X(t)$。

3. 模型的参数估计及其更新

为了充分利用已有的同型号刀具磨损数据,首先利用同类刀具的数据对模型中的未知参数进行先验计算,使用贝叶斯方法融合目标刀具的磨损量数据来更新模型参数,实现对单把刀具剩余寿命的预测。

在刀具的非线性退化模型下,可以将所有的未知参数表示为参数向量 $\Theta=(\mu_a,\sigma_a^2,\sigma_B^2,b)'$。参数估计的具体步骤如下。

假设有 N 把在相同工作环境与工艺参数下的加工刀具样本,$\boldsymbol{X}$ 代表刀具磨损量数据的集合,有

$$\boldsymbol{X}=\begin{bmatrix} x_1(t_{11}) & x_1(t_{12}) & \cdots & x_1(t_{1m}) \\ x_2(t_{21}) & x_2(t_{22}) & \cdots & x_2(t_{2m}) \\ \vdots & \vdots & & \vdots \\ x_n(t_{n1}) & x_n(t_{n2}) & \cdots & x_n(t_{nm}) \end{bmatrix}$$

(6-48)

其中,$x_n(t_{nk})$ 的含义为第 n 把刀具,在 t_{nk} 时刻通过测量所得到的磨损量数据,且 $n=1,\cdots,N$;t_{nk} 表示为与当前测量刀具磨损量相对应的时刻,对每把刀具共测量 m 次磨损量,即 $k=1,\cdots,m$。

令 $T_n=(T_{n,1},T_{n,2},\cdots,T_{n,m})'$,$T_{n,j}=\varphi(t_{n,j})$,$X_n=[x_n(t_{n,1}),x_n(t_{n,2}),\cdots,x_n(t_{n,m})]$。根据维纳过程的独立增量性质可以得知,$X_n=[x_n(t_{n,1}),x_n(t_{n,2}),\cdots,x_n(t_{n,m})]$ 服从多维变量正态分布 $X_n\sim N(\mu_n,\zeta_n)$,其中

$$\mu_n=\mu_a T_n,\zeta_n=\Omega_n+\sigma_a^2 T_n T_n'$$

(6-49)

式中

$$\Omega_n=\sigma_B^2\boldsymbol{Q}_n$$

$$\boldsymbol{Q}_n=\begin{bmatrix} t_{n,1} & t_{n,1} & \cdots & t_{n,1} \\ t_{n,1} & t_{n,2} & \cdots & t_{n,2} \\ \vdots & \vdots & & \vdots \\ t_{n,1} & t_{n,2} & \cdots & t_{n,m} \end{bmatrix}$$

由于不同刀具的磨损退化过程必然是相互独立的,那么在数据 $\boldsymbol{X}$ 下,参数 $\Theta = (\mu_a, \sigma_a^2, \sigma_B^2, b)'$ 的对数似然函数可以表示为

$$l(\Theta|X) = -\frac{\ln(2\pi)}{2}Nm - \frac{1}{2}\sum_{n=1}^{N}\ln|\xi_n| -$$

$$\frac{1}{2}\sum_{n=1}^{N}(X_n - \mu_a T_n)'\xi_n^{-1}(X_n - \mu_a T_n) \tag{6-50}$$

其中

$$|\xi_n| = |\Omega_n|(1 + \sigma_a^2 T_n'\Omega T_n)$$

$$\xi_n^{-1} = \Omega_n^{-1} - \frac{\sigma_a^2}{1 + \sigma_a^2 T_n'\Omega T_n}\Omega_n^{-1}T_n T_n'\Omega_n^{-1}$$

由于每把刀具的磨损测量时刻与测量次数均相同,在这种情况下,可以将 $T_n, \Omega_n, \xi_n, Q_n$ 的下标省去,进一步对式(6-12)分别求取关于 μ_a 和 σ_a^2 的偏导,有

$$\frac{\partial l(\Theta|X)}{\partial \mu_a} = \frac{\sum_{n=1}^{N}T'\Omega^{-1}X_n - N\mu_a T'\Omega^{-1}T}{1 + \sigma_a^2 T'\Omega T} \tag{6-51}$$

$$\frac{\partial l(\Theta|X)}{\partial \sigma_a} = -\frac{N\sigma_a T'\Omega^{-1}T}{1 + \sigma_a^2 T'\Omega^{-1}T} +$$

$$\frac{\sigma_a \sum_{n=1}^{N}(X_n - \mu_a T)'\Omega^{-1}TT'\Omega^{-1}(X_n - \mu_a T)}{(1 + \sigma_a^2 T'\Omega_n T)^2} \tag{6-52}$$

之后,令式(6-13)和式(6-14)等于 0,则关于 μ_a 和 σ_a^2 的极大似然估计结果可以表示为

$$\mu_a = \frac{\sum_{n=1}^{N}T'\Omega X_n}{NT'\Omega^{-1}T} \tag{6-53}$$

$$\sigma_a = \left[\frac{1}{N(T'\Omega^{-1}T)^2}\sum_{n=1}^{N}(X_n - \mu_a T)'\Omega^{-1}TT'\xi^{-1}\Omega^{-1}(X_n - \mu_a T) - \frac{1}{T'\Omega^{-1}T}\right]^{\frac{1}{2}} \tag{6-54}$$

基于此,可以得到 σ_B 和 b 关于 μ_a 和 σ_a^2 的最大似然估计值的剖面似然函数为

$$l(\sigma_B, b|X, \mu_a, \sigma_a) = -Nm\ln(2\pi) - \frac{N}{2} - \frac{N}{2}\ln|\Omega| -$$

$$\frac{1}{2}\left[\sum_{n=1}^{N}X'_n\Omega^{-1}X_n - \frac{\sum_{n=1}^{N}(T'\Omega^{-1}X_n)^2}{T'\Omega^{-1}T}\right] - \tag{6-55}$$

$$\frac{N}{2}\ln\left[\frac{\sum_{n=1}^{N}(T'\Omega^{-1}X_n)^2}{NT'\Omega^{-1}T} - \frac{(\sum_{n=1}^{N}T'\Omega^{-1}X_n)^2}{N^2 T'\Omega^{-1}T}\right]$$

由于式(6-50)的似然函数结构复杂,σ_B 和 b 的极大似然估计值求解困难。因此,可以通过使用多维搜索优化算法得到剖面似然函数(式(6-55))的极大化。然后,将搜索得到的 σ_B 和 b 的极大似然估计值代入式(6-53)和式(6-54),即可得到相应的 μ_a 和 σ_a^2 的最大似然估计值。

考虑到刀具不同样本之间的异质性和退化过程的随机性,若想实现对单把刀具的剩余寿

命预测,则需要有效利用刀具在加工过程中的磨损退化数据,以实现模型参数的更新,进而更新求解其剩余寿命。具体计算过程如下:

假设到 t_k 时刻为止,通过测量获得单把刀具的磨损量数据后,将其记作 $X = [X(t_0)$, $X(t_1),\cdots,X(t_k)]$。根据上述优化计算所求得的结果,a 的先验分布服从均值为 μ_a、方差为 σ_a^2 的正态分布,其概率密度函数为

$$p(a) = \frac{1}{\sqrt{2\pi\sigma_a^2}}\exp\left[-\frac{(a-\mu_a)^2}{2\sigma_a^2}\right] \tag{6-56}$$

因此,由贝叶斯计算法则,可以求得:在给定参数 a 的条件下,刀具磨损退化数据 $X = [X(t_0),X(t_1),\cdots,X(t_k)]$ 的概率密度可以表示为

$$
\begin{aligned}
p[X(t_{2:k})|a] &= p[X(t_1)|a]p[X(t_{2:k})|X(t_1),a] = \\
&p[X(t_1|a)]p[X(t_2|a)]\cdots p[X(t_{3:k})|X(t_1),X(t_2),a] = \\
&p[X(t_1|a)]\cdots p[X(t_k)|X(t_1),X(t_2),\cdots,X(t_{k-1}),a] = \\
&\frac{1}{\prod\limits_{j=1}^{k}\sqrt{2\pi\sigma_B^2(t_j-t_{j-1})}}\exp\left[-\sum_{j=1}^{k}\frac{X(t_j)-X(t_{j-1})-a(t_j^b-t_{j-1}^b)}{2\sigma_B^2(t_j-t_{j-1})}\right]
\end{aligned} \tag{6-57}
$$

基于上述分析,并根据贝叶斯公式,可将 a 的后验分布表示为

$$
\begin{aligned}
&p[a|X(t_{1:k})] \propto p[X(t_{1:k})|a]p(a) \propto \\
&\exp\left\{-\sum_{j=1}^{k}\frac{X(t_j)-X(t_{j-1})-a(t_j^b-t_{j-1}^b)^2}{2\sigma_B^2(t_j-t_{j-1})}\right\}\exp\left[-\frac{(a-\mu_{a0})^2}{2\sigma_{a0}^2}\right] \propto \\
&\exp\left\{-\left[\sum_{j=1}^{k}\frac{(t_j^b-t_{j-1}^b)^2}{2\sigma_B^2(t_j-t_{j-1})}+\frac{1}{2\sigma_{a0}^2}\right]a^2 - \left[\sum_{j=1}^{k}\frac{[X(t_j)-X(t_{j-1})]^2}{2\sigma_B^2(t_j-t_{j-1})}+\frac{\mu_{a0}^2}{2\sigma_{a0}^2}\right] \right. \\
&\left. + a\left[\sum_{j=1}^{k}\frac{[X(t_j)-X(t_{j-1})](t_j^b-t_{j-1}^b)}{2\sigma_B^2(t_j-t_{j-1})}+\frac{\mu_{a0}^2}{2\sigma_{a0}^2}\right]\right\}
\end{aligned} \tag{6-58}
$$

由此可知,a 的后验分布服从均值为 μ_{ak}、方差为 σ_{ak}^2 的正态分布,进而,模型参数更新结果的解析解可以表示为

$$\mu_{ak} = \frac{\sum_{j=1}^{k}\frac{[X(t_j)-X(t_{j-1})](t_j^b-t_{j-1}^b)}{2\sigma_B^2(t_j-t_{j-1})}+\frac{\mu_{a0}^2}{2\sigma_{a0}^2}}{\sum_{j-1}^{k}\frac{(t_j^b-t_{j-1}^b)}{\sigma_B^2(t_j-t_{j-1})}+\frac{1}{2\sigma_{a0}^2}} \tag{6-59}$$

$$\sigma_{ak} = \sqrt{\frac{1}{\sum_{j-1}^{k}\frac{(t_j^b-t_{j-1}^b)}{\sigma_B^2(t_j-t_{j-1})}+\frac{1}{2\sigma_{a0}^2}}} \tag{6-60}$$

6.2.3 考虑测量误差的剩余寿命预测

为进一步完善模型并贴近工程实际情况,本节在考虑个体差异性的基础上将测量误差的因素考虑进模型中,并基于非线性维纳过程模型建立存在测量误差时的模型。最后,通过卡尔曼滤波实现对测量误差和模型未知参数的估计,并预测刀具的剩余寿命。

1. 考虑测量误差模型的建立

在考虑个体差异性的剩余寿命预测的过程中,均没有考虑刀具磨损量的数据在测量过程中可能存在的测量误差的情况。然而,由于测量工具及环境中的噪声、扰动等随机性因素对测

量过程的影响,工程技术人员在对刀具磨损量测量时会不可避免地产生测量误差。在这种情况下,测量所得到的磨损量数据并不能真实反映刀具在该时刻的真实磨损量。因此,当面对这样的数据时,为了贴近实际的情况并提高刀具剩余寿命的预测精度,应该在刀具的磨损退化建模时,将误差项考虑在模型之内。

为了描述这种测量不确定性的影响,令 t 时刻的不确定测量与刀具实际磨损量的关系为

$$Y(t) = X(t) + \varepsilon \tag{6-61}$$

式中,$X(t)$ 见式(6-42);ε 为随机测量误差。对于测量误差,相关研究大都将其假定为正态分布型随机变量,且不同时刻测量误差相互之间独立。因此,类似地,将其假定为 $\varepsilon \sim N(0,\sigma_\varepsilon^2)$。

2. 模型参数估计

基于考虑个体差异性所建立的刀具非线性退化模型,在考虑测量误差的情况下,将刀具的测量误差项加入磨损退化模型过程之中。

刀具退化模型中对未知参数的估计采用类似于 6.1 节的方法,将所有的未知参数表示为参数向量 $\boldsymbol{\Theta} = (\mu_a,\sigma_a^2,\sigma_B^2,\sigma_\varepsilon^2,b)'$。则在对应的磨损量数据 Y 下,含未知参数 $\boldsymbol{\Theta} = (\mu_a,\sigma_a^2,\sigma_B^2,\sigma_\varepsilon^2,b)'$ 的对数似然函数为

$$l(\boldsymbol{\Theta}|Y) = -\frac{\ln(2\pi)}{2}Nm - \frac{1}{2}\sum_{n=1}^{N}\ln|\zeta_n| - \frac{1}{2}\sum_{n=1}^{N}(Y_n - \mu_a T_n)'\zeta_n^{-1}(Y_n - \mu_a T_n) \tag{6-62}$$

其中
$$|\zeta_n| = |\Omega_n|(1 + \sigma_a^2 T_n'\Omega_n T_n)$$
$$\zeta_n^{-1} = \Omega_n^{-1} - \frac{\sigma_a^2}{1 + \sigma_a^2 T_n T_n'\Omega_n^{-1}}$$

接下来,对未知参数的极大似然函数求关于 μ_a 的一阶偏导数,令其为 0,即可得到对 μ_a 极大似然估计的表达式为

$$\widehat{\mu}_a = \frac{\sum_{n=1}^{N}T_n'\zeta_n^{-1}Y_n}{\sum_{n=1}^{N}T_n'\zeta_n^{-1}Y_n} \tag{6-63}$$

则在给定 $\widehat{\mu}_a$ 的情况下,关于模型参数 $\sigma_a^2,\sigma_B^2,\sigma_\varepsilon^2,b$ 的剖面似然函数可以表示为

$$l(\sigma_a^2,\sigma_B^2,\sigma_\varepsilon^2,b|Y,\widehat{\mu}_a) = -\frac{1}{2}\ln(2\pi)Nm - \frac{1}{2}N\ln|\zeta_n| - \frac{1}{2}\sum_{n=1}^{N}Y_n'\Omega_n^{-1}Y_n + \frac{\sum_{n=1}^{N}T_n'\zeta_n^{-1}Y_n}{\sum_{n=1}^{N}T_n'\zeta_n^{-1}T_n}\sum_{n=1}^{N}T_n'\zeta_n^{-1}Y_n - \frac{1}{2}\left(\frac{\sum_{n=1}^{N}T_n'\zeta_n^{-1}Y_n}{\sum_{n=1}^{N}T_n'\zeta_n^{-1}T_n}\right)^2\sum_{n=1}^{N}T_n'\Omega_n^{-1}Y_n \tag{6-64}$$

基于此,$\sigma_a^2,\sigma_B^2,\sigma_\varepsilon^2,b$ 的极大似然估计值可以使用多维搜索优化算法,使式(6-64)最大化。

然后将似然剖面函数极大化求得的 $\hat{\sigma}_a^2, \hat{\sigma}_B^2, \hat{\sigma}_\varepsilon^2, \hat{b}$ 代入式（6-63）即可得到对应的 $\hat{\mu}_a$ 的极大似然估计结果。

3. 模型参数的更新计算

接下来建立同时考虑刀具在测量过程中的不确定性的因素和刀具之间个体差异性的状态空间模型。在离散的监测刀具磨损量数据的时刻 t_k，令对应的刀具磨损退化量为 $X_k = X(t_k)$，测量数据 $Y_k = Y(t_k)$，则有

$$X_k = X_{k-1} + a_{k-1}(t_k^b - t_{k-1}^b) + v_k \tag{6-65}$$

$$Y_k = Y(t_k) = X_k + \varepsilon \tag{6-66}$$

其中，v_k 和 ε_k（$k \geqslant 1$）分别是统计独立的噪声序列，代表测量过程中环境误差，且 $v_k \sim N[0, \sigma_B^2(t_k - t_{k-1})]$，$\varepsilon_k \sim N(0, \sigma_\varepsilon^2)$。

由于刀具的磨损退化过程随时间的非线性变化，退化路径是时间 t 的非线性函数，而不是退化状态 $X(t)$ 自身的非线性函数。即非线性随机退化模型对时间是非线性的，但对刀具的磨损量而言是线性的，因此，可以使用卡尔曼滤波技术对刀具的隐含退化状态进行估计。

进一步，将刀具的磨损量 X_k 和随机参数视作刀具磨损过程中的隐含状态，并通过测量得到的刀具磨损量数据 $Y_{1,k}$ 估计。为应用卡尔曼滤波算法对退化状态和随机参数进行同时计算、估计，可以将式（6-65）和式（6-66）整理为

$$Z_k = A_k Z_{k-1} + \eta_k \tag{6-67}$$

$$Y_k = C Z_k + \varepsilon_k \tag{6-68}$$

其中，$Z_k \in R_{2\times1}, \eta_k \in R_{2\times1}, A_k \in R_{2\times2}, C \in R_{1\times2}, \eta_k \sim N(0, \vartheta_k)$，且有 $C = [1, 0]$

$$\boldsymbol{Z}_k = \begin{bmatrix} X_k \\ a_k \end{bmatrix}, \quad \boldsymbol{\eta}_k = \begin{bmatrix} v_k \\ 0 \end{bmatrix}, \quad \boldsymbol{A}_k = \begin{bmatrix} 1 & t_k^b - t_{k-1}^b \\ 0 & 1 \end{bmatrix} \tag{6-69}$$

$$\boldsymbol{\vartheta}_k = \begin{bmatrix} \sigma_B^2(t_k^b - t_{k-1}^b) & 0 \\ 0 & 0 \end{bmatrix} \tag{6-70}$$

由此，估计的期望和协方差为

$$\boldsymbol{Z}_{k|k-1} = \begin{bmatrix} \hat{X}_{k|k} \\ a_{k|k} \end{bmatrix} = E(Z_k|Y_{1,k}) \tag{6-71}$$

$$\boldsymbol{p}_{k|k-1} = \begin{bmatrix} \kappa_{x,k|k-1}^2 & \kappa_{c,k|k-1}^2 \\ \kappa_{c,k|k-1}^2 & \kappa_{a,k|k-1}^2 \end{bmatrix} = \text{cov}(Z_k|Y_{1,k}) \tag{6-72}$$

其中，$\hat{X}_{k|k} = E(X_k|Y_{1,k})$，$\hat{a}_{k|k} = E(a_k|Y_{1,k})$，$\kappa_{x|k}^2 = \text{var}(X_k|Y_{1,k})$，$\kappa_{a,k|k-1}^2 = \text{var}(a_k|Y_{1,k})$，$\kappa_{c,k|k-1}^2 = \text{var}(X_k, a_k|Y_{1,k})$。

根据上述设定，基于在实际中测量所得的刀具磨损数据，使用卡尔曼滤波方法对随机参数组成的 Z_k 进行联合计算估计，则有

$$\hat{Z}_{k|k-1} = \hat{A}_k \hat{Z}_{k-1|k-1} \tag{6-73}$$

$$\hat{Z}_{k|k} = \hat{Z}_{k|k-1} + K(k)(Y_k - C\hat{Z}_{k|k-1}) \tag{6-74}$$

$$K(k) = P_{k|k-1} C^T [CP_{k|k-1} C^T + \sigma_\varepsilon^2]^{-1} \tag{6-75}$$

$$P_{k \mid k-1} = A_k P_{k-1 \mid k-1} A_k^{\mathrm{T}} + \vartheta_k \tag{6-76}$$

$$P_{k \mid k} = P_{k \mid k-1} - K(k) C P_{k \mid k-1} \tag{6-77}$$

算法的初始值是模型未知参数的先验估计值,即

$$\hat{\boldsymbol{Z}}_{0 \mid 0} = \begin{bmatrix} 0 \\ \mu_{a0} \end{bmatrix} \hat{\boldsymbol{P}}_{0 \mid 0} = \begin{bmatrix} 0 & 0 \\ 0 & \sigma_{a0}^2 \end{bmatrix} \tag{6-78}$$

由于基于 $Y_{1,k}$ 和 Z_k 的后验的概率密度函数是双高斯分布,即 $Z_k \sim N(\hat{Z}_{k \mid k}, P_{k \mid k})$,根据双高斯变量的性质可知

$$a_k \mid Y_{1,k} \sim N(\hat{a}_{k \mid k}, \kappa_{a,k}^2) \tag{6-79}$$

$$X_k \mid Y_{1,k} \sim N(\hat{X}_{k \mid k}, \kappa_{x,k}^2) \tag{6-80}$$

$$X_k \mid a_k, Z_{1,k} \sim N(\mu_{X_{a \mid k}}, \sigma_{k \mid a,k}^2) \tag{6-81}$$

其中

$$\mu_{X_{a \mid k}} = \hat{X}_{k \mid k} + \frac{\kappa_{c,k}^2}{\kappa_{a,k}^2}(a_k - \hat{a}_{k \mid k})$$

$$\sigma_{k \mid a,k}^2 = \kappa_{x,k}^2 - \frac{\kappa_{c,k}^2}{\kappa_{a,k}^2}$$

4. 剩余寿命估计

当得知刀具磨损量及模型的未知参数时,便可利用这些参数来构建存在测量不确定预测刀具剩余寿命。

引理 2:当得知当前刀具退化量 $X_k, a, Y(t_{1 \mid k})$ 时,有

$$f_{T_R \mid a, X_k, Y(t_{1,k})}[t_r \mid a, X_k, Y(t_{1,k})] = \frac{\mathrm{d}}{\mathrm{d}t_r} \mathrm{Pr}[\sup X_{(t_r + t_k)} \geqslant l \mid a, X_k, Y(t_{1,k})] =$$

$$\frac{\mathrm{d}}{\mathrm{d}t_r} \mathrm{Pr}[\sup X_{(t_r + t_k)} \geqslant l \mid a, X_k] = \tag{6-82}$$

$$f_{T_R \mid a, X_k}(t_r \mid a, X_k)$$

在考虑刀具存在测量误差的情况下,基于全概率公式,剩余寿命概率密度函数有如下表达式:

$$f_{T_R \mid Y_{1,k}}(t_r \mid Y_{1,k}) = \int_{-\infty}^{+\infty} f_{T_R \mid z_k, Y_{1,k}}(t_r \mid Z_k, Y_{1,k}) p(Z_k \mid Y_{1,k}) \mathrm{d}Z_k =$$

$$E_{a_k \mid Y_{1,k}} \{ E_{X_k \mid a_k, Y_{1,k}} [f_{T_R \mid a_k, z_k, Y_{1,k}}(t_r \mid a_k, Z_k, Y_{1,k}) \times (T_R \mid a_k, Z_k, Y_{1,k})] \}$$

$$\tag{6-83}$$

基于以上结果,在同时考虑刀具存在测量误差和刀具样本间的个体差异时,可以得知

$$f_{T_R \mid Y_{1,k}}(t_r \mid Y_{1,k}) = E_{a_k \mid Y_{1,k}} \{ E_{X_k \mid a_k, Y_{1,k}} [f_{T_R \mid a_k, z_k, Y_{1,k}}(t_r \mid a_k, Z_k, Y_{1,k}) \times$$

$$(T_R \mid a_k, Z_k, Y_{1,k})] \} = \frac{1}{C_k \sqrt{2\pi(B_k^2 \kappa_{a,k}^2 + C_k)}} (o_{1,k} - \frac{o_{2,k} A_k \kappa_{a,k}^2 B_k^2}{C_k + \kappa_{a,k}^2 B_k^2}) \times$$

$$\exp\left[-\frac{(l - \hat{X}_{k \mid k} - \eta(t_r) a_k)^2}{2(C_k + \kappa_{a,k}^2 B_k^2)} \right] \tag{6-84}$$

其中

$$o_{1,k} = [l - \hat{X}_{k \mid k} - \eta(t_r) a_k] \sigma_B^2$$

$$o_{2,k} = l - \widehat{X}_{k\mid k} - \frac{\kappa_{c,k}^2}{\kappa_{a,k}^2}\widehat{a}_{k\mid k}$$

$$A_k = \frac{\kappa_{c,k}^2}{\kappa_{a,k}^2}\sigma_B^2 + \left[(t_k + t_r)^b - t_r^b\right]\sigma_B^2 + t_r b\,(t_k + t_r)^{b-1}\sigma_B^2 - b\,(t_k + t_r)^{b-1}$$

$$B_k = (t_k + t_r)^b - t_k^b + \frac{\kappa_{c,k}^2}{\kappa_{a,k}^2}$$

$$C_k = \sigma_{k\mid a,k}^2 + \sigma_B^2 t_r$$

基于以上结果,随着目标刀具磨损数据的获取,即可通过卡尔曼滤波算法实现对模型随机参数的更新,进而得到目标刀具的实时剩余寿命概率密度函数及刀具的剩余寿命。

6.2.4 实例验证

本节将使用美国 PHM 协会 2010 年关于刀具磨损预测比赛所提供的公开数据集来验证前面的理论结果。从该数据集中可以得到 3 把刀具的磨损退化数据与铣削循环次数的关系。该试验使用 Röders Tech RFM760 高速数控铣机床作为试验平台;采用三刃碳化钨球铣刀作为试验刀具;切削工件的材料为不锈钢,硬度为 52HRC;铣削方式为顺铣。工艺参数见表 6-4。

表 6-4 铣削切削参数

主轴转速/(r·min⁻¹)	进给速度/(mm·min⁻¹)	径向切深(X)/mm	轴向切深(Z)/mm	采样频率/kHz
10 400	1 555	0.125	0.2	50

该试验的铣削加工路径平行于 X 轴,每个循环走刀 108mm,每把刀具都进行 315 次铣削循环,每个铣削循环时长约为 4s,在每个铣削循环完成后测量刀具各切削刃的后刀面磨损量。假设刀具约在 80 个铣削循环之后进入正常磨损阶段,刀具的失效阈值为 0.2mm。根据维纳过程高斯增量特性,应对除进行预测计算的样本之外的所有刀具磨损量数据进行正态分布检验,以验证数据是否满足条件。根据计算结果可知刀具磨损退化数据服从(0.007 6,0.006 9)的正态分布。

1. 非线性维纳模型计算

根据非线性维纳过程所建立的模型,使用极大似然估计方法对未知参数进行先验估计,然后使用贝叶斯方法对模型中的随机参数依据当前的磨损量进行更新计算,而后便可得到参数的后验结果。预测结果如图 6-4 所示。

由图 6-5 和图 6-6,可以得出:采用的非线性模型对刀具剩余寿命的估计精度在总体上存在一定误差,经过更新,参数误差进一步减少。因此,对于具有非线性特征的刀具磨损数据,采用线性模型得到的刀具剩余寿命预测结果与刀具实际剩余寿命相差较远,采用非线性模型时则能大幅提高剩余寿命预测精度。

2. 考虑测量误差模型的计算

根据考虑测量误差所建立的模型,使用极大似然估计方法对未知参数参进行先验估计。在模型的未知参数确定以后,当获得刀具磨损量的数据时,即可使用卡尔曼滤波方法对模型中的随机参数依据当前的磨损量进行更新计算。预测结果如图 6-7～图 6-9 所示。

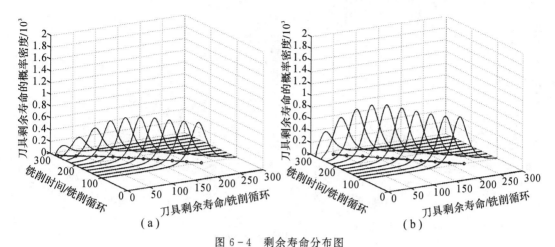

图 6-4　剩余寿命分布图

(a)Cutter6 flute2 剩余寿命预测及其分布；(b)Cutter4 flute2 剩余寿命预测及其分布

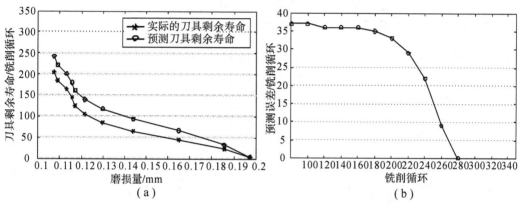

图 6-5　C6_flute2 预测剩余寿命与实际剩余寿命对比

(a)Cutter6 flute2 寿命对比；(b)Cutter6 flute2 寿命预测绝对误差变化

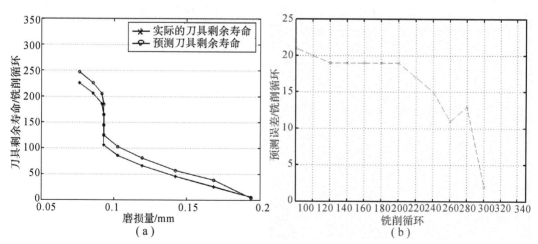

图 6-6　C4_flute2 预测剩余寿命与实际剩余寿命对比

(a)Cutter4 flute2 寿命对比；(b)Cutter6 flute2 寿命预测绝对误差变化

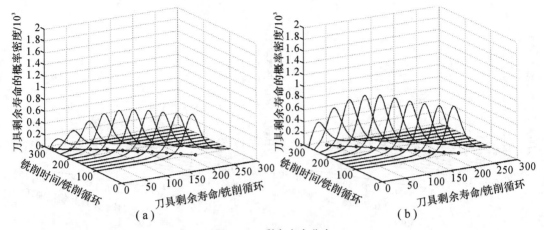

（a）   （b）

图 6-7 剩余寿命分布

（a）Cutter4 flute2 剩余寿命预测及其分布；（b）Cutter6 flute2 剩余寿命预测及其分布

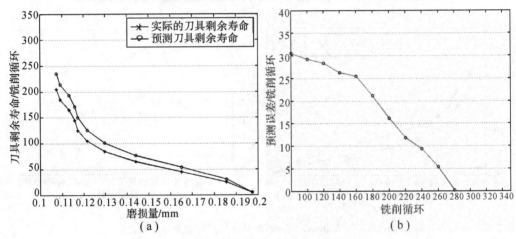

（a）

图 6-8 C6_flute2 预测剩余寿命与实际剩余寿命对比

（a）Cutter4 flute2 寿命对比；（b）Cutter6 flute2 寿命预测绝对误差变化

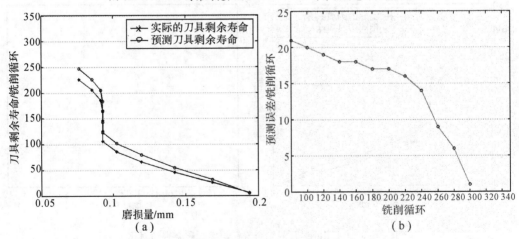

（a）   （b）

图 6-9 C4_flute2 预测剩余寿命与实际剩余寿命对比

（a）Cutter4 flute2 寿命对比；（b）Cutter6 flute2 寿命预测绝对误差变化

由图6-8和图6-9可以看出,采用考虑存在刀具的测量误差和刀具个体差异的非线性模型,较采用仅考虑刀具个体差异时的非线性模型具有更好的建模能力。以4号刀具第2齿为例,所有预测点的预测误差总和降低了约9%。因此,考虑测量误差的模型要优于仅考虑刀具个体差异时的非线性模型。

6.3 本章小结

本章介绍了两种统计数据驱动的刀具剩余寿命预测方法。基于线性维纳过程的方法适合于线性磨损退化过程,可以比较精确地预测刀具剩余寿命,并给出置信区间;实际的刀具磨损退化轨迹大多具有明显的非线性特征,采用非线性维纳过程模型来描述刀具的退化过程并预测刀具剩余寿命,具有更高的精度。

第七章 基于隐马尔科夫模型的铣削颤振预报

7.1 稳定性监测与预报概况

7.1.1 切削稳定性监测的意义

振动是机械加工过程中广泛存在的一种现象。在机床加工中,大多数振动属于自激振动,它的产生源于激励频率接近系统某一固有模态,如切屑形成周期引发的自激振动,及机床工作台进给机构在滑行过程中发生的摩擦自激振动等。对加工质量较为有害的是刀具和工件之间强烈的自激振动,即颤振。颤振有很多危害,具体表现在以下几方面:急剧增大的振幅会导致加工表面质量的恶化,加剧刀具磨损,并增大刀具破损的可能性。此外,加工过程中工件的硬质点、气泡,以及外界的冲击干扰等都有可能破坏原有的稳定加工。颤振不仅是阻碍机床加工精度和效率进一步提高的一大障碍,而且颤振时产生的噪声也危害操作人员身心健康。

研究表明,切削加工中的颤振可以通过实时改变主轴转速、进给速度等参数,在不影响加工精度和效率的前提下被抑制于萌芽状态,因此对切削过程中颤振萌芽的及时检测,预测颤振的发生将为控制机制赢得时间,避免加工质量进一步恶化。因此,实现颤振的监测与预报是实现高品质加工的关键因素之一。

7.1.2 切削稳定性监测技术存在的问题及发展趋势

自 1907 年 Taylor 发表第一篇关于切削颤振的论文以来,颤振一直是机械工程领域的研究热点。因为颤振是一种自激振动,对其进行建模需要全面掌握铣削力对机床-刀具-工件系统的作用机理,需要对系统进行模态试验测定模态参数,对切削力的仿真则需要标定具体刀具工件材料对的切削力系数。国内外学术界和工程界对避免和减轻颤振均做了大量的研究和试验,就避免颤振的方式而言主要有两种思路:一种是切削参数优化选择,一种是切削颤振在线预报。

机床在加工时,刀具切除材料产生切削力,切削力激励加工系统产生振动,振动再作用于切削力,从而构成一个封闭的反馈系统。如图 7-1 所示,在刀具和工件材料一定的情况下,决定这个系统稳定与否的初始条件就是切削参数。合理地选择切削参数,可以在避免颤振的前提下,增大刀具法向前角和螺旋角,有利于提高稳定性极限切深,提高材料的切除效率。

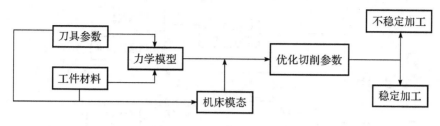

图 7-1 切削参数优化选择

1954 年 Hahn 首先提出的再生颤振概念指出,切削过程中前后两刀齿振痕波纹相位差是导致再生颤振的首要原因。随后,众多研究者对切削过程刀尖轨迹及动态切削层厚度对颤振的影响机制做了大量相关研究,丰富和优化了这一理论。万敏等提出,在多齿铣削过程中,和再生颤振息息相关的动态切削层厚度存在多重延迟机制,即每齿的待加工表面可能在之前多个刀齿加工后形成,他们指出产生这种现象的主要原因是刀具偏心,并且提出了一种消除刀具偏心影响来标定铣削力系数的方法,利用标定后的参数对稳定性域进行求解。梁鑫光利用三维空间摆线对球头刀刀刃轨迹进行建模,准确地定位了再生颤振波纹的时空位置,较为精确地描述了铣削稳定性。

但是,铣削颤振预报和控制还是切削工艺中最为复杂和困难的问题,至今还未有一种具有较高有效性和灵活性的解决方案。这是因为目前人们对颤振发生机理的认识还不全面,依然没有搞清楚颤振的内在动力学特性对信号特征的影响。铣削颤振预报存在以下两个技术难点:

(1)颤振敏感信息的提取。颤振信号的特点是高度的非线性和非平稳性。不同的特征包含的切削状态信息有所不同,众多信号特征之间存在信息冗余与干扰。以往的研究多采用传统的时域频域分析方法,不能很好地反映颤振敏感信息。小波变换、第二代小波变换等方法在非平稳信号分析上虽有一定优势,但仍无法很好地解决虚假频率的干扰。

(2)颤振状态特征向量模式识别。不同于刀具磨损等缓变过程,颤振是一种时变性较强的过程。对强时变系统的建模不仅应当研究信号在频域或时域上的总体表现,更应当注重信号特征在时间上的变化特点。为了更加及时、准确地识别颤振的征兆,往往需要提取众多信号特征,而这些信号特征反映切削状态的能力是有限的,不同的特征包含的切削状态信息有所不同,众多信号特征之间存在信息冗余与干扰等,需要通过一定的智能算法来对这些特征进行进一步的处理。

针对以上问题,本章采用如图 7-2 所示的技术路线。首先,阐述切削颤振的特征和产生原理,对铣削过程建立动力学模型,结合机床传递函数建立激励响应的关系,并由此推导出稳定性极限切深表达式。然后,研究信号处理的常用方法及其优缺点,提出基于改进局部均值分解(LMD)的方法研究切削信号分解与特征提取方法。最后,针对与颤振有关的三种切削状态,分别建立对应的 HMM,利用三种状态下的特征融合数据对其进行训练得到模式识别库,对铣削运行中的信号特征进行识别和预报。

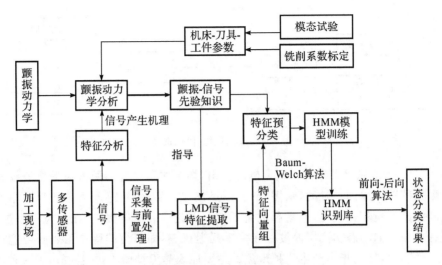

图 7-2 切削颤振在线预报的技术路线

7.2 铣削颤振动力学分析

7.2.1 铣削颤振的产生机理

颤振是一种强烈的自激振动,按照颤振产生的原理可分为摩擦颤振、振型耦合型颤振和再生颤振三种。其中摩擦颤振是由刀具与工件已加工表面摩擦力周期性变化导致的自激振动。振型耦合型颤振主要是不同自由度之间的耦合振动使得刀尖点轨迹偏离理论值引起的形位误差。再生颤振源于再生效应,即前后两刀齿运动轨迹之间的动态切削层厚度引起动态切削力,动态切削力激励机床或者刀具的某一固有模态产生自激振动。再生颤振是铣削加工中颤振的主要来源,也是整个机床振动中,最为复杂和非线性的部分。

7.2.2 铣削颤振的解析预测

以再生颤振为例,其解析预测分为以下三步。

1. 动态铣削力建模

由于铣削机床在 z 方向的刚度很大,故可认为铣刀只具有 x 和 y 方向的两个自由度,轴向切削深度较小时,刀尖点随 z 轴上升的滞后可以忽略,故模型的螺旋角为 0。切削力在 x 和 y 方向激励刀具-主轴系统,造成 x 和 y 方向的振动。将振动位移正交分解到 x 轴和 y 轴上,由动态位移引起的切屑厚度变化为

$$v_i = -x\sin\varphi_j - y\cos\varphi_j \qquad (7-1)$$

其中,φ_j 是刀齿 j 由 y 轴沿顺时针方向度量的瞬时接触角。当主轴以角速度 Ω 旋转时,接触角和时间的关系式为

$$\varphi_j(t) = \Omega t \qquad (7-2)$$

因此,某刀齿最终的径向切削深度由两部分组成,一部分是将刀具视为刚体时的静态切削厚度部分,即 $s_t\sin\varphi_j$;另一部分是由前一刀齿和本刀齿动态位移引起的切削厚度变化。切削

载荷可以按照下式计算：

$$h(\varphi_j) = [s_t \sin\varphi_j + (\nu_{j,0} - \nu_j)]g(\varphi_j) \qquad (7-3)$$

其中，s_t 是每齿进给量；$v_{j,0}$，v_j 分别是上一刀齿和本刀齿由切削力的作用而引起的动态位移；$g(\varphi_j)$ 是一个二值函数，用来确定刀齿 j 是否处于切削中，有

$$g(\varphi_j) = \begin{cases} 1, & \varphi_{st} < \varphi_j < \varphi_{ex} \\ 0, & \varphi_j < \varphi_{st} \ \text{或} \ \varphi_j > \varphi_{ex} \end{cases} \qquad (7-4)$$

式中，φ_{st} 和 φ_{ex} 分别是刀齿切入和切出工件时的接触角。设本刀齿在某接触角度的位置为 (x,y)，上一刀齿在同样接触角度的位置为 (x_0,y_0)。$\Delta x = x - x_0$，$\Delta y = y - y_0$ 分别为由前后两刀齿的动态位移而引起的切削厚度变化在 x 轴和 y 轴的分量。由于切削力的静态部分不影响动态切削厚度，因此将其舍去，将 v_j 代入式(7-3)得

$$h(\varphi_j) = [\Delta x \sin\varphi_j + \Delta y \cos\varphi_j]g(\varphi_j) \qquad (7-5)$$

作用在刀齿上的轴向和径向切削力与轴向切削深度、切削厚度成正比，即

$$F_{tj} = K_t a h(\varphi_j), \quad F_{rj} = K_r F_{tj} \qquad (7-6)$$

铣削力系数 K_t 和 K_r 为常数，将切削力分解到 x 方向和 y 方向，得

$$F_{xj} = -F_{tj}\cos\varphi_j - F_{rj}\sin\varphi_j \qquad (7-7)$$

$$F_{yj} = F_{tj}\sin\varphi_j - F_{rj}\cos\varphi_j \qquad (7-8)$$

将同一时刻所有参与切削的刀齿的切削力相加，得到整个刀具在 x 方向和 y 方向的力分别为

$$F_x = \sum_{j=0}^{N-1} F_{xj}(\varphi_j) \qquad (7-9)$$

$$F_y = \sum_{j=0}^{N-1} F_{yj}(\varphi_j) \qquad (7-10)$$

对等齿距铣刀而言，$\varphi_j = \varphi + j\varphi_p$，齿间角为 $\varphi_p = 2\pi/N$，将切削厚度(式(7-5))和每齿切削力(式(7-6))代入式(7-11)，并将其整理为矩阵形式：

$$\begin{bmatrix} F_x \\ F_y \end{bmatrix} = \frac{1}{2}aK_s \begin{bmatrix} a_{xx} & a_{xy} \\ a_{yx} & a_{yy} \end{bmatrix} \begin{bmatrix} \Delta x \\ \Delta y \end{bmatrix} \qquad (7-11)$$

其中，随时间变化的不同角度的铣削力系数由下列各式给出，即

$$a_{xx} = \sum_{j=0}^{N-1} -g_j[\sin 2\varphi_j + K_r(1 - \cos 2\varphi_j)] \qquad (7-12)$$

$$a_{xy} = \sum_{j=0}^{N-1} -g_j[(1 + \cos 2\varphi_j) + K_r \sin 2\varphi_j] \qquad (7-13)$$

$$a_{yx} = \sum_{j=0}^{N-1} g_j[(1 - \cos 2\varphi_j) - K_r \sin 2\varphi_j] \qquad (7-14)$$

$$a_{yy} = \sum_{j=0}^{N-1} g_j[\sin 2\varphi_j - K_r(1 + \cos 2\varphi_j)] \qquad (7-15)$$

考虑到这些参数随时间和角速度变化，可以将其在时域写成矩阵形式，即

$$\boldsymbol{F}(t) = \frac{1}{2}aK_t\boldsymbol{A}(t)\Delta(t) \qquad (7-16)$$

从铣削原理上讲，每齿在一个完整的切削周期过程中由于切削厚度随接触角度的变化而引起定向因子随时间变化，这一点区别于诸如车削、刨削之类的切削力大小及方向恒定的切削

方式。且由于切削力随刀具旋转而成周期性变化,其周期 $T = 2\pi/\omega$,故而可将其展开为傅里叶级数,即

$$\left.\begin{array}{l} \boldsymbol{A}(t) = \sum_{r=-\infty}^{\infty} \boldsymbol{A}_r \mathrm{e}^{\mathrm{i}r\omega t} \\[2mm] \boldsymbol{A}_r = \dfrac{1}{T}\int_0^T \boldsymbol{A}(t)\mathrm{e}^{-\mathrm{i}r\omega t}\mathrm{d}t \end{array}\right\} \qquad (7-17)$$

其中,谐波次数 r 决定了傅里叶级数的重构精度,研究证明高次谐波对 $\boldsymbol{A}(t)$ 傅里叶级数的重构精度影响很小。故采用最简单的近似方法,令 $r = 0$,得

$$\boldsymbol{A}_0 = \frac{1}{T}\int_0^T \boldsymbol{A}(t)\mathrm{d}t \qquad (7-18)$$

因为只有当刀齿位于切削中 $(\varphi_{st} < \varphi_j < \varphi_{ex})$,即 $g_j(\varphi_j) = 1$,齿间角 $\varphi_p = \Omega T$ 时,$\boldsymbol{A}_0$ 等于齿间角 $\varphi_p = 2\pi/N$ 上的平均值,即

$$\boldsymbol{A}_0 = \frac{1}{T}\int_0^T \boldsymbol{A}(t)\mathrm{d}t = \frac{1}{\varphi_p}\int_{\varphi_{st}}^{\varphi_{ex}} \boldsymbol{A}(\varphi)\mathrm{d}\varphi = \frac{N}{2\pi}\begin{bmatrix} \alpha_{xx} & \alpha_{xy} \\ \alpha_{yx} & \alpha_{yy} \end{bmatrix} \qquad (7-19)$$

其中,积分函数为

$$\alpha_{xx} = \frac{1}{2}\left[\cos 2\varphi - 2K_r\varphi + K_r\sin 2\varphi\right]_{\varphi_{st}}^{\varphi_{ex}} \qquad (7-20)$$

$$\alpha_{xy} = \frac{1}{2}\left[-\sin 2\varphi - 2\varphi + K_r\cos 2\varphi\right]_{\varphi_{st}}^{\varphi_{ex}} \qquad (7-21)$$

$$\alpha_{yx} = \frac{1}{2}\left[-\sin 2\varphi + 2\varphi + K_r\cos 2\varphi\right]_{\varphi_{st}}^{\varphi_{ex}} \qquad (7-22)$$

$$\alpha_{yy} = \frac{1}{2}\left[-\cos 2\varphi - 2K_r\varphi - K_r\sin 2\varphi\right]_{\varphi_{st}}^{\varphi_{ex}} \qquad (7-23)$$

式(7-19)中忽略了和时间有关的项,因此 $\boldsymbol{A}_0$ 变为了一个时不变量,平均方向因子仅取决于径向切削力系数和接触角,将动态切削力表达式化简为

$$\boldsymbol{F}(t) = \frac{1}{2}aK_t\boldsymbol{A}_0\Delta(t) \qquad (7-24)$$

2. 稳定性临界切深的计算

刀具-工件接触区域的传递函数矩阵为

$$\boldsymbol{\Phi}(\mathrm{i}\omega) = \begin{bmatrix} \Phi_{xx}(\mathrm{i}\omega) & \Phi_{xy}(\mathrm{i}\omega) \\ \Phi_{yx}(\mathrm{i}\omega) & \Phi_{yy}(\mathrm{i}\omega) \end{bmatrix} \qquad (7-25)$$

其中,$\Phi_{xx}(\mathrm{i}\omega)$ 和 $\Phi_{yy}(\mathrm{i}\omega)$ 分别为 x 和 y 方向的直接传递函数,$\Phi_{xy}(\mathrm{i}\omega)$ 和 $\Phi_{yx}(\mathrm{i}\omega)$ 分别为 x、y 方向互为激励响应的交叉传递函数。相邻两个刀齿切削周期的振动矢量为

$$\left.\begin{array}{l} \boldsymbol{r} = [x(t)\, y(t)]^{\mathrm{T}} \\ \boldsymbol{r}_0 = [x(t-T)\, y(t-T)]^{\mathrm{T}} \end{array}\right\} \qquad (7-26)$$

变换到频域为

$$\left.\begin{array}{l} \boldsymbol{R}(\omega) = \boldsymbol{\Phi}(\mathrm{i}\omega)\boldsymbol{F}(\omega) \\ \boldsymbol{R}_0(\omega) = \mathrm{e}^{-\mathrm{i}\omega T}\boldsymbol{R}(\mathrm{i}\omega) \end{array}\right\} \qquad (7-27)$$

为得到振动的频域描述,将式(7-27)代入 $\Delta = [(x-x_0)\,(y-y_0)]^{\mathrm{T}}$ 得

$$\Delta(\mathrm{i}\omega_c) = \boldsymbol{R}(\mathrm{i}\omega_c) - \boldsymbol{R}_0(\mathrm{i}\omega_c) = (1 - \mathrm{e}^{-\mathrm{i}\omega_c T})\boldsymbol{\Phi}(\mathrm{i}\omega_c)\boldsymbol{F}(\omega) \qquad (7-28)$$

将 $\Delta(i\omega)$ 代入动态切削力表达式中,得

$$\boldsymbol{F}e^{i\omega_c t} = \frac{1}{2}aK_t\left[1 - e^{-i\omega T}\right]\boldsymbol{A}_0\boldsymbol{\Phi}(i\omega)\boldsymbol{F}e^{i\omega_c t} \tag{7-29}$$

令行列式等于 0,得到它的特解为

$$\det\left\{\boldsymbol{I} - \frac{1}{2}K_t a(1 - e^{-i\omega_c T})\boldsymbol{A}_0\boldsymbol{\Phi}(i\omega_c)\right\} = 0 \tag{7-30}$$

定义定向传递函数矩阵,可对其进行进一步的简化,有

$$\boldsymbol{\Phi}_0(i\omega_c) = \frac{2\pi}{N}\boldsymbol{A}_0\boldsymbol{\Phi}(i\omega) =$$

$$\begin{bmatrix} \alpha_{xx}\Phi_{xx}(i\omega_c) + \alpha_{xy}\Phi_{yx}(i\omega_c) & \alpha_{xx}\Phi_{xy}(i\omega_c) + \alpha_{xy}\Phi_{yy}(i\omega_c) \\ \alpha_{yx}\Phi_{xx}(i\omega_c) + \alpha_{yy}\Phi_{yx}(i\omega_c) & \alpha_{yx}\Phi_{xy}(i\omega_c) + \alpha_{yy}\Phi_{yx}(i\omega_c) \end{bmatrix} \tag{7-31}$$

该特征方程的特征值为

$$\Lambda = -\frac{N}{4\pi}aK_t(1 - e^{-i\omega_c T}) \tag{7-32}$$

特征方程化为

$$\det[\boldsymbol{I} + \Lambda\boldsymbol{\Phi}_0(i\omega_c)] = 0 \tag{7-33}$$

因此只要给定颤振频率 ω_c,静态切削力系数 (K_t,K_r),切入切出角 $(\varphi_{st},\varphi_{ex})$ 和结构传递函数,式(7-33)的特征值就是容易求得的。在一般情况下可以忽略交叉传递函数 $(\Phi_{xy} = \Phi_{yx} = 0)$,于是特征方程简化为一个二次函数,有

$$a_0\Lambda^2 + a_1\Lambda + 1 = 0 \tag{7-34}$$

式中

$$\left.\begin{aligned} a_0 &= \Phi_{xx}(i\omega_c)\Phi(i\omega_c)(\alpha_{xx}\alpha_{yy} - \alpha_{xy}\alpha_{yx}) \\ a_1 &= \alpha_{xx}\Phi_{xx}(i\omega_c) + \alpha_{yy}\Phi_{yy}(i\omega_c) \end{aligned}\right\} \tag{7-35}$$

于是可得特征值 Λ 为

$$\Lambda = -\frac{1}{2a_0}(a_1 \pm \sqrt{a_1^2 - 4a_0}) \tag{7-36}$$

因为传递函数是复函数,其特征值有实部和虚部 $(\Lambda = \Lambda_R + i\Lambda_I)$。将特征值和 $e^{-i\omega_c T} = \cos\omega_c T - i\sin\omega_c T$ 代入式(7-33)得到颤振频率 ω_c 处的极限切深表达式为

$$a_{lim} = -\frac{2\pi}{NK_t}\left[\frac{\Lambda_R(1-\cos\omega_c T)+\Lambda_I\sin\omega_c T}{(1-\cos\omega_c T)} + i\frac{\Lambda_I(1-\cos\omega_c T)-\Lambda_R\sin\omega_c T}{(1-\cos\omega_c T)}\right] \tag{7-37}$$

因为切削深度必须为实数,所以虚部等于 0,即

$$\Lambda_I(1-\cos\omega_c T) - \Lambda_R\sin\omega_c T = 0 \tag{7-38}$$

令

$$\kappa = \frac{\Lambda_I}{\Lambda_R} = \frac{\sin\omega_c T}{1-\cos\omega_c T} \tag{7-39}$$

并代入式(7-35)的实部,可得轴向极限切深表达式为

$$a_{lim} = -\frac{2\pi\Lambda_R}{NK_t}(1 + \kappa^2) \tag{7-40}$$

这样,给定特定的颤振频率 ω_c,无颤振切削条件下的轴向极限切深可由式(7-38)确定。相应地,主轴转速可由式(7-39)得到,有

$$\kappa = \tan\psi = \frac{\cos(\omega_c T/2)}{\sin(\omega_c T/2)} = \tan[\pi/2 - (\omega_c T/2)] \qquad (7-41)$$

特征值的相移为 $\psi = \tan^{-1}\kappa$，$\omega_c T = \pi - 2\psi + 2k\pi$ 是一个刀齿切削周期内的相间距，如果 k 是切削振动痕迹中完整振动周期的个数，$\varepsilon = \pi - 2\psi$ 是内调制与外调制(前后两刀齿切削振痕)的相位差，则有

$$\omega_c T = \varepsilon + 2k\pi \qquad (7-42)$$

必须注意，相移角是通过特征值的实部和虚部计算得来的。主轴转速可以通过计算刀齿切削周期获得，有

$$T = \frac{1}{\omega_c}(\varepsilon + 2k\pi) \qquad (7-43)$$

$$n = \frac{60}{NT} \qquad (7-44)$$

3. 铣削稳定性叶瓣图分析

铣削稳定性叶瓣图是系统稳定性临界切深与转速的关系图，对下一步的铣削颤振试验切削参数选择具有重要的指导意义。

通过机床模态辨识试验得到刀尖点的各阶固有频率后，可以按照以下步骤来获得稳定性叶瓣图：

(1)选定一个模态频率作为颤振中心频率。

(2)求解特征方程式(7-34)。

(3)按照式(7-40)计算临界切深。

(4)计算对应的主轴转速。

(5)重复(1)~(4)步骤扫描模态附近的颤振频率得到一个叶瓣。

(6)选择高一阶的机床模态和传递函数，重复(1)~(5)步骤得到稳定性叶瓣图。

经过上述步骤，由试验测得的铣削力系数和机床模态参数可得稳定性叶瓣图，如图 7-3 所示。加工参数：工件材料铝合金 7050，刀具直径 $D = 10\text{mm}$，刀具齿数 $N = 4$，螺旋角 $\beta = 45°$，径向切深 $a_e = 5\text{mm}$，铣削方式为逆铣。

(1)主轴转速的影响。由稳定性叶瓣图(见图 7-3)可以看出，主轴转速对铣削稳定性的影响最为复杂。当轴向切削深度位于绝对稳定深度以下时，任何在主轴转速下进行的切削均为稳定切削。当切削深度高于绝对稳定深度时，随主轴转速的提高，切削将会在稳定与不稳定之间转换。低速段的稳定性叶瓣曲线较为密集，高速段稳定性叶瓣曲线间距增大，$k = 0$ 曲线右侧无稳定性叶瓣曲线，这是因为当转速高于系统固有模态一定程度后，再生波纹的频率过高而无法激励机床模态。故在切削条件允许的情况下，采用较高的转速对加工稳定性是有利的。

(2)进给速度的影响。应当指出，在传统的稳定性极限切深模型中，并未将进给率作为单独参数考察，在实际的试验研究中，在其他参数相同的条件下，增大进给率，切削过程倾向于朝不稳定方向发展。原因是式(7-5)中 $h(\varphi_j)$ 为一个随刀齿接触角度变化的函数。但对于具体的某次切削过程来讲，材料的切除率与进给速度成正比，同一接触角度的切削力与进给率，在刃口力很小的情况下近似成正比，考虑进给率因素后的稳定性标准应当由主轴转速、进给率、和轴向切深共同决定。

(3)刀具偏心的影响。如图 7-4 所示，O_1 为主轴旋转中心即无偏心时的刀具中心，O_2 为实际的刀具中心，O_1，O_2 间的距离即为偏移量 a，刀具偏心后旋转中心仍然为主轴中心 O_1，其

效果就是每个刀齿的实际旋转半径变为了各自到主轴中心的距离。考虑最极端的情况,偏心连线的延长线上刚好有两个刀齿,则这两个刀齿的实际切削深度之差约等于偏心量的两倍。在偏心的影响下,各刀齿的实际切削深度不同,因此某些情况下铣削颤振具有间歇性和周期性的特点。这是铣削和车削等连续切削最大的不同。此外,刀具偏心也会造成实际的稳定极限切削深度比按照模型仿真或者是按照经验数据制定出来的加工参数要小。

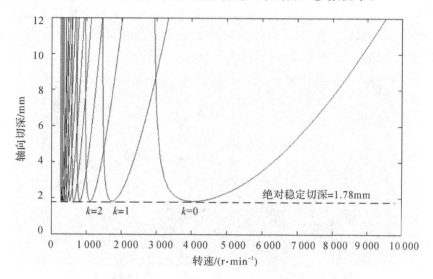

图 7 - 3　铣削加工稳定性叶瓣图

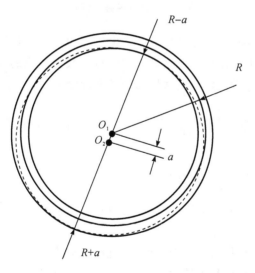

图 7 - 4　刀具偏心对刀齿切削深度的影响

7.2.3　刀具-机床模态参数识别

模态分析是结构动力学特性的一种重要研究方法,模态是一个结构固有的机械属性,结构往往具有多阶模态,每一个模态都有相应的固有频率、阻尼比、模态振型、留数等参数。大多数机械系统,都可以简化为一个弹簧阻尼系统。机械结构对不同频率的激励会有不同的响应表现。机械结构对激励具有极大响应幅值的频率称为固有频率,固有频率激励下的衰减特性则与该模态的阻尼比有关,结构在接受激励后的振动形态则成为该模态下的模态振型。试验模态分析主要测量激励响应并进行分析得出系统固有模态,使用激振器或带有力传感器的激振力锤采集激励力信号,采用位移、速度或加速度传感器采集位移响应信号。

模态分析可分为两类,通过建模进行有限元分析的方法称为有限元模态分析,通过激振器或力锤试验测定模态的方法称为试验模态方法。受限于建模的精度和仿真算法的科学性,大多数模态分析均采用试验模态分析。通过冲击力锤的力传感器采集冲击力信号,通过黏附在刀尖点的加速度传感器采集响应信号,试验装置如图7-5所示。

图7-5 试验模态分析装置

理想的冲击信号为脉冲信号,但是在多数冲击试验中,冲击信号为手持敲击发出,落点准确性较差,因此实际试验中往往需要多次敲击才能得到较为理想的冲击信号。在数据后续处理时,应当挑选出接近理想激励和响应信号的信号进行分析。

7.3 铣削颤振信号处理及特征提取技术

7.3.1 铣削颤振信号特征的来源分析

振动是物体围绕某个平衡位置做往复运动的现象,其根本原因是交变的力,能够引起交变力的物体或因素称为振动源。铣床切削过程中的振动源有多种,如电机轴的旋转、主轴的旋转、刀齿的周期性切入切出、切屑的周期性形成、进给机构的运动、各类齿轮的啮合、电磁干扰、共振和颤振等。在切削振动信号中较为突出的几个振动分量如下:

(1)主轴旋转频率。此频率在机床精度较低,刀具装夹精度较低时尤为明显,主轴和刀具的偏心会引起刀具在每转切削中切屑的名义厚度周期性变化,从而引起振动,此外机床随主轴旋转引起的整机振动也会反映到振动信号中来。这部分振动属于振动的低频部分。

(2)刀齿切削频率。此频率在数值上等于主轴转频乘以刀齿数,单齿切削时与主轴转频合一。在铣削中无论是顺铣还是逆铣,均有刀齿切入和切出的循环,然而由于刀具偏心的存在,每齿的实际切削深度有所不同,甚至在严重偏心下还可能出现某齿空切的现象,实际的振动形式表现为以刀齿切削频率为载波、以主轴转频为调制波的一个类调幅信号。

（3）刀齿振纹频率。由于冲击等其他因素的存在,刀齿切削时刀尖点的实际运动轨迹并非理想状态下的圆弧(摆线),而是围绕理论轨迹做上下波动,这部分振动是加工表面加工痕迹的主要形成机制之一。若前后两齿的振纹有一定相位差则会引起瞬时切削厚度的周期性变化,当这种振动的频率位于机床某阶模态附近时则会引起颤振,故刀齿振纹是再生颤振形成的主要原因。

除此之外,切屑形成、冲击等作用也是产生振动的重要原因。机床-刀具-工件是一个复杂的动力学整体,以上所列举的几种主要振动形式并不是彼此独立的,某种形式的振动可能会影响到另一种振动的形式。比如,刀具冲击工件表面时形成的过大冲击振动将会引起刀轴的移动,造成切削厚度的变化,从而改变切屑振动的形式和刀齿切削轨迹形成的振纹振动。切削加工中这种不同振动源之间的相互作用是普遍存在的。

当切削稳定进行时,振动的主要形式是由刀齿周期性切入频率激励的强迫振动,频率主要集中于刀齿切削频率及其倍频处。但值得注意的是,刀具偏心的存在会使得每齿切削厚度不一,尤其当偏心量较大、进给速度较低时,每刀齿切削周期将出现两段不完整切削的现象,表现为激振力的频率略高于刀齿切削频率,振动信号将更加明显地反映这一特点。稳定切削的激振力较为稳定,频率远离机床固有频率。因此,振动信号的幅值主要取决于激振力的大小。当颤振发生时,机床固有频率附近的自激振动取代刀齿切入频率而成为激励振动的主要原因。自激振动是一种需要持续不断的能量输入才能够维持的振动形式。刀齿的切入便提供了自激振动的能量输入,当能量输入与能量的耗散速度达到平衡后振幅便不再发展,因此颤振发生时振动信号在颤振频率处的幅值突然上升并占据主导地位,一段时间后整体幅值稳定在某一较高水平。

7.3.2　基于 LMD 铣削信号自适应分解

1. LMD 基本算法

2005 年,Jinathan S. Smith 提出了局部均值分解 LMD 方法。该方法将一个复杂信号逐层分解为多个 PF 分量之和。其中每个 PF 分量又可分为一个纯调频信号和一个幅值信号的乘积。

对调频信号求瞬时频率则可以得到信号完整的时频分布特性。其分解方法如下:

找出原信号 $x(t)$ 中所有的局部极值点(极大值和计小值分别记录),显然极值点序列为极大值和极小值交替排列。计算相邻两个极值点的均值 m_i,有

$$m_i = \frac{l_i + l_{i+1}}{2} \tag{7-45}$$

得到一系列均值函数"标定点",对这些标定点进行某种方式的插值,得到关于原信号的瞬时均值函数 $m_{11}(t)$。

利用局部极值 l_i 计算局部幅值 a_i,有

$$a_i = \frac{|n_i - n_{i+1}|}{2} \tag{7-46}$$

得到一系列幅值"标定点",同样对其进行插值得到瞬时幅值函数 $a_{11}(t)$。

用原信号 $x(t)$ 减去局部均值函数 $m_{11}(t)$,得

$$h_{11}(t) = x(t) - m_{11}(t) \tag{7-47}$$

用 $h_{11}(t)$ 除以瞬时幅值函数 $a_{11}(t)$ 进行幅值解调,得

$$s_{11}(t) = h_{11}(t)/a_{11}(t) \tag{7-48}$$

理想地,$s_{11}(t)$ 是一个纯调频信号,下一次迭代得到的局部幅值函数应满足 $a_{12}(t) \equiv 1$,但实际中往往不可达到,通常是设定一个门限值 δ,每次将 s_{1i} 作为原信号代入上述过程,直到 $a_{1n}(t)$ 满足 $1-\delta < a_{1n}(t) < 1+\delta$ 时停止迭代,将 s_{1n} 作为第一个调频信号。将迭代过程中产生的所有瞬时幅值信号相乘得到包络信号为

$$a_1(t) = a_{11}(t)a_{12}(t)\cdots a_{1n}(t) \tag{7-49}$$

于是第一个 PF 分量为

$$\mathrm{PF}_1(t) = a_1(t)s_{1n}(t) f_1(t) = \frac{1}{2\pi} \frac{\mathrm{d}[\arccos(s_{1n}(t))]}{\mathrm{d}t} \tag{7-50}$$

由纯调频信号 $s_{1n}(t)$ 可求得瞬时频率为

$$f_1(t) = \frac{1}{2\pi} \frac{\mathrm{d}[\arccos(s_{1n}(t))]}{\mathrm{d}t} \tag{7-51}$$

将第一个 PF 分量从原始信号 $x(t)$ 中减去,得到第一个余量 $r_1(t)$,将其作为原始信号重复上述分解过程,直到 $r_k(t)$ 为一个单调函数为止,即

$$r_1(t) = x(t) - \mathrm{PF}_1(t) \tag{7-52}$$

$$r_k(t) = r_{k-1}(t) - \mathrm{PF}_k(t) \tag{7-53}$$

$$r_k(t) = r_{k-1}(t) - \mathrm{PF}_k(t) \tag{7-54}$$

于是原信号可以表示为

$$x(t) = \sum_{i=1}^{k} \mathrm{PF}_i(t) + r_k(t) \tag{7-55}$$

从原理上讲,LMD 分解方法并不依赖于事先选定的基函数,分解过程具有自适应性。但是就算法来讲有一些明显的缺陷。此方法的思想是从高频开始分解,每一个 PF 分量均为此次分解前原信号中最高频率的成分,有时信号的高频幅值比较小而低频幅值比较大,这就会造成在低频部分斜率较大的地方高频扰动不足以使信号出现局部极值,而表现为连续单调的特点。此时第一次迭代不能将高频分量移除,往往需要多步迭代,而且,计算均值函数、幅值函数使用的移动平均算法有一定缺陷,可能会导致额外的高频扰动。下面分别针对这两个问题作探讨。

移除信号中的高频分量实际上是一个低通滤波的过程,移动平均是一种计算量较小、效率较高的低通滤波方法,通过选取移动平均窗口的大小能够调节切除的频率点。首先对信号进行一定的移动平均滤波,用原信号减去平滑处理后的波形得到高频分量,再对高频分量进行 LMD 分解,得到高频段的时频分布,可以避免对原信号做过多的迭代来分解低频斜率较大部分的高频扰动。

对信号做窗口大小为 n 的移动平均,即

$$x_{m1}(t) = M[x(t), n] \tag{7-56}$$

将 $x_{m1}(t)$ 从 $x(t)$ 中减去,得到第一个高频分量 $h_1(t)$:

$$h_1(t) = x(t) - x_{m1}(t) \tag{7-57}$$

对第一步得到的 $x_m(t)$ 再次进行移动平均将得到更为平滑的滤除高频效果,对于每层分解皆

如此,但这也将使部分低频分量被滤去。

对 $x_{m1}(t)$ 进行窗口大小为 $2n-1$ 的移动平均,即

$$x_{m2}(t)=M[x(t),2n-1] \tag{7-58}$$

将 $x_{m2}(t)$ 从 $x_{m1}(t)$ 中减去,得到第二个高频分量 $h_2(t)$,此高频分量含有相对于 $h_1(t)$ 频段更低的信号分量,即

$$h_2(t)=x_{m1}(t)-x_{m2}(t) \tag{7-59}$$

经过一系列分解后,得到若干频段由高到低的高频分量 $h_1(t)$, $h_2(t)$, $h_n(t)$ 和一个低频余量 $x_{mn}(t)$。

对每个分量施以类似式(7-45)～式(7-55)的处理,得到一系列 PF 分量,这些 PF 分量分别描述了原始信号在不同频段上的表现。

2. LMD 与小波分解的比较

图 7-6 是分别利用 db10 和 sym6 两种小波对同一信号进行 8 层分解的结果。可以看到两者均产生了许多虚假频率成分,而且虚假频率成分的表现形式也各不相同。像 db10 小波的 d7 分量与 sym6 小波的 d7 分量在幅值的时间分布规律上几乎完全相反。这是因为不同的小波基函数波形不同,在其他频段上的表现也有较大差异。以 db10 小波分解的结果来讲,9 个分量中仅 a8,d8,d5 能够在切削过程中找到其对应的物理意义,其他频率成分的物理意义无法解释清楚,而且前 4 个分量的幅值基本上都位于 10^{-3} 数量级,因此很难判定哪些频率是具有物理意义的频率,哪些频率是拟合产生的虚假频率。

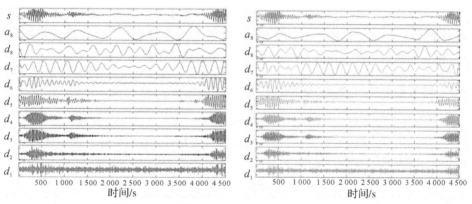

图 7-6　振动信号的 db10 小波和 sym6 小波分解

图 7-7 是对同一信号进行 LMD 分解的结果。从图中可以清楚地看出哪些是刀齿切削频率,哪些是加工表面振痕频率,哪些是干扰噪声。分解结果中不包含无法解释物理意义的频率分量,这是由其自适应算法所决定的,所有分量均由原信号的局部统计量产生,而不依赖于基函数。唯一的缺点就是 LMD 多频段分解并非完全的频率截止(或带通滤波),而是具有一定斜率的频率截止,故有些频率分量可能出现在多个连续相邻的分量中,其幅值也被分配在多个分量中。但是对多个分量分别进行幅值分析后可以将各主要频率的分量综合起来,从而可以得到各主要频率分量随时间的幅值分布。

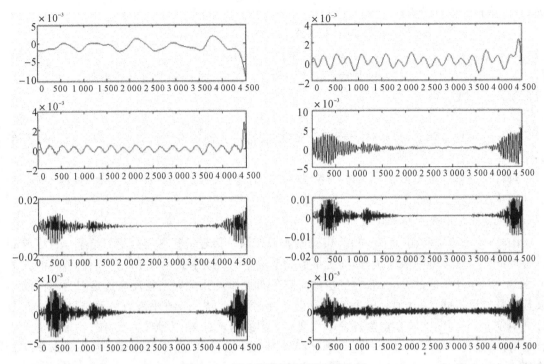

图 7-7　振动信号的八层 LMD 分解

与小波分解相比,LMD 更适合于分解包含多个明显频率分量的信号,其结果能够将各频率分量较清楚地区分开,虚假频率成分较少。就计算复杂度而言,由于 LMD 分解不包含拟合过程,故计算复杂度较小波变换大为减小。

7.3.3　铣削颤振信号特征的提取

信号处理即对信号进行变换和统计,以提取对分析问题有用的特征。常用的信号特征有时域特征,如均值(一阶统计量)、方差、相关函数与功率谱密度(二阶统计量),此外还有三阶、四阶等高阶矩、高阶累积量等其他高阶统计量。

应当指出,特征提取的目的是获取传感器信号中与所关心内容或现象相关的信息,因此应当在特征提取中去除无关信息,值得注意的是,颤振发生时,力信号和振动信号的幅值都将有明显的增长,但增长的绝对值不应当作为信号特征,因为切削用量和材料也会影响这些信号的幅值。一个大切深、大进给量的稳定加工,其振动信号幅值可能要大于小切深、小进给量的颤振加工。在进行特征提取时,应当注重提取信号中不随加工参数等非颤振因素变化的量。大多数情况下,信号的低阶时域统计量均不适用于用作颤振特征。特征提取时应当从频段能量占比及高阶统计量等特征中寻找有关颤振发生的征兆。

将采集到的切削力信号按照对应的颤振状态(稳定切削状态、颤振孕育状态、颤振爆发状态)进行前置处理得到时域信号,如图 7-8 所示。可以看出,切削稳定进行时,铣削力变化较为平缓,冲击较少,能够分清每齿切削引起的铣削力波形变化,过渡状态的铣削力信号与稳定状态在时域上差别不大,颤振发生时,冲击增大导致切削力波动剧烈,无法分清各刀齿切削引起的切削力变化。因此,可将铣削力信号局部峭度作为颤振状态的识别特征。

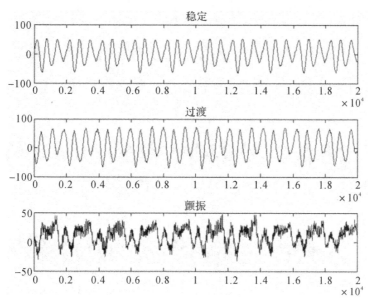

图 7-8　三种状态下的切削力信号时域图

三种状态的铣削力信号的频谱图如图 7-9 所示。可以看出,过渡状态和稳定状态下切削力的频谱分布仍不明显,当颤振发生时,位于系统一、二阶固有频率处的幅值有了显著增长。

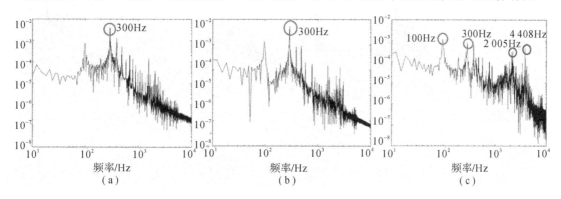

图 7-9　三种状态下的切削力频谱图
(a)稳定状态;(b)过渡状态;(c)颤振状态

将采集到的振动信号按照对应的切削状态(稳定切削状态、颤振孕育状态、颤振爆发状态)进行前置处理得到时域信号,如图 7-10 所示。可以看出,振动信号对颤振的敏感度要远大于切削力信号,这也和颤振的机理相符合。过渡状态时振动信号的幅值较稳定状态有所增长,颤振发生时幅值增长剧烈;过渡状态时冲击导致的突变峰值开始增多。因此,可将振动信号均值方差比作为颤振识别特征。

三种状态的振动信号频谱图如图 7-11 所示。可以看出,颤振过渡状态振动信号在系统第一阶固有频率处的幅值有了明显增长,颤振爆发时系统二、三阶模态处的幅值已经取代刀齿切削频率成为占信号能量比最大的分量。

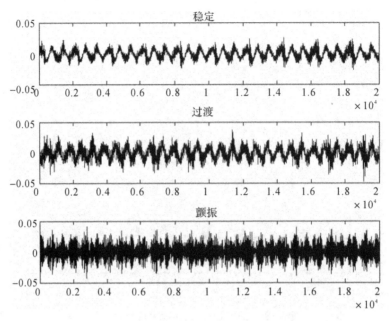

图 7-10　三种状态下的振动信号时域图

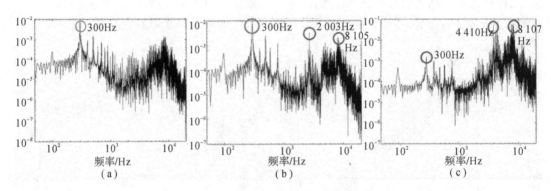

图 7-11　三种状态下的振动信号频谱图
(a)稳定状态;(b)过渡状态;(c)颤振状态

　　特征提取的目的是找出与颤振有关的信号特征,那么自然希望能够找到与其他因素无关,只与颤振状态有关的信号特征。从对三种状态下的铣削力信号和振动信号的分析可以看出,振动信号的整体幅值及颤振频率幅值无论是对过渡状态还是对颤振状态的响应都要比铣削力信号敏感得多。从颤振发生的过程来讲,当切削进入颤振孕育阶段时,振动信号特征首先响应,颤振发生时,力信号特征才作出响应。在颤振萌芽阶段,振动信号和力信号这一时间差和响应幅度上的差别可以被利用来提取对颤振萌芽敏感的信号特征。为了尽量避免提取到的特征与切削用量有关,可将切削力信号特征作为振动信号特征的对照,将两者的某些特征在数值上相比,则可得到与颤振状态直接相关的交叉信号特征。

7.4　基于隐马尔科夫模型的颤振状态预测模型

7.4.1　基于 Baum‑Welch 算法的颤振模式识别库的训练

一般而言,首先要建立一个对应稳定切削、颤振过渡和颤振爆发三种状态的 HMM 颤振状态识别库,这是一个 HMM 的训练问题。首先初始化三个 HMM 模型:$\lambda_s = (\pi_s, A_s, B_s)$,$s = 1,2,3$ 分别对应三种切削颤振状态,分别求得在三种已知颤振状态下经过信号特征提取得到的特征向量 $O_s = \{o_{s1}, o_{s2}, \cdots, o_{sT}\}$,使得 $P(O_s/\lambda_s)$ 均为最大对应的 λ_s。这里采用 Baum‑Welch 算法来解决这一问题。

定义 $\varepsilon_t(i,j)$ 为给定切削信号特征向量序列 O 和模型 λ 时,切削瞬态在 t 时刻为 θ_i 状态而在 $t+1$ 时刻为 θ_j 状态的概率为

$$\varepsilon_t(i,j) = P(O, q_t = \theta_t, q_{t+1} = \theta_j \mid \lambda) \tag{7-60}$$

根据前向后向算法可得

$$\varepsilon_t(i,j) = [\alpha_t(i) a_{ij} b_j(o_{t+1}) \beta_{t+1}(j)] / P(O \mid \lambda) \tag{7-61}$$

t 时刻切削处于 θ_i 暂态的概率为

$$\varepsilon_t(i) = P(O, q_t = \theta_i \mid \lambda) = \sum_{j=1}^{N} \varepsilon_t(i,j) = \alpha_t(i)\beta_t(i)/P(O \mid \lambda) \tag{7-62}$$

因此 $\sum_{t=1}^{T-1} \varepsilon_t(i)$ 为从 θ_i 状态转移出去的次数的期望值,而 $\sum_{t=1}^{T-1} \varepsilon_t(i,j)$ 为从 θ_i 状态转移到 θ_j 状态的次数的期望值。由此导出 Baum‑Welch 算法中的模型参数重估公式,即

$$\hat{\pi}_i = \varepsilon_1(i) \tag{7-63}$$

$$\hat{a}_{ij} = \sum_{t=1}^{T-1} \varepsilon_t(i,j) / \sum_{t=1}^{T-1} \varepsilon_t(i) \tag{7-64}$$

$$\hat{b}_j(k) = \sum_{t=1, O_t=V_k}^{T-1} \varepsilon_t(j) / \sum_{t=1}^{T-1} \varepsilon_t(j) \tag{7-65}$$

综上所述,HMM 参数 $\lambda = (\pi, A, B)$ 的训练过程为,根据特征表达序列向量和随机选取的初始模型 $\lambda_0 = (\pi_0, A_0, B_0)$,由重估公式得到一组新的模型参数 $\hat{\pi}_i$,$\hat{a}_{ij}$ 和 $\hat{b}_j(k)$,即得到了一个新的模型 $\hat{\lambda} = (\hat{\pi}, \hat{A}, \hat{B})$,显然这个模型比初始模型要更加优化,即 $P(O \mid \hat{\lambda}) > P(O \mid \lambda)$,因此可定义一个足够小的正数 ξ,重复上述过程直到满足收敛条件 $P(O \mid \hat{\lambda}) - P(O \mid \lambda) < \xi$,此时得到的 $\hat{\lambda}$ 即为训练后的模型。

7.4.2　铣削颤振模式识别的前向‑后向算法

前文中提到的前向‑后向算法是解决评价问题的算法,也即最终应用 HMM 特征识别库时得到当前切削状态的算法,具体实施方法如下:

对于特定的切削暂态序列 $S = q_1, q_2, \cdots, q_T$,有

$$P(O \mid S, \lambda) = \prod_{t=1}^{T} P(o_t \mid q_t, \lambda) = b_{q_1}(o_1) b_{q_2}(o_2) \cdots b_{qT}(o_T) \tag{7-66}$$

其中,状态表达概率为

$$b_{q_t}(o_t) = b_{jk} \mid q_t = \theta_j, o_t = v_k \qquad 1 \leqslant t \leqslant T \tag{7-67}$$

对给定的模型 λ，状态序列 S 出现的概率为

$$P(S \mid \lambda) = \pi_{q_1} a_{q_1 q_2} \cdots a_{q_{T-1} q_T} \tag{7-68}$$

因此所求概率为

$$P(O \mid \lambda) = \sum_S P(O \mid S, \lambda) P(S \mid \lambda) = \pi_{q_1} b_{q_1}(o_1) \prod_{i=1}^{T-1} a_{q_i q_{i+1}} b_{q_{i+1}}(o_{i+1}) \tag{7-69}$$

这是利用穷举算法计算某序列出现概率的方法，式（7-69）的计算量为 $2TN^T$，即需要 $(2T-1)N^T$ 次乘法运算和 N^T-1 次加法运算。对于本例，若设 $N=6$，$T=100$，则计算量可达 10^{80} 数量级，这在现有的计算机条件下是无法接受的，为了优化这一算法，引入了前向-后向算法。

1. 前向算法

造成穷举算法计算量巨大的根本原因是某时刻某状态向下一时刻某状态转移的概率被重复计算，为避免这一重复，现定义前向局部概率，即当 t 时刻切削暂态 $q_t = \theta_i$ 时，在到达 t 时刻前状态表达为 $o_1, o_2, \cdots, o_t$ 的概率为

$$\alpha_t(i) = P(o_1, o_2, \cdots, o_t, q_t = \theta_i \mid \lambda) \qquad 1 \leqslant t \leqslant T, \quad 1 \leqslant i \leqslant N \tag{7-70}$$

（1）初始化。在初始时刻，各切削暂态的状态表达为 o_1 的概率为

$$\alpha_1(i) = \pi_i b_i(o_1) \tag{7-71}$$

（2）递归。

$$\alpha_{t+1}(j) = \left[\sum_{i=1}^{N} \alpha_t(i) a_{ij} \right] b_j(o_{t+1}) \qquad 1 \leqslant t \leqslant T-1, \quad 1 \leqslant j \leqslant N \tag{7-72}$$

其中，$b_j(o_{t+1}) = b_{jk} \mid o_{t+1} = v_k$。

（3）结束。

$$P(O \mid \lambda) = \sum_{i=1}^{N} \alpha_T(i) \tag{7-73}$$

前向算法的根本思想是从序列的第 1 时刻开始，先计算各切削暂态下，出现第一个状态表达 o_1 的概率；然后分别计算第 2 时刻每一个切削暂态下，第 1,2 时刻的状态表达为 (o_1, o_2) 的概率，并以此为一个"局部概率"。此后计算任意时刻 t 之前的状态表达为 $(o_1, o_2, \cdots, o_t)$ 的概率时，不必重复计算 $t-1$ 时刻以前的概率值，这样便大大降低了计算的冗余度，提高了训练速度。

2. 后向算法

后向与前向算法类似，只不过递归的方向不同。首先定义后向局部概率，即当 t 时刻切削暂态 $q_t = \theta_i$ 时，从 t 时刻到结束的 T 时刻的状态表达为 $o_t, o_{t+1}, \cdots, o_T$ 的概率为

$$\beta_t(i) = P(o_{t+1}, o_{t+2}, \cdots, o_T \mid q_t = \theta_i, \lambda) \qquad 1 \leqslant t \leqslant T-1, \quad 1 \leqslant i \leqslant N \tag{7-74}$$

其中，与 $o_t, o_{t+1}, \ldots, o_T$ 类似地，有

（1）初始化。

$$\beta_T(i) = 1 \qquad 1 \leqslant i \leqslant N \tag{7-75}$$

（2）递归。

$$\beta_t(i) = \sum_{j=1}^{N} a_{ij} b_j(o_{t+1}) \beta_{t+1}(j) \qquad t = T-1, T-2, \cdots, 1, \quad 1 \leqslant i \leqslant N \tag{7-76}$$

（3）结束。

$$P(O \mid \lambda) = \sum_{i=1}^{N} \beta_t(i) \tag{7-77}$$

7.4.3　切削暂态的识别——Viterbi 算法

在对一段切削信号提取出的特征向量序列 $O = \{o_1, o_2, \cdots, o_T\}$ 进行分类前，要先判断序列中的每个向量所对应的切削暂态 $S = q_1, q_2, \cdots, q_T$，此暂态序列是使该信号在其所属颤振状态的 HMM 模型 $\lambda = (\pi, A, B)$ 下产生概率 $P(O \mid \lambda)$ 最大的暂态序列。这个求取过程由 Viterbi 算法来实现，具体如下所述。

定义 $\delta_t(i)$ 为 t 时刻沿切削暂态列 $q_1, q_2, \cdots, q_t$，产生信号特征向量序列 $o_1, o_2, \cdots, o_t$ 的最大概率，则有

$$\delta_t(i) = \max_{q_1, \cdots, q_{t-1}} P(q_1, \cdots, q_t, q_t = \theta_i, o_1, \cdots, o_t \mid \lambda) \tag{7-78}$$

那么求最优切削暂态序列 Q^* 的过程为如下：

（1）初始化。初始状态下某切削暂态的出现概率为

$$\delta_1(i) = \pi_i b_i(o_1), 1 \leqslant i \leqslant N \tag{7-79}$$

由于此前并没有定义切削暂态，则有

$$\varphi_1(i) = 0 \qquad 1 \leqslant i \leqslant N \tag{7-80}$$

（2）递归。

$$\delta_t(i) = \max_{1 \leqslant i \leqslant N} ([\delta_{t-1}(i) a_{ij}]) b_j(o_t) \qquad 2 \leqslant t \leqslant T, 1 \leqslant j \leqslant N \tag{7-81}$$

$$\varphi_t(j) = \underset{1 \leqslant i \leqslant N}{\mathrm{argmax}} [\delta_{t-1}(i) a_{ij}] \qquad 1 \leqslant t \leqslant T, 1 \leqslant j \leqslant N \tag{7-82}$$

其中，argmax 表示：如果 $i = I$，$f(i)$ 取其最大值，则 $I = \underset{1 \leqslant i \leqslant N}{\mathrm{argmax}} [f(i)]$。

（3）结束。

循环递归过程 $t-1$ 次，即完成迭代过程，有

$$P^* = \max_{1 \leqslant i \leqslant N} [\delta_T(i)] \tag{7-83}$$

$$q_T^* = \underset{1 \leqslant i \leqslant N}{\mathrm{argmax}} [\delta_T(i)] \tag{7-84}$$

求最佳切削暂态序列为

$$q_t^* = \varphi_{t+1}(q_{t+1}^*), t = T-1, T-2, \cdots, 1 \tag{7-85}$$

其中，$\varphi_t(i)$ 为 t 时刻第 θ_i 切削暂态的前续暂态；q_t 为最优切削暂态序列中 t 时刻所处的切削暂态，最后输出的最佳切削暂态序列为 $q_1, q_2, \cdots, q_t$；P 为所求的概率 $P(O \mid \lambda)$。

7.4.4　基于 HMM 的颤振预报

下面从概率统计的角度说明 HMM 在机床颤振预报中的应用方法。

机床切削过程中的任何时刻都可以视为一个暂态，每一个暂态可以用多个动态特征来描述。对于颤振状态来说，每种切削状态均有一个特定的暂态转化模式，因此颤振预报可以看作是动态模式识别问题。该问题可以定义为在时刻 t 的输入模式 X_t 下，HMM 识别为识别类型 ω_t。输入模式 X_t 包含一系列特征向量，有

$$\boldsymbol{X}_t = (x_1, x_2, \cdots, x_n) \tag{7-86}$$

输入模式空间由所有可能的模式集合构成 $X_t \subset \mathbf{R}^n$，$\mathbf{R}^n$ 是一个 n 维实向量空间，n 代表

所提取的信号特征数量。

某时刻 t 及其之前的 k 个观测序列为

$$\Phi_{t-k} = \{X_{t-k+1}, \cdots, X_{t-1}, X_t\} \qquad (7-87)$$

所有的切削类型形成了识别模式空间 Ω，有

$$\Omega(t) = \{\omega_1, \omega_2, \cdots, \omega_m\} \qquad (7-88)$$

式中，$m=3$ 是分类数目，对应着稳定切削、颤振过渡和颤振爆发三种状态。HMM 模式识别的目的是找到一个映射关系，使得输入空间的每一个向量序列都对应模式空间中的一个相，有

$$f : \Phi_{t-k} \rightarrow \Omega(t) \qquad (7-89)$$

铣削过程中每齿的周期性切入与切出是一个循环，刀具每转切削也是一个循环。这些循环内部任意暂态的特征表现必然是不同的，那么隐含在这些暂态背后的状态自然也是在不停转换的。不同的切削状态（稳定，过渡，颤振）对应的切削隐含暂态转移的规律肯定是不同的。如果可以学习每一种切削状态对应的隐含状态转移规律，那么无疑将会对切削状态的识别大有帮助。在隐马尔科夫模型中，特定暂态的转移规律可以用概率统计模型来模拟，如果某种切削状态出现的概率已知，那么这个概率就称为先验概率。当特定的切削暂态出现时，可以选择具有该暂态具有最高先验概率的 $P(\omega)$ 类型进行分类识别，但显然这样的决策是不合理的。更加合理的方法是观测到一段时间内多个切削暂态的转化规律后再进行决策，也就是获得条件概率 $P(\omega \mid \Phi_{t-k})$，这个条件概率称为后验概率。利用后验概率来识别当前状态无疑是更加合理的方案，因为它充分利用了不同模式之间的状态转移信息，而不是仅仅利用暂态概率来做出判断。对某时刻输入模式的分类，相当于寻找一个最优的模型 $\hat{\omega}$，使得 X_t 在该模型下的条件概率 $P(\omega \mid \Phi_{t-k})$ 最大。根据贝叶斯规则，得该后验概率为

$$P(\hat{\omega} \mid \Phi_{t-k}) = \max_{\omega} \frac{P(\Phi_{t-k} \mid \omega)}{P(\Phi_{t-k})} \qquad (7-90)$$

$P(\Phi_{t-k} \mid \omega)$ 称为模式 $\hat{\omega}$ 相对于各个采样集合的似然估计，$\hat{\omega}$ 的似然估计值定义为使 $P(\Phi_{t-k} \mid \omega)$ 最大的 ω 值。本节将采集到的信号向量遍历所有的状态空间，得到的最优状态即为最符合当前输入模式的切削状态。

7.5 实例验证

7.5.1 铣削力系数标定试验

铣削力辨识试验的目的是测定切向、轴向和径向三个方向铣削力与进给率的关系，切削力由前刀面抵抗工件材料剪切变形应力的剪切力和刀刃、后刀面在已加工表面上摩擦造成的刃口力两部分组成。一般认为切削力的大小与切削深度、切削厚度即进给率呈线性关系。试验时采用不同的进给率测得平均铣削力，对切削厚度和平均铣削力进行最小二乘拟合，斜率即是剪切应力系数，同时将切削厚度外插值到 0 得到刃口力。

由于刀具偏心的存在，多齿刀切削时每齿的切削力总是不同的，但在每一个刀具旋转周期中刀齿切削掉的材料总量是与偏心量无关的恒定值。因此计算每齿的平均铣削力可以通过测量一转的总切削力再除以刀齿数得到。

试验条件：工件材料铝合金 7050，刀具直径 $D=10\text{mm}$，刀具齿数 $N=4$，螺旋角 $\beta=45°$，

径向切深 $a_e = 5\text{mm}$,轴向切深 $a_p = 1\text{mm}$,铣削方式为逆铣。

铣削力系数标定结果为

$$\left.\begin{array}{l} K_{tc} = 998.603\ 9\text{MPa} \\ K_{rc} = -411.869\ 0\text{MPa} \\ K_{te} = 13.175\ 8\text{MPa} \\ K_{re} = -9.738\ 9\text{MPa} \end{array}\right\} \qquad (7-91)$$

切削颤振试验:该试验的试验目的是搭建一个铣削颤振试验平台,重现稳定切削、颤振孕育和颤振切削三种切削状态,包括如图 7-12 所示的环节。

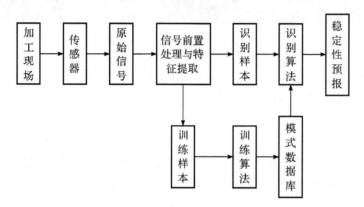

图 7-12　切削颤振预报的主要环节

7.5.2　切削试验

1. 试验环境及设备

设备清单列于表 7-1 中,测量装置如图 7-13 所示。

表 7-1　试验设备及其型号

设备名称	型　号	特性备注
数控铣床	Carver PMS_A8	三轴,最大功率 10 kW
刀具	Eco - BRGM - 4E - D10.0	直径 10 mm
工件	铝合金 7050	—
加速度传感器	Kistler8763B100/AB	三向 ±100 g
力传感器	Kistler9367C	三向拉压 F_z:60 kN,F_x,F_y:$-30 \sim 30$ kN
电荷放大器	Kistler5073	—
数据采集卡	Dewe43A	8 通道,24 bit 分辨率,同步采样
计算机	—	Core i7 4770 16G

图 7－13　力传感器(左)和加速度传感器(右)

试验的目的是采集与颤振有关的三种切削状态的信号,这就要求试验必须能够依次再现这三种切削状态。根据 7.2 节稳定性建模的结果,设计定切深切削试验和变切深切削试验。

2. 定切深切削试验

根据动力学模型绘制的稳定性极限切深叶瓣图如图 7－14 所示,设计四组对照试验。考虑到影响切削稳定性的因素主要是主轴转速和切削深度两个参数,故试验时每次固定一个参数不变,在稳定性叶瓣图中的不同区域选择另一个参数。

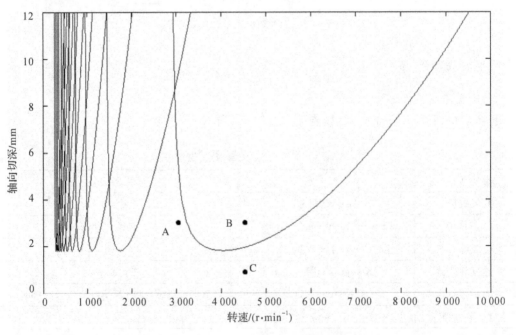

图 7－14　两组试验的切削参数选择

工件的长宽高分别为 70mm,60mm,44mm,顶面已由高速小进给平面铣加工出表面粗糙度 $Ra＝1.6\mu m$ 的平面。试验时用平面铣的方法,每次沿机床 y 轴方向直线进刀,切削长度为 70mm,两组试验的进给率和径向切深见表 7－2。

表 7 - 2　定切深切削试验的参数选择

试验号	主轴转速	轴向切深	进给速度
A_1	$3\,000\text{r} \cdot \text{min}^{-1}$	3mm	$180\text{mm} \cdot \text{min}^{-1}$
A_2	$3\,000\text{r} \cdot \text{min}^{-1}$	3mm	$300\,\text{mm} \cdot \text{min}^{-1}$
B	$4\,500\text{r} \cdot \text{min}^{-1}$	3mm	$180\text{mm} \cdot \text{min}^{-1}$
C	$4\,500\text{r} \cdot \text{min}^{-1}$	1mm	$180\text{mm} \cdot \text{min}^{-1}$

3. 变切深切削试验

为了更好地展现铣削从稳定到微颤振到完全失稳的全过程,本试验将工件上表面倾斜 $1°$ 装夹,因此在每刀切削过程中,轴向切深连续变化,从而使切削参数从绝对稳定域逐渐过渡到颤振区域。

在试验中,切削深度为 0~5mm,铣刀采用 10mm 直柄立铣刀,工件与前述工件尺寸相同。切削速度选择 $3\,000\text{r} \cdot \text{min}^{-1}$,$4\,500\text{r} \cdot \text{min}^{-1}$ 和 $6\,000\text{r} \cdot \text{min}^{-1}$。切削的同时进行力信号和振动信号的采集。

7.5.3　试验结果分析

通过试验可以观察到,在稳定切削到不稳定切削的演变过程中,颤振频率附近的分量明显增大。如图 7 - 15 所示为变切深切削试验的振动信号时域波形,可以看出颤振在一段较短的时间内迅速爆发,振幅先上升而后稳定在某一水平。对比定切深试验中的三组数据在频域的分布可以得出以下结论:稳定切削时振动信号的频域分布集中在中低频段,刀齿切削频率及其倍频为振动信号的主要频率分量,而当颤振发生时,振动的低频分量有所增长而中频分量有所下降;机床第二和第三阶模态频率处的振幅有了显著的增长。

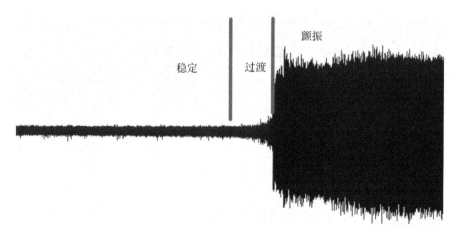

图 7 - 15　颤振发展过程

7.5.4　颤振识别与预报

基于 7.3 节对颤振信号特征的讨论,提取 y 方向铣削力信号峭度,y 方向力信号 LMD 八层分解的 h4,h5 频段能量占比振动信号 LMD 八层分解的 h2,h5,h6 三频段信号能量比,x 和

z 方向振动信号的方差均值比,x 方向铣削力以及振动信号 LMD 八层分解的 h6 频段能量比值共计九个信号特征组成特征向量。每 1 000 采样点为一帧,每帧包含一个 8 维向量,每 10 帧为一样本,经归一化处理后作为训练样本输入 HMM 模型进行训练,部分训练样本特征向量见表 7-3~表 7-5。

表 7-3 稳定切削状态部分训练样本

	铣削力信号特征			振动信号特征					交叉特征
	K	FC4	FC5	$X_{\sigma/\mu}$	$Z_{\sigma/\mu}$	AXC2	AXC5	AXC6	AX6/FX6
1	1.428 1	0.082 4	0.004 5	−13.881	6.324 9	0.522 1	0.109 2	0.062 9	1.358 4
2	1.513 0	0.094 2	0.005 6	−13.841	6.281 9	0.518 8	0.113 1	0.059 9	1.364 7
3	1.505 8	0.087 7	0.005 1	−13.975	6.294 4	0.519 3	0.112 5	0.062 1	1.402 1
4	1.368 7	0.106 3	0.004 3	−13.915	6.301 5	0.520 4	0.112 6	0.061 9	1.401 8
5	1.249 3	0.095 2	0.004 7	−13.830	6.300 5	0.521 7	0.112 0	0.062 0	1.422 5

表 7-4 过渡切削状态部分训练样本

	铣削力信号特征			振动信号特征					交叉特征
	K	FC4	FC5	$X_{\sigma/\mu}$	$Z_{\sigma/\mu}$	AXC2	AXC5	AXC6	AX5/FX5
1	1.872 5	0.131 7	0.097 5	−17.218	10.101 9	0.312 5	0.224 1	0.132 5	7.392 6
2	1.921 2	0.162 5	0.123 5	−16.954	10.002 6	0.311 4	0.227 2	0.133 6	7.207 1
3	1.903 3	0.147 7	0.110 9	−16.882	10.008 7	0.312 2	0.225 3	0.134 5	7.448 9
4	1.852 6	0.142 3	0.108 4	−16.753	9.997 3	0.310 1	0.226 9	0.131 9	7.531 5
5	2.010 5	0.153 9	0.098 2	−16.891	10.011 5	0.310 5	0.228 0	0.132 4	7.265 9

表 7-5 颤振切削状态部分训练样本

	铣削力信号特征			振动信号特征					交叉特征
	K	FC4	FC5	$X_{\sigma/\mu}$	$Z_{\sigma/\mu}$	AXC2	AXC5	AXC6	AX5/FX5
1	2.624 9	0.470 1	0.512 4	−169.33	41.765	0.062 4	0.267 8	0.558 1	8.024 5
2	2.481 8	0.521 3	0.532 2	−208.39	51.987	0.067 3	0.246 2	0.532 5	7.893 1
3	2.754 9	0.493 4	0.483 6	−238.41	56.994	0.052 4	0.269 1	0.602 1	7.231 0
4	2.364 7	0.487 2	0.457 7	−217.71	52.003	0.073 9	0.237 8	0.506 4	8.054 2
5	2.335 6	0.464 5	0.469 1	−183.77	48.085	0.067 7	0.249 4	0.526 6	7.063 8

按照同样的方法换用一组切削参数再现稳定切削到颤振爆发的全过程,并提取 20 组特征样本作为识别样本,输入训练完成的 HMM 特征库进行匹配识别。限于篇幅在此不再列出识别样本。

对本试验的 20 组切削数据进行识别预报的结果见表 7-6。如图 7-16 所示,表 7-6 中的过渡时间是切削从进入过渡阶段到发生颤振的时间,识别时间是系统识别到颤振过渡状态的信号段的起点滞后颤振过渡状态起点的时间,计算时间是系统处理数据做出状态分类的时间,盈余时间是从系统做出颤振预报到颤振实际发生的时间,也就是留给控制系统反应的时间。由于颤振是一种自激振动,一旦颤振爆发,将会稳定维持,所以一般认为,系统识别到颤振孕育状态的时间点应当在颤振爆发前的1~3s内,此时的识别被认为是一次正确的识别。如果系统在稳定切削状态识别出颤振孕育状态,或颤振爆发较长时间之前识别到颤振孕育状态,则认为是一次谎报。

表 7-6 HMM 颤振预报结果

试验号	过渡时间/s	识别时间/s	计算时间/s	盈余时间/s	识别结果	时间有效性
1	2.12	0.4	1.05	0.67	正 确	有 效
2	2.08	0.8	1.02	0.26	正 确	有 效
3	1.82	−0.2	1.01	1.01	正 确	有 效
4	2.26	0.4	1.04	0.82	正 确	有 效
5	2.03	0.6	1.04	0.39	正 确	有 效
6	1.62	1.2	1.02	0.40	正 确	有 效
7	1.85	1.85	1.03	−1.03	漏 报	无 效
8	2.73	0.4	1.04	1.29	正 确	有 效
9	2.51	0.6	1.03	0.88	正 确	有 效
10	1.98	1.0	1.05	−0.07	正 确	无 效
11	1.94	0.0	1.03	0.91	正 确	有 效
12	2.05	−37.2	1.02	—	谎 报	—
13	2.27	1.0	1.05	0.22	正 确	有 效
14	2.24	0.2	1.04	1.00	正 确	有 效
15	2.35	0.6	1.03	0.72	正 确	有 效
16	2.54	1.4	1.03	0.12	正 确	有 效
17	1.97	0.2	1.03	0.74	正 确	有 效
18	1.62	0.4	1.04	0.18	正 确	有 效
19	1.47	0.0	1.03	0.44	正 确	有 效
20	2.37	0.0	1.03	1.34	正 确	有 效

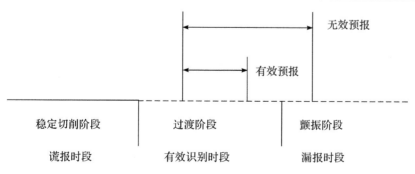

图 7-16 颤振在线预报的时效性

在本次试验的 20 组识别中,HMM 预报系统均报告了颤振孕育状态的发生,这说明所提取的信号特征经过 HMM 模型训练后,能够对信号发生的变化做出准确的分类识别。但试验 7 系统识别到颤振孕育状态的时间点,已经爆发了剧烈的颤振,此次预报是一次"漏报"。在试验 10 中,在系统经过运算时间得出颤振孕育状态的识别结果时,颤振已经爆发了 0.07s,此时的预报属于"后报"。在试验 12 中,刀具切入工件后系统即报告了颤振孕育状态,而此时距离颤振发生尚有 37.2s 的时间,超过颤振孕育阶段时间范围,因此本次预报是一次谎报。

在本次试验中,有效的预报成功率为 85%,如不考虑因计算时间造成的漏报,本预报方法的综合准确度为 90%。出现漏报和谎报的主要原因:一方面是颤振孕育状态与稳定切削状态的信号特征较为相近,信号特征对这两种状态的灵敏度不足;另一方面是 HMM 特征识别库的训练样本数量较少导致无法对各种复杂情况进行准确的分类。改进信号提取与 HMM 模型训练算法将减少漏报和谎报发生。而出现滞后预报的原因,主要在于算法的优化,例如编程语言 C++ 等执行效率高于 MATLAB 编程环境。

7.6 本 章 小 结

本章对基于隐马尔科夫模型的铣削颤振预报关键技术进行了深入论述。根据再生颤振理论对动态铣削力进行模拟。铣削系统模态试验的结果,考虑了刀具偏心对切削颤振的影响,为提取与颤振有关的信号特征提供了理论指导。基于切削力和振动信号的铣削颤振监测试验系统,通过定切深切削试验和变切深切削试验采集大量不同切削参数下的平稳、过渡及颤振三种状态的铣削力信号和振动信号。以再生颤振动力学理论分析的结果为指导,通过 LMD 分解方法提取能够反映颤振发生征兆的信号特征,利用隐马尔科夫模型对与颤振有关的三种状态进行识别。

而实际加工情况往往更加复杂,如何在诸如切削液、超高速切削、自由曲面、薄壁件切削等条件下监测颤振的发生,建立一个较为普适的特征识别库,将是未来颤振预报领域研究的主要任务之一。

第八章　基于感知与预测的产品服务系统

8.1　刀具工业产品服务系统概述

8.1.1　工业产品服务系统的概念

1. iPSS 的定义

在工业领域,产品供应商通过紧密结合产品与服务,采用产品服务系统(PSS)以经济和可持续的方式满足客户的需求,从而提出了工业产品服务系统(iPSS 或 IPS2)的概念。iPSS (industrial Product - Service System)工业产品服务系统的概念衍生自 PSS(Product - Service System)产品服务系统。通过提供工业产品及相关服务,iPSS 加速了产业间的资源共享。现在,EAAS 理念(Everything As A Service)正在触发新的 iPSS 模型,以创造新的产业利润来源。表 8 - 1 列出了不同学者提出的 PSS/iPSS 概念。

表 8 - 1　PSS/iPSS 概念

学　者	定　义
O. K. Mont	PSS 是一个系统,它由产品、服务以及支撑产品、服务的网络和基础设施组成,设计这个系统是用来满足用户特定需求的,较传统的商业模式,该系统在可持续性方面更有优势
Manzini	PSS 是一种创新型战略,它把商业焦点从设计(或销售)实体产品转向了设计(或销售)产品和服务的系统,从而实现了用户的特定需求
Brandsotter	PSS 由无形的产品和有形的服务组成,这种设计和结合的目的是实现用户的特定需求。除此以外,PSS 试图去实现可持续性发展的目标
Wong	PSS 是一套既包括产品又包括服务的解决方案,它向用户传递了功能
Meier	iPSS 的特征在于集成的规划,开发,提供和使用产品和服务,包括它在 B2B 应用中的软件,iPSS 代表了一种知识密集型的社会技术系统
Aurich	iPSS 是能够面向生命周期并能实现产品价值延伸的产品和服务的组合
江平宇	PSS 将产品和服务系统化地整合在了一起,满足了客户的需求,提高了产品价值并实现了可持续性发展
江平宇	iPSS 系统将有形的工业产品和附着其上的无形的服务集成起来,共同实现了产品生命周期内的各项工业任务
顾建新	PSS 是一种新型的生产系统,该系统集成了产品及产品全生命周期的服务

虽然表 8-1 所列的 PSS/iPSS 的定义不尽相同,但都反映了 PSS 的特性,结合工业产品的特点,可以总结 iPSS 的本质,即:

(1)iPSS 通过产品和服务的集成在工业应用中传递价值。

(2)iPSS 是对"产品"的一种新的理解方式,这种"产品"是由产品和服务共同组成的。

(3)iPSS 是"产品"计划、开发、提供、使用的集成。

(4)iPSS 根据用户需求的变化和提供者的能力进行动态调整。

(5)iPSS 是一种功能性、效用性或以结果为导向的商业模型。

(6)iPSS 是一种新的解决方案,它可以根据用户需求的变化进行动态调整。

然而,如何构建一个成功的 iPSS 仍然是一个问题,因为 iPSS 概念和它的实现之间存在很大的差距。

2. iPSS 的分类

产品服务系统的分类有多种方法。结合工业产品的特点,可以将工业产品服务系统也分为以下三类:

(1)面向产品的 iPSS:在这类工业产品服务系统中,厂商将工业产品直接出售给用户,产品的所有权与使用权归用户所有。同时,厂商向用户提供相关服务以满足客户的需求。面向产品的 iPSS 与传统产品的区别是:①相较于传统模式,工业产品服务系统的厂商提供了更多的服务,包括相关的培训服务、咨询服务、开发服务等;②相较于传统模式,厂商以产品和服务的集成解决方案作为"产品"出售给用户;③相较于传统模式,提供工业产品服务系统的厂商的服务程度进一步提高。

(2)面向使用的 iPSS:在这类工业产品服务系统中,厂商将工业产品以租借的方式为客户提供产品,用户在一定时期内获得产品的使用权。与面向产品的 iPSS 相比,用户从一次性付费购买变成了多次租用付费。交易方式的转变为用户带来极大的经济收益。首先,用户不需要一次性购买产品,从而避免了持有大量固定资产的风险;其次,用户只在一定时间内使用产品,不需要负责维护、回收产品。

(3)面向结果的 iPSS:在这类工业产品服务系统中,厂商直接向客户提供产品所实现功能的最终结果,用户甚至接触不到产品,产品也不归用户所有。以洗衣服务为例,在面向结果的 iPSS 模式下,商家提供给顾客的是最终干净的衣服这一结果,用户根本无须使用洗衣机,洗衣机也不归用户所有。

8.1.2 刀具工业产品服务系统的概念

1. 概念产生的背景

当前,传统的刀具供应商正在延长其业务链,发现消费者需要的是切削服务而不是物理切削刀具。因此,他们的目标是将无形切削服务与物理切削刀具相结合,以满足消费者的切削需求。消费者只需支付切削时间而不拥有物理切削刀具。刀具供应商负责监控刀具的状况并确保切削时间,实现双赢的局面。

然而,实现这样的刀具工业产品服务系统需要解决一系列棘手的问题。例如,服务质量和利润取决于刀具状态监测(Tool Condition Monitoring,TCM)的准确性,这需要专业知识和专门技能来准确、及时地监控刀具的状况。必须设计可行的程序连接刀具服务的需求及其实现方式。因此,应该建立一个平台,使得刀具工业产品服务系统可执行,并最终达到集成切削服务与切削刀具来延长业务链的目的。

2. TCM-iPSS 的定义

基于刀具状态监测的工业产品服务系统(Tool Condition Monitoring-based industrial Product-Service System,TCM-iPSS)是一个经过刀具制造商和刀具用户的协作,监测刀具加工过程中的磨损状态,一方面保证刀具在达到磨钝标准前能够及时换刀,一方面确保刀具能够被充分使用,整合了有形的刀具产品和无形的磨损状态的监测服务系统。

在传统模式下,刀具用户只从刀具厂商购买刀具,用户不购买其他相关服务。在加工时,刀具用户的机床操作人员凭借经验判断刀具的磨损状态,这种方法的缺点是较为主观。有时,刀具用户也会采用提前试切的方式来估测刀具的使用寿命,这种方法的效率不高,而且估测的刀具寿命较为保守,没有充分利用刀具,导致了资源的浪费。TCM-iPSS 可帮助传统刀具供应商延长业务链,是一种实现与刀具使用客户双赢的工业产品服务系统。

不同于传统模式,TCM-iPSS 模式对用户的优势在于:

(1)刀具磨损状态监测服务可以使用户在刀具达到磨钝标准前更换新刀具,保证了加工的安全。

(2)刀具磨损状态监测服务可以使用户能够更加充分地使用刀具,减少刀具的浪费,通过减少换刀次数间接提高加工效率,从而提高刀具用户的经济效益。

(3)获得刀具磨损状态监测服务以后,客户不会在开发刀具磨损状态监测技术上花费更多的精力,可以将注意力更多地集中于自身的核心业务上。

对刀具制造商的优势在于:

(1)刀具磨损状态监测服务可以延伸刀具的价值链,提高刀具制造商的经济效益。

(2)通过出售捆绑了服务的刀具,刀具制造商可以锁定住客户,保证刀具厂商的发展。

(3)提供个性化的刀具磨损状态监测服务,可以使刀具制造商具有更强的市场竞争力,帮助企业从竞争激烈的"红海"走入具有更大发展空间的"蓝海"。

(4)刀具制造商从刀具用户那里收集到的切削数据可以为制造商改进刀具提供有利的原始数据。

对社会的意义如下:

(1)刀具用户和刀具制造商双赢的模式更有利于社会的可持续发展。

(2)TCM-iPSS 模式将推动刀具磨损状态监测技术的发展,减少刀具的浪费、提高整个社会的效益。

8.2　刀具工业产品服务系统架构

刀具的磨损量是影响刀具质量和性能的重要指标。而在传统刀具产业中,客户购买仅获得刀具实体,难以在刀具使用过程中准确把握刀具的实时磨损量,通常只能依据工人的生产经验。在向着刀具工业产品服务系统升级的过程中,应当首先考虑完成针对刀具磨损量监测的服务系统架构。

8.2.1　TCM-iPSS 的模式及其架构

根据前述分析,TCM-iPSS 可以划分为面向产品的 TCM-iPSS、面向使用的 TCM-iPSS

和面向结果的 TCM - iPSS 三类。考虑当前的发展阶段,本节仅讨论前两种模式 TCM - iPSS
可能的实现形式。

(1)面向产品的刀具工业产品服务系统模式。在这类工业产品服务系统中,刀具制造商以
传统的方式销售刀具,将实物刀具的所有权全部转移到刀具客户手中,客户具有拥有和使用刀
具的权利。同时,刀具制造商为客户提供相应的刀具磨损状态监测服务。该类工业产品服务
系统与传统刀具产品的区别主要有两点。第一,该类工业产品服务系统的提供商提供了刀具
磨损监测服务,以及基于刀具磨损监测服务的维护、修理、培训和咨询的服务。第二,提供传统
产品的制造商的服务化程度很低,而提供刀具磨损状态监测的工业产品服务系统的厂商提高
了服务化程度。

(2)面向使用的刀具工业产品服务系统模式。面向使用的 TCM - iPSS 提供商通过租借
的方式向用户提供刀具,刀具厂商保留刀具的占有权、处分权,刀具客户仅购买刀具及刀具磨
损状态监测系统一定时期内的使用权、收益权,并享有相关的支持服务。与面向产品的 TCM -
iPSS 相比,交易方式变成了多次租借而非一次性购买。同时,刀具用户拥有刀具的所有权在
减少。交易方式的变化为刀具客户和社会带来了极大的收益,首先,刀具用户不需要拥有刀
具,从而避免了持有大量固定资产所引发的风险;其次,客户只在一定时期内使用刀具,不需要
负担刀具的处理及回收等责任,这些工作交由刀具制造商完成;最后,多个刀具用户共享刀具
磨损监测系统,提高了监测设备的流动性和使用效率。

上述两种运营模式的对比见表 8 - 2。

表 8 - 2　两种 TCM - iPSS 的对比

商业模式	刀具制造企业	刀具用户	特　点
面向产品的 TCM - iPSS	服务化程度低,采用传统 销售模式	拥有刀具的占有权、使 用权、收益权以及处分权	刀具磨损状态监测服务延长 了刀具的价值链,提高了企业的 利润
面向使用的 TCM - iPSS	服务化程度高,采用租借 的方式向用户提供刀具	仅拥有刀具的使用权 和收益权	租借模式降低了刀具用户的 商业风险

本节主要介绍五层的 TCM - iPSS 架构,分别为配置层、工艺系统层、信息采集层、信息处
理层和服务层,如图 8 - 1 所示。

TCM - iPSS 的系统输入是刀具用户的需求,通常是用户要求获得某种型号的刀具在切削
过程中的磨损状态。由于需求具有模糊性、多样性、隐蔽性等特点,就需要采用一些方法来在
某种程度下约束并明确用户的需求,同时还要满足用户不同形式的需求。

配置层采用预先设置的配置项来约束并明确客户的需求,同时也能满足客户不同的需求。
配置层的输入是客户需求,配置层的输出是配置清单,依据此配置清单可以为工艺系统层、信
息采集层、信息处理层和服务层设定初始信息。例如工艺系统层需要配置所使用的机床、加工
所使用的刀具、毛坯材料以及夹具的相关信息。信息采集层需要配置采集信号的类型、采样的
频率、采样的时长以及采样的间隔等信息。信息处理层需要配置信号处理方法、特征提取方法
以及智能决策模型等信息。服务层需要配置服务提供的时间、服务提供的方式和服务提供的

对象等信息。

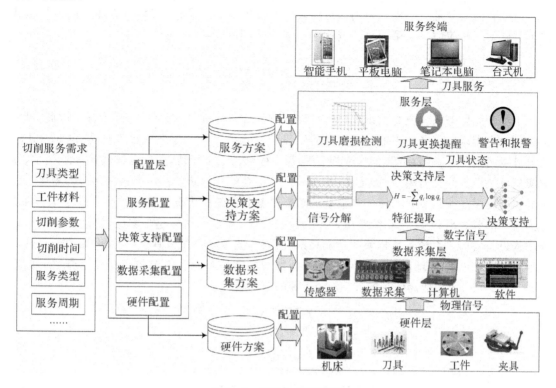

图 8 - 1　TCM - iPSS 架构

工艺系统层涉及的工作是加工装备的安装,如机床调试,夹具、刀具安装等。

信息采集层的工作是准备所需的传感器并采集切削加工中的各类信号。它包括传感器的选型、布局设计和安装。安装在切削区附近的传感器将采集的信号经放大后通过网络、蓝牙等方式汇集到数据采集卡,数据采集卡与计算机相连,安装在计算机上的信号采集软件接收到切削信号,完成信号的采集。

信息处理层的工作是对采集得到的信号进行实时处理以获取与刀具磨损相关的信息。信号处理层分为三个模块,分别为信号处理方法模块、特征提取模块和智能决策模型模块。信号处理方法模块选定了信号处理方法。特征提取模块的作用是从信号中提取出与刀具磨损相关的敏感信息。智能决策模型接收输入的特征量,计算得出刀具磨损状态的分类或精确的磨损量等信息。

服务层接收到信息处理层处理得到的与刀具磨损相关的信息后,需要以一定形式发送给用户,如实时地向用户提供刀具磨损量动态曲线。当刀具处于严重磨损状态时,要向用户发出换刀提醒的通知等。服务提供的方式可以是手机 App、短信息、电脑的 web 页面等。

8.2.2　TCM - iPSS 的关键技术

在刀具厂商向刀具用户提供 TCM - iPSS 前,应该准备好刀具磨损量预测模型以供刀具用户使用,由于一个预测模型只适用于一个较小的范围,因此刀具厂商还要根据不同的适用范围,试验得到大量的预测模型,然后将这些模型汇总并建立预测模型库以满足用户不同的需求。

刀具磨损监测是一个模式识别的过程。根据各模块中的不同选择,可以建立起多种形式的预测模型。相应内容在第四章已进行了详细论述,本章不再赘述。

8.3　刀具工业产品服务系统流程

工业产品服务系统概念的出现,使得服务与产品站在了同一高度甚至是更高。因此,制定出满足客户需求的服务是工业产品服务系统设计的重要一环。服务流程设计是 TCM‑iPSS 的关键技术之一。本节将 TCM‑iPSS 的服务流程分为三个模块,分别为准备性配置模块、系统实施模块和系统运行模块,如图 8‑2 所示。准备性配置模块的功能是根据用户的需要为系统的实施提供初始信息。系统实施模块的功能是准备系统的配套硬件和软件。系统实施模块分为三个部分,分别是工艺系统实施,刀具磨损状态监测系统的构建与实施,信息系统基础设施的构建与实施。系统运行模块的功能是系统运行,向用户提供刀具磨损状态的结果,包括通过手机可视化的磨损量动态曲线,手机推送的换刀提醒信息等。本节将分别详细介绍面向产品的 TCM‑iPSS 和面向使用的 TCM‑iPSS 的服务流程。

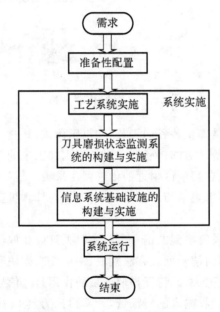

图 8‑2　TCM‑iPSS 的服务流程

8.3.1　面向产品的刀具工业产品服务系统流程

1. 面向产品的 TCM‑iPSS 参与方人员及职能

TCM‑iPSS 是一个由多方参与的工业产品服务系统,各方参与人员协同合作,在设计服务流程之前,有必要规划好各方主要参与人员的职能,见表 8‑3。

表 8 - 3　面向产品的 TCM - iPSS 各方主要参与人员及其职能

参与方	职　位	主要职能
刀具用户	机床操作人员	负责工艺系统的装卸,如夹具的安装,刀具的更换等。根据服务结果判断刀具磨损状态,当刀具严重磨损时及时更换刀具
刀具用户	工艺员	负责 TCM - iPSS 的准备性配置
刀具用户	TCM - iPSS 实施工程师	负责刀具磨损状态监测系统的安装,简单的维护,调试等
刀具用户	IT 工程师	负责信息系统基础设施的安装、维护、调试等
刀具制造商	试验工程师	通过大量试切的方式获取刀具切削数据,来训练磨损量预测模型并建立模型库供用户使用
刀具制造商	TCM - iPSS 设计工程师	负责刀具磨损状态监测系统的设计
刀具制造商	IT 设计工程师	负责信息系统的设计
刀具制造商	现场实施工程师	在整个系统首次安装时,负责培训并指导参与方人员安装、调试设备

2. 面向产品的 TCM - iPSS 服务流程

面向产品的 TCM - iPSS 服务流程图如图 8 - 3 所示。该图由左至右分为三个区域,分别是刀具用户区域,刀具制造商区域和产品服务软件系统区域,清晰地指明了每个区域所完成的工作。服务流程图从上到下分为三个模块,分别是准备性配置模块、系统实施模块和系统运行模块。

面向产品的 TCM - iPSS 的服务流程如下:

(1)工艺员填写工艺信息。

(2)软件系统根据工艺信息在数据库中查询匹配的 TCM 模型。如果在数据库中查找不到符合条件的模型,刀具厂商的试验工程师需要试验并训练相应的 TCM 模型以供用户使用。

(3)软件系统导出 TCM 模型提供的信息,工艺员还要输入配置信息,并与工艺员之前输入的工艺信息合并,汇总得到准备性配置清单。

(4)工艺员将准备性配置清单发送给机床操作人员,根据准备性配置清单的要求,机床操作人员要安装指定的夹具、刀具,即工艺系统的实施。

(5)根据准备性配置清单的需要,要从已购买的 TCM 中找到合适的组件,包括传感器、数据采集设备等。如果找不到,需要刀具制造商的 TCM 设计工程师设计新的监测系统。TCM 系统的安装、调试由刀具用户的 TCM 系统实施工程师完成。需要强调的是,第一次安装、调试需要在刀具制造商的现场实施工程师的培训、指导下完成。

(6)根据准备性配置清单,评估当前的信息系统基础设施是否能够满足信息处理的需要。如果不满足,需要由刀具制造商的 IT 设计工程师来扩展信息系统。信息系统基础设施的安装、调试工作由刀具用户的 IT 工程师完成。需要强调的是,第一次安装、调试需要在刀具制造商的现场实施工程师的培训、指导下完成。

(7)工艺员启动系统。

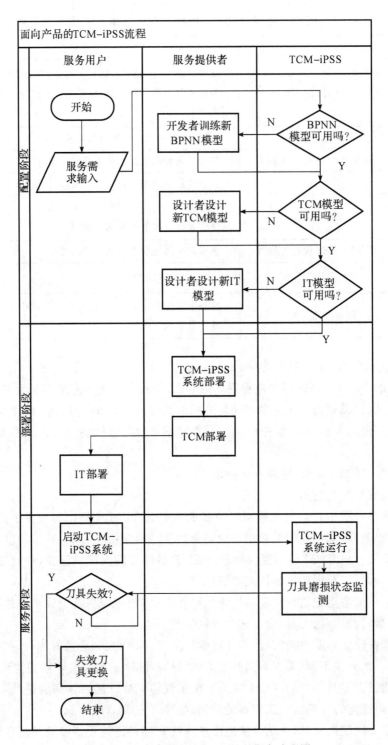

图 8-3　面向产品 TCM-iPSS 的服务流程图

　　(8)根据准备性配置清单要求,软件系统会自动调用信号处理、特征提取、智能决策模型等方法,并设定初始值,即系统的准备。

（9）开始加工，系统运行。

（10）按准备性配置清单的要求，以推送信息或终端可视化界面的方式向用户发布刀具磨损状态信息。

（11）机床操作人员获取刀具磨损状态信息，如果刀具未达到磨钝标准，则刀具维持使用，否则，停机并更换刀具。

3. 面向产品的 TCM－iPSS 的准备性配置模块

准备性配置模块接收用户的需求，输出准备性配置清单，为系统实施模块和系统运行模块提供配置信息。

在面向产品的 TCM－iPSS 模式下，用户的需求可以描述为：在某把刀具采用指定的加工方式切削指定的毛坯材料的条件下，请求刀具制造商提供在加工过程中在线实时刀具磨损状态监测服务。

准备性配置的配置项通常是一些工艺信息，具体见表 8－4。准备性配置项的填写工作一般是由刀具用户的工艺员来完成的。

表 8－4　准备性配置清单配置项列表 1

配置项	配置项形式	备　注
切削类型	多选一	包括车、铣、磨等选项
刀具牌号	多选一	刀具牌号包含了刀具几何尺寸和刀具材料等信息
毛坯材料	多选一	如 45 钢，7075 铝合金等
切削特征	多选一	如平面铣削，轮廓铣削等
顺铣（或逆铣）	二选一	
粗加工（精加工，或半精加工）	三选一	该选项决定了刀具的不同磨钝标准
切削速度最小值和最大值	手动编辑	单位：$r \cdot min^{-1}$
进给速度最小值和最大值	手动编辑	单位：$mm \cdot min^{-1}$
切削深度最小值和最大值	手动编辑	单位：mm

根据表 8－4 的配置项，软件系统在数据库中寻找符合条件的刀具磨损量预测模型。由于已经训练的预测模型的输入是确定的，即刀具磨损量预测模型决定了磨损特征的类型，磨损特征的类型决定了信号处理方法的类型，信号处理方法决定了采集信号的类型，采集得到的信号类型决定了传感器的类型，因此只要找到刀具磨损量预测模型，就确定了整个刀具状态监测的技术路线，如图 8－4 所示。

图 8－4　刀具磨损预测模型的配置路线

刀具磨损量预测模型包含的配置信息也是确定性的，其配置项见表 8－5。

表 8-5　准备性配置清单配置项列表 2

配置项	备注
刀具磨损量预测模型的 ID 号	ID 号是刀具磨损量预测模型的唯一标识
智能决策模型的类型	如神经网络,支持向量机等
磨损特征的类型	如能量熵等
信号处理方法	如 EMD 分解、小波变换等
信号类型	如力信号,声发射信号,振动信号等
传感器类型	如力传感器,声发射传感器,加速度传感器等

如果在数据库中未找到可用的 TCM 模型,刀具用户可以联系刀具厂商训练出合适的模型。训练模型的工作交给刀具厂商的试验工程师来完成。

接下来,还需要配置一些系统运行所需要的信息,其配置项见表 8-6。

表 8-6　准备性配置清单配置项列表 3

配置项	配置项形式	备注
信号采样频率	手动编辑	单位:kHz
信号采样时长	手动编辑	单位:s
信号采样间隔	手动编辑	单位:min
服务提供的对象	手动编辑	机床操作人员的 ID 号
服务提供的时间	手动编辑	单位:min
服务提供的方式	多选一	如信息推送、终端可视化等

将表 8-4～表 8-6 合并后即为准备性配置清单,工艺员需要将配置清单分别发送给机床操作人员、刀具磨损状态监测系统实施工程师和信息系统工程师。

4. 面向产品的 TCM-iPSS 的系统实施及运行模块

系统实施模块是在准备性配置清单的指导下,进行工艺系统、刀具磨损状态监测系统和信息系统基础设施的实施。工艺系统的实施包括准备机床,安装刀具、待加工工件、夹具等。

在面向产品的 TCM-iPSS 的模式下,用户需要购买刀具磨损状态监测系统。根据配置清单的要求,用户首先从已购买的刀具磨损状态监测系统中找到匹配的组件,如传感器、放大器、数据采集卡等。然后由刀具用户的刀具磨损状态监测系统实施工程师安装、调试。

如果用户没有找到设备,或现有的设备无法满足刀具磨损监测的需要,就需要重新设计刀具磨损状态监测系统。刀具磨损状态监测系统的设计是由刀具制造商的刀具磨损状态监测系统设计师主导,在刀具用户的刀具磨损状态监测系统实施工程师协同参与下完成的。主要的工作有传感器的选型,传感器的布局设计,夹具的设计等。由于准备性配置清单已经规定了传感器的类型,这里的选型特指选择量程合适的传感器。刀具磨损状态监测系统还应尽量采用模块化设计,使每个模块尽量适应不同的刀具磨损状态监测系统,以减少重复购买而造成的浪费。

刀具用户拥有的机床量很大,刀具磨损状态监测系统的数量也很庞大,在监测过程中会产生大量的数据,为了保证数据的及时处理,需要事先评估刀具用户的信息系统基础设施是否满足数据处理、传输、存储的需要。如果当前的系统满足要求,刀具用户的信息系统工程师需要在系统使用前进行调试、维护。

如果当前的系统无法满足实际需要,刀具用户需要添置或购置信息系统基础设施,如工作站、服务器、路由器和交换机等设备。加工车间的刀具磨损状态监测系统采集的数据通过交换机传输到车间机房中的服务器中进行处理,处理的结果会通过无线网络传递给用户终端。信息系统基础设施设计的工作是由刀具制造商的信息系统设计工程师主导,在刀具用户的信息系统工程师协同参与下完成的。

刀具磨损状态监测系统和信息系统基础设施准备好以后,就进入了服务运行模块。在系统运行前,按照准备性配置清单要求,需要进行软件配置,如调用信号处理方法、磨损特征计算公式和刀具磨损量预测模型,并设置初始信息。工艺员启动系统后,系统将自动完成这些任务。

接下来,开始加工,整个系统开始运行。在切削过程中,传感器采集到切削信号,经放大器,由数据采集卡接收信号,并将其传输到计算机,在计算机内,进行信号处理、特征提取,将特征量输入刀具磨损量预测模型,得到刀具磨损量的监测值。

接着,系统将预测值发布出去。发布的方式可以是信息推送、用户可视化界面等方式。最终,刀具用户的机床操作员获取到刀具磨损状态信息,根据信息判断换刀时机。

8.3.2　面向使用的刀具工业产品服务系统流程

1. 面向使用的 TCM – iPSS 参与方人员及职能

面向使用的 TCM – iPSS 的特点是刀具用户只购买刀具及 TCM 系统的使用权,所有权仍归刀具厂商所有,刀具制造商向用户提供 TCM 服务及刀具、设备回收的服务。因此,面向使用的 TCM – iPSS 相较于面向产品的 TCM – iPSS,参与方人员及职能有所不同,见表 8 – 7。

表 8 – 7　面向使用的 TCM – iPSS 参与人员及职能

参与方	职 位	职 能
刀具用户	机床操作员	负责操作机床,装卸刀具、夹具;负责根据刀具制造商的要求更换刀具
刀具用户	工艺员	负责产品服务系统的准备性配置
刀具制造商	驻厂工程师	长期驻扎在刀具用户的工厂,负责主导刀具磨损状态监测系统和信息系统基础设施的安装、实施和调试,负责刀具磨损状态监测系统和信息系统的日常维护
刀具制造商	远程监测服务工程师	负责产品服务系统的准备性配置;负责远程监测刀具磨损状态,及时通知机床操作员更换刀具
刀具制造商	试验工程师	通过大量试切的方式获取刀具切削数据,来训练刀具磨损量预测模型
刀具制造商	TCM 系统设计工程师	负责刀具磨损状态监测系统的设计
刀具制造商	信息系统设计工程师	负责信息系统的设计

面向使用的 TCM - iPSS 与面向产品的 TCM - iPSS 在参与人员及职能上的主要不同点在于,刀具用户的机床操作员不再负责监测刀具状态,而是根据刀具制造商的远程监测服务工程师的要求更换刀具。刀具用户不需要安装、维护、调试刀具磨损状态监测系统,刀具用户的信息系统管理员不需要调试、维护信息系统,这些工作都交由刀具制造商的驻厂工程师完成。可以看出,在面向使用的 TCM - iPSS 模式下,刀具用户花在刀具磨损状态监测上的时间降到了最低,节省了大量的精力,这有助于刀具用户将注意力更多地集中于自身的核心业务上。

2. 面向使用的 TCM - iPSS 服务流程设计

面向使用的 TCM - iPSS 的服务流程图如图 8 - 5 所示。该图由左至右分为三个区域,分别是刀具用户区域、刀具制造商区域和产品服务软件系统区域,清晰地指明了每个区域所完成的工作。服务流程图从上到下分为三个模块,分别是准备性配置模块、系统实施模块和系统运行模块。

面向使用的 TCM - iPSS 的服务流程如下:

(1)工艺员按需求填写工艺信息。

(2)软件系统根据工艺信息在数据库中查找合适的 TCM 模型,如果找不到合适的模型,刀具制造商的试验工程师需要及时试验并训练用户需要的 TCM 模型,如果存在合适的模型,则导出模型的信息。

(3)刀具制造商的远程监测工程师根据工艺信息和模型信息填写配置信息,然后将三方面信息汇总得到准备性配置清单。

(4)根据准备性配置清单的要求,机床操作人员要安装指定的夹具、刀具,即工艺系统的实施。

(5)根据准备性配置清单的需要,刀具制造商从仓库中找到合适的组件,如传感器、放大器、数据采集卡等,并将刀具一并配送给客户,位于刀具用户工厂的刀具制造商的驻厂工程师负责系统的安装、调试与维护。如果刀具制造商没有合适的组件,需要由刀具制造商的 TCM 系统设计工程师设计合适的系统。

(6)根据准备性配置清单的需要,刀具制造商评估信息系统,为刀具用户提供信息系统资源。如果当前的信息系统无法满足用户的需要,就要由刀具制造商的 IT 系统设计工程师设计并扩展现有的信息系统基础设施。

(7)在完成整个系统的安装、调试之后,刀具制造商的远程监测工程师启动系统。

(8)系统会按照配置清单的要求自动配置所需的方法和初始信息的设置,然后,系统运行。

(9)远程监测工程师实时监测刀具的状态信息。

(10)当刀具处于严重磨损状态时,远程监测工程师会将换刀提醒服务发布出去。

(11)刀具用户的机床操作人员在得到换刀通知后,及时更换刀具。

(12)系统使用完毕后,驻厂工程师回收刀具、TCM 系统和 IT 系统基础设施,刀具用户归还信息系统资源。

3. 面向使用的 TCM - iPSS 的准备性配置模块

在面向使用的 TCM - iPSS 模式下,刀具用户的需求可以描述为请求刀具制造商保证刀具切削工件的切削时间。这一需求的特点是,刀具用户不关心使用刀具的数量,只要在指定的时间内保证加工的进行即可。这一需求要求刀具制造商为用户准备充足的刀具,通过磨损状态监测技术,在保证加工质量的前提下,尽可能地充分使用每一把刀具,以减少浪费,增加利润。刀具数量的预测不是本书的研究对象,本书仅就通过刀具制造商提供的刀具磨损状态监测服务充分发挥刀具的作用,减少用户的工作量展开研究。

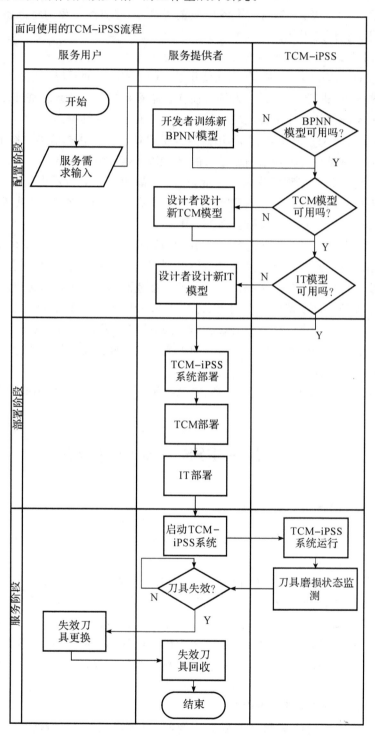

图 8-5 面向使用的 TCM-iPSS 服务流程图

工艺员根据表 8-4 填写工艺信息,并从数据库寻找匹配的刀具磨损量预测模型,导出如表 8-5 所示的配置项信息,接着由刀具制造商的远程监测工程师填写如表 8-6 所示的配置项信息。合并表 8-4～表 8-6,得到准备性配置清单,远程监测工程师将准备性配置清单发向机床操作人员和驻厂工程师。

4. 面向使用的 TCM-iPSS 的系统实施及运行模块

与面向产品的 TCM-iPSS 相同,面向使用的 TCM-iPSS 的系统实施模块同样是在准备性配置清单的指导下,进行工艺系统、刀具磨损状态监测系统和信息系统基础设施的实施。

工艺系统的实施包括机床准备,安装刀具、待加工工件和夹具等。

在面向使用的 TCM-iPSS 模式下,用户只获得刀具及刀具状态监测系统的使用权,刀具及刀具状态监测系统是从刀具制造商租借来的,使用完毕后,由刀具制造商统一回收。系统的实施由刀具制造商的驻厂工程师完成。因此,这里准备性配置清单提供给刀具制造商使用。刀具制造商根据用户的需要,寻找匹配的设备,如果没有合适的设备,需要重新设计刀具状态监测系统,设计的原则仍与面向产品的 TCM-iPSS 一致。

在面向使用的 TCM-iPSS 模式下,刀具用户以租借的方式使用信息系统基础设施,刀具磨损状态监测系统将采集的数据通过互联网传输到刀具制造商的信息中心进行处理,处理的结果仍通过互联网传输给用户。系统的实施由刀具制造商的驻厂工程师完成。

远程监测工程师启动系统。与面向产品的 TCM-iPSS 的主要不同点在于,刀具磨损状态的信息会发往刀具制造商的信息中心,经处理得到的结果发送给刀具制造商的远程监测工程师,由远程监测工程师判断刀具状态,将换刀提醒通过互联网发送给机床操作人员。机床操作人员按照指示及时更换刀具。

系统使用完毕后,根据后续的生产任务,有选择地回收刀具、刀具磨损监测系统,刀具用户归还信息系统资源。

8.4 TCM-iPSS 系统的使能技术

8.4.1 TCM-iPSS 服务的封装

为了实现 TCM-iPSS,需要对在线服务和离线服务进行封装。封装步骤如图 8-6 所示,现做下述详细讨论。

(1)在提供服务之前,必须部署基本环境。在机床周围安装所需的传感器,以获得力、振动、声发射和温度信号;开发信号处理、特征提取和决策算法,以及数据库和知识库等。

(2)刀具服务需要获取用户的需求,须明确规定刀具类型、加工条件和切削服务时间等。

(3)考虑到服务需求,应在服务部署的基础上配置硬件和软件,设置传感器的参数,配置信号处理、特征提取和决策的参数,配置服务控制策略和服务模板,如图 8-7 所示。

(4)通过 TCM 服务和刀具配送/回收服务满足刀具服务需求。过程中 TCM 服务无处不在。定期服务和紧急服务包括以下内容:

1)在固定频率下可用时间相关的服务。例如,刀具磨损状态监测服务每隔 5min 提供一次。

2)当某些预先定义的事件发生时,事件相关的服务被触发。例如,当刀具磨损条件为

0.1mm,0.2mm 或 0.3mm 时,自动告知相关用户。

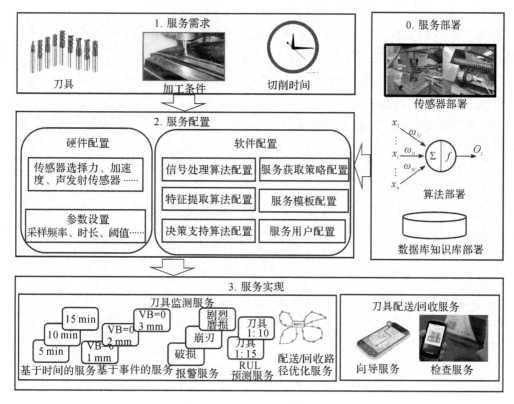

图 8-6 TCM-iPSS 服务封装

3)报警服务是由一些紧急事件触发的,如刀具剧烈磨损、刀具破损、崩刃等。

4)此外,将刀具配送(回收)操作封装为离线服务,集成地图服务以实现路径向导,使用物联网技术实现配送和回收服务的自动化和智能化。

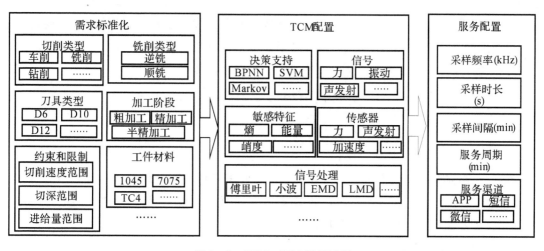

图 8-7 TCM-iPSS 配置过程

8.4.2　TCM - iPSS 的增值服务

TCM - iPSS 的基本服务是实现刀具磨损状态的监测。基于 TCM - iPSS 基本服务,可以开发一些增值服务。典型的例子包括刀具需求预测、库存配置、配送/回收路径优化等。本节将对刀具需求预测服务和配送/回收路径优化服务进行讨论。

1. 刀具需求预测服务

在计算可靠切削时间之前,应提前预测切削刀具的需求。对于刀具类型 i,第 j 次切削需要的切削时间计算式为

$$L_{i,j} = \frac{t_j n_i Z_i}{T_i} \tag{8-1}$$

式中,t_j 是第 j 次切削所用加工时间;n_i 是工件所需体积;z_i 是刀具的齿数;T_i 是 i 类型刀具寿命期望,可通过修正的泰勒公式计算,有

$$T_i = \frac{C_m C_r}{(v_c)^{\frac{1}{m}} f^{\frac{1}{g}} (a_p)^{\frac{1}{h}}} \tag{8-2}$$

式中,v_c 是切削速度;a_p 是切削深度;f 是进给速度;校正系数 C_m 和 C_r 分别与刀具制造商和加工条件相关;m,g 和 h 是刀具寿命的影响因子,分别由 v_c,f 和 a_p 控制。切削刀具类型 i 要求的总加工时间计算为

$$L_i = \sum_{j=1}^{J} L_{i,j} \tag{8-3}$$

式中,j 是工序的数量。类型 i 刀具的需求量计算式为

$$r_i = \text{Ceil}(\frac{L_i}{T_i} - w_i) + s_i \tag{8-4}$$

式中,w_i 是仓库中 i 型刀具的数量;s_i 是 i 型刀具的安全库存量。函数 Ceil() 返回大于或等于给定小数的最小整数。

事实上,由于加工顺序的动态特性,刀具的需求总是在发生变化,刀具的寿命有很大的差别。更合理的刀具需求预测应考虑 TCM 结果。对于定制或长寿命刀具,需要根据每把刀具剩余寿命的评价结果来计算需求量。而次日 i 型刀具的需求量计算式为

$$r_i = \text{Ceil}\left(\frac{L_i - l_i^0}{T_i} - w_i\right) + s_i \tag{8-5}$$

式中,l_i^0 是 i 型刀具的剩余寿命。

2. 刀具配送/回收路径优化服务

为了保证切削时间,服务供应商力求及时供应所需刀具,还应回收使用过的刀具。配送/回收路线的优化,是为了满足所有客户的需求,并尽量减少总成本,是一个典型的组合优化问题,而货车的数量和配送路线则是变量。

刀具总供应量计算式为

$$\text{DR} = \sum_{i=1}^{I} \sum_{k=1}^{K} \text{dr}_{ik} \tag{8-6}$$

式中，I 是刀具类型的数量；K 是服务消费者的数量；dr_{ik} 表示要提供给客户 k 的 i 型刀具的数量。要回收的刀具的总量计算式为

$$CR = \sum_{i=1}^{I} \sum_{k=1}^{K} cr_{ik} \qquad (8-7)$$

式中，cr_{ik} 表示需要从客户 k 回收的 i 型刀具的数量。

货车的需求量计算式为

$$VR = Ceil\left(\frac{\max(DR,CR)}{C}\right) \qquad (8-8)$$

式中，C 是货车的最大容量，即 $C = \max C_i$。

对于货车 i，其配送和回收的成本计算式为

$$C_i = C_{bi} + R_i C_{ni} \qquad (8-9)$$

式中，C_{bi} 每车单次运输的基本支出；R_i 是总路线长度；C_{ni} 是单位距离的正常费用。总成本最小化可作为优化目标，有

$$\min C = \sum_{i=1}^{m} C_i \qquad (8-10)$$

有两个约束条件必须满足。一是最大的配送和回收时间不超过时间期望 LT，即

$$\max(T_1,T_2,\cdots,T_{VR}) \leqslant LT \qquad (8-11)$$

二是在配送或回收过程中，每辆货车不应超载，即不能超过容量上限 LC_i，即

$$0 \leqslant l_{ik} - d_{ik} + c_{ik} \leqslant LC_i \qquad (8-12)$$

式中，l_{ik} 表示货车 i 在目的地 k 的装载量；d_{ik} 和 c_{ik} 分别表示输送至目的地 k 或者从目的地 k 运回的装载量。

为了解决这一问题，本节采用一种基于粒子群优化（Particle Swarm Optimization，PSO）的算法，如图 8-8 所示。首先，M 个粒子的起始位置随机产生。当计算出每个粒子的适应度值时，便可得出最佳位置及其适应度值。持续迭代，直到计数器 NC 不小于上限 NC_max。在每次迭代中，每个粒子需要向其先前位置、历史最佳位置和全局最佳位置学习。学习过程不断重复，直到每个粒子更新其位置。每个粒子的最佳位置和全局最佳位置也相应地得到更新。

问题的解是所有货车的配送或回收序列集。对于一辆货车来说，路线是一组顾客的顺序。每两个货车的路线通过特殊字符"0"连接。例如，3 辆货车服务 17 名顾客的解表示为

$$4,8,7,12,6,0,2,16,9,13,1,0,15,11,17,5,14,3,10 \qquad (8-13)$$

最大运输时间约束通过以下惩罚函数来保证，即

$$P_T = [\max(T_1,T_2,\cdots,T_{VR}) - LT]^2 \qquad (8-14)$$

容量极限约束通过以下惩罚函数来保证，即

$$P_C = \sum_{i=1}^{m} \sum_{k=1}^{K} (l_{ik} - d_{ik} + c_{ik})^4 \qquad (8-15)$$

最终的适应度函数为

$$F = C + P_T + P_C \qquad (8-16)$$

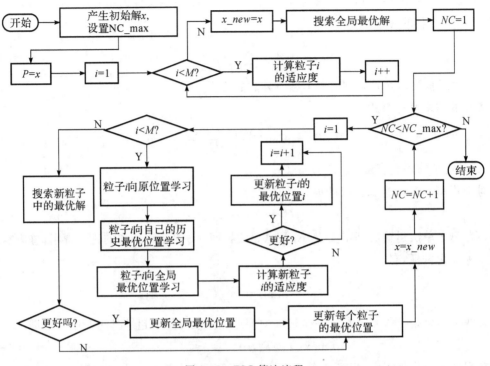

图 8-8 PSO 算法流程

8.5 系统原型与验证

为了验证 TCM-iPSS 理论和方法,搭建了一个 TCM-iPSS 原型系统。其过程如下:

(1)搭建硬件平台。建立一个如图 8-9 所示的刀具状态监测试验平台,其配置见表 8-8。

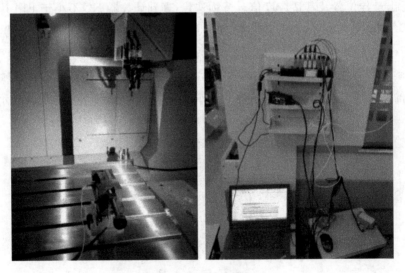

图 8-9 试验平台

表 8 – 8 试验平台的配置

名 称	类 型	备 注
机床	JDCT1200E_A12S	3 轴,10 kW
刀具	Eco – BRGM – 4E – D10.0	直径 10 mm,平头,3 刃,硬质合金
工件	AISI 1045 碳钢	70 mm×60 mm×50 mm,HB200
加速度传感器	Kistler 8763B	附着在工件上,50～2 000 g
力传感器	Kistler 9367C	夹持下,±60 kN,3.9 pC/N
数据采集仪	DEWE – 43A	DEWESoft X2 SP6
工具显微镜	CW0505	$5+L/20\ \mu m$

这里,利用力传感器和加速度传感器分别获取切削力信号和振动信号。利用经验模态分解法(EMD)将获取的信号分解为一些固有模态函数(IMF),提取能量熵为敏感特征。建立并训练 BP 神经网络(BPNN)模型来监测刀具磨损状态。

(2)开发软件平台。基于 Java Web 体系结构,在 Android Studio1.3.2 中开发。如图 8 – 10 所示,所有服务都可以通过 Android 应用程序(APP 应用)获得。服务器端的小程序接受 Android 应用程序发布的 HTTP 请求,并通过 Java 数据库连接(JDBC)接口访问数据库。信号处理、敏感特征提取和决策功能实现为 JAR 包,以实现各种服务。最后,通过超文本传输协议(HTTP)将结果返回到 Android 应用程序。

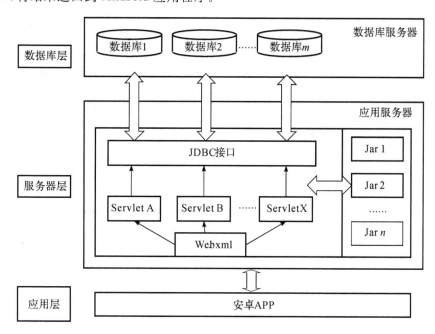

图 8 – 10 TCM – iPSS 软件架构

(3)在面向产品的 TCM – iPSS 模式(见图 8 – 11)下,技术员输入服务需求,部署人员完成相关部署。基于训练好的 TCM 模型,操作员监控刀具状态,并自行更换失效的刀具。

(4)在面向使用的 TCM – iPSS 模式(见图 8 – 12)下,技术人员输入服务需求。服务供应者的服务支持及部署人员负责 TCM 的配置和部署。基于 TCM 服务,服务支持器监控刀具状态,并向操作员提供刀具更换建议。操作人员只需遵循支持者的建议,无须高级知识和技能。他们脱身于专业的 TCM 工作,只专注于加工过程。

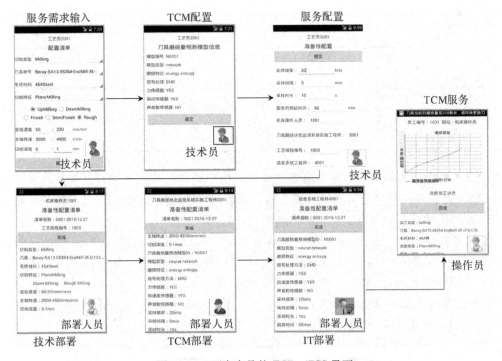

图 8-11　面向产品的 TCP-iPSS 界面

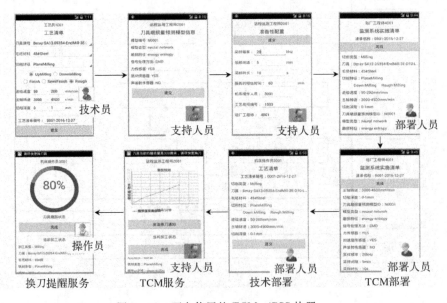

图 8-12　面向使用的 TCM-iPSS 快照

如上所述,原型系统验证了面向产品的 TCM-iPSS 和面向使用的 TCM-iPSS。可以看出,无形服务与切削刀具的结合,在一定程度上满足切削服务需求。在面向使用的 TCM-iPSS模式下,服务消费者不再拥有物理切削刀具,只需购买刀具的切削时间。刀具供应商负责监控刀具的状况并保证切削时间,这是一个双赢的局面。通过进一步开发和集成,TCM-iPSS 可以提供更多、更实用服务。

原型系统虽然验证了 TCM-iPSS 的巨大潜力,但离大规模应用还有很大差距,仍然存在以下不足:

(1)原型系统中的角色是为了验证 TCM-iPSS 而设计的,其可行性有待商榷。为了促进 TCM-iPSS 的研究和应用,应根据实际需要重新设计角色及流程。

(2)服务质量取决于 TCM 的准确性、可靠性和稳定性。事实上,原型系统中的 TCM 功能和精度有限,应考虑改进和提升。

(3)由于 TCM 的复杂性,刀具服务可能无法实时获得。应努力提高信号处理和决策的效率。可以通过集成物联网(Internet Of Things,IOT)技术、云制造服务改进服务的时效性。

8.6　本章小结

本章定义了 TCM-iPSS 的概念,并分析了其对于刀具用户、刀具厂商和社会的意义;提出了 TCM-iPSS 的架构,分析了其关键技术;论述了面向产品的 TCM-iPSS 和面向使用的 TCM-iPSS 的服务流程,论述了 TCM-iPSS 的封装和实现;构建了 TCM-iPSS 的原型系统,分别验证了面向产品的 TCM-iPSS 和面向使用的 TCM-iPSS,为相关研究提供了参考。

参 考 文 献

[1]孙小光.基于声发射与切削力的铣刀磨损监测方法研究[D].西安:西北工业大学,2014.

[2]王俊阳.基于隐马尔科夫模型的铣削颤振预报技术研究[D].西安:西北工业大学,2015.

[3]司小胜,胡昌华.数据驱动的设备剩余寿命预测理论及应用[M].北京:国防工业出版社,2016.

[4]郑建飞,胡昌华,司小胜,等.考虑不确定测量和个体差异的非线性随机退化系统剩余寿命估计[J].自动化学报,2017,43(2):259-270.

[5]LIAO L, KOTTIG F. Review of hybrid prognostics approaches for remaining useful life prediction of engineered systems, and an application to battery life prediction[J]. IEEE Transactions on Reliability, 2014, 63(99):191-207.

[6]田国良.基于力和振动信号的工件表面粗糙度监测方法研究[D].西安:西北工业大学,2014.

[7]唐鑫.平面立铣表面纹理监测研究[D].西安:西北工业大学,2016.

[8]张栋梁.考虑跳动的刀具运动建模与磨损状态监测[D].西安:西北工业大学,2017.

[9]牛伟龙.基于状态信息的刀具运行可靠性评估和寿命预测[D].西安:西北工业大学,2015.

[10]吴军,苏永衡,朱永猛,等.基于信息融合的刀具剩余寿命在线预测方法[J].华中科技大学学报(自然科学版),2017,45(4):1-5.

[11]康霞.基于信息融合的刀具剩余寿命混合预测方法[D].西安:西北工业大学,2017.

[12]赵紫东.基于Wiener过程的刀具磨损退化建模及剩余寿命预测[D].西安:西北工业大学,2018.

[13]徐升.面向刀具磨损状态监测的工业产品服务系统[D].西安:西北工业大学,2017.

[14]陶飞,刘蔚然,刘检华,等.数字孪生及其应用探索[J].计算机集成制造系统,2018,24(1):1-18.

[15]李杰,倪军,王安正.从大数据到智能制造[M].上海:上海交通大学出版社,2016.

[16]张洁,秦威,鲍劲松.制造业大数据[M].上海:上海科学技术出版社,2016.

[17]GUPTA R, KUMAR A, BAHL R. Estimation of instantaneous frequencies using iterative empirical mode decomposition[J]. Signal Image & Video Processing, 2014, 8(5):799-812.

[18]张栋梁.基于流行学习与隐马尔克夫模型的刀具磨损状况识别[J].西北工业大学学报,2015,33(4):651-657.

[19]张栋梁.基于混沌时序分析方法与支持向量机的刀具磨损状态识别[J].计算机集成制造系统,2015,21(8):2138-2146.

[20]殷增斌,黄传真.高速切削用陶瓷刀具多尺度设计理论与切削可靠性研究[J].机械工程学报,2016(3):74-74.

[21]黄泽毅.基于自适应维纳过程的剩余寿命预测方法研究[D].杭州:浙江大学,2015.

[22]SI X S, WANG W, HU C H, et al. Estimating remaining useful life with three-source

variability in degradation modeling[J]. IEEE Transactions on Reliability，2014，63(1)：167－190.

[23]梁鑫光. 基于变时滞特性的球头刀五轴精铣削稳定性研究[D]. 上海：上海交通大学，2013.

[24]MEIER H. Industrial product－service system[J]. CIRP Encyclopedia of Production Engineering，2014，2(1)：696－700.

[25]江平宇，朱琦琦，张定红. 工业产品服务系统及其研究现状[J]. 计算机集成制造系统，2011，17(9)：2071－2078.

[26]顾新建，李晓，祁国宁，等. 产品服务系统理论和关键技术探讨[J]. 浙江大学学报(工学版)，2009，43(12)：2237－2243.

[27]TAO F，ZUO Y，XU L，et al. IoT－based intelligent perception and access of manufacturing resource toward cloud manufacturing [J]. IEEE Transactions on Industrial Informatics，2014，10(2)：1548－1557.

[28]ZHANG Y F，WANG W B，WU N Q，et al. IoT－enabled real－time production performance analysis and exception diagnosis model [J]. IEEE Transactions on Automation Science and Engineering，2016，13(3)：1318－1332.

[29]TAO F，CHENG Y，XU L，et al. CCIoT－cMfg：cloud computing and internet of things based cloud manufacturing service system [J]. IEEE Transactions on Industrial Informatics，2014，10(2)：1435－1442.

[30]ZHANG G H，SUN H B. Enabling a cutting tool iPSS based on tool condition monitoring[J]. The International Journal of Advanced Manufacturing Technology，2018，94(9)：3265－3274.

[31]ZHANG G H，SUN H B. Enabling cutting tool services based on in－process machining condition monitoring[J]. Int. J. of Internet Manufacturing and Services，2018，5(1)：51－66.

[32]刘献礼,刘强,岳彩旭,等. 切削过程中的智能技术[J]. 机械工程学报,2018,54(16)：45－61.